高等学校数字媒体专业系列教材

Animate动画制作

张运香　周丽韫　金升灿　编著

清华大学出版社

北京

<h1 style="text-align:center">内 容 简 介</h1>

本书以零起点的读者为主要对象,以 Adobe Animate CC 2018 为开发平台,从实用角度出发,结合丰富的实例,介绍制作动画的常用方法和技术,可以作为 Animate 动画制作课程的入门教材。本书详细介绍了利用 Animate 制作动画的方法,Animate 的新功能和新技术,以及 ActionScript 3.0 环境下的脚本程序设计方法。

本书共分为 15 章,主要内容包括 Animate 简介,传统补间动画,工具的使用,引导线动画,补间动画,补间形状,遮罩和逐帧动画,骨骼动画、3D 动画和摄像头,文本的使用,元件、库和实例,声音和视频的应用,组件和动画预设,动作脚本基础,动作脚本进阶,动画的优化与发布,综合实例。各章内容以制作动画技术为主线,从自学和教学的实用性、易用性出发,用典型的实例,边讲(学)边练的方式介绍了制作动画的方法。每章均提供了思考题和操作题。

本书提供的配套资源包中,包括书中所有实例的源文档和影片文件以及相关的素材。

本书可以作为高等院校和高职高专院校计算机动画制作课程的入门教材,也可作为计算机培训辅导用书,还可以作为广大计算机爱好者学习 Animate 动画制作的自学用书和参考书。

图书在版编目(CIP)数据

Animate 动画制作/张运香,周丽韫,金升灿编著. —北京:清华大学出版社,2023.7
高等学校数字媒体专业系列教材
ISBN 978-7-302-63428-7

Ⅰ.①A… Ⅱ.①张… ②周… ③金… Ⅲ.①动画制作软件－高等学校－教材 Ⅳ.①TP391.414

中国国家版本馆 CIP 数据核字(2023)第 080588 号

责任编辑:谢 琛 薛 阳
封面设计:傅瑞学
责任校对:韩天竹
责任印制:杨 艳

出版发行:清华大学出版社
   网   址:http://www.tup.com.cn, http://www.wqbook.com
   地   址:北京清华大学学研大厦 A 座   邮 编:100084
   社 总 机:010-83470000   邮 购:010-62786544
   投稿与读者服务:010-62776969,c-service@tup.tsinghua.edu.cn
   质量反馈:010-62772015,zhiliang@tup.tsinghua.edu.cn
   课件下载:http://www.tup.com.cn,010-83470236
印 装 者:三河市铭诚印务有限公司
经 销:全国新华书店
开 本:185mm×260mm   印 张:24.75   字 数:560 千字
版 次:2023 年 9 月第 1 版   印 次:2023 年 9 月第 1 次印刷
定 价:79.00 元

产品编号:099382-01

前言

Adobe 公司将 Flash Professional CC 更名为 Animate CC，不但增加了许多新功能和技术，在软件界面设计上更为人性化，制作动画的操作也更为方便。Animate 以友好的界面和强大的功能使设计制作者在设计制作个性化动画时得心应手，而简单易用使初学者也能在较短时间内轻松上手，并制作出充满个性的动画。这一切使 Animate 在众多动画制作软件中脱颖而出，成为一款经典的动画制作软件。

迅速掌握 Animate 动画的制作技术和技巧，已成为广大动画制作爱好者的迫切要求。本书作者根据多年讲授 Animate 动画制作的教案，精心编排和设计了各章内容。在讲解实例制作过程时，力求语言简洁精练、思路清晰，丰富的插图使读者能够一目了然。本书注重动画制作思路和方法的介绍，读者能够快速掌握动画设计制作的方法，既适合初学者学习使用，也适合有一定 Animate 动画制作经验的设计制作者。

本书共分为 15 章，主要内容如下。

第 1 章　介绍了 Animate 有关的知识和工作界面。

第 2 章　介绍了传统补间动画的制作方法和开发 Animate 动画的步骤。

第 3 章　介绍了 Animate 提供的各种工具的使用。

第 4 章　介绍了引导线动画的制作方法。

第 5 章　介绍了补间动画的制作方法。

第 6 章　介绍了补间形状动画、遮罩动画、逐帧动画的制作方法。

第 7 章　介绍了骨骼动画、3D 动画的制作方法和摄像头的使用方法。

第 8 章　介绍了文本的输入和文本动画的制作方法。

第 9 章　介绍了元件、库和实例。

第 10 章　介绍了声音和视频的应用。

第 11 章　介绍了组件和动画预设的使用方法。

第 12 章　介绍了常用的脚本(ActionScript 3.0)命令及用脚本控制影片的方法。

第 13 章　介绍了动作脚本的高级功能,包括影片剪辑、按钮和键盘控制的方法。

第 14 章　介绍了测试动画作品和作品的输出与发布。

第 15 章　介绍了网站的制作和 MTV 的制作方法。

各章内容以制作动画技术为主线,从自学和教学的实用性、易用性出发,用典型的实例,以边讲(学)边练的方式介绍了制作动画的方法。每章均提供了思考题和操作题。

配套资源包中提供了所有范例的源文档和影片文件以及相关的素材。其具体内容如下。

- \实例\:各章范例的源文档和影片文件。
- \素材\视频\:视频素材。
- \素材\图片\JPG\:JPG 图片素材。
- \素材\图片\PNG\:PNG 图片素材。
- \素材\图片\动画\:GIF 动画素材。
- \素材\图片\矢量图\:AI 矢量图素材。
- \素材\图片\图片序列\:图片序列素材。
- \素材\音乐\:声音素材。
- \素材\应用程序\:应用程序素材。

本书可以作为高等院校和高职高专院校 Animate 动画制作课程的入门教材,也可作为计算机培训辅导用书,还可以作为广大计算机爱好者学习 Animate 动画制作的自学用书和参考书。

本书由佳木斯大学张运香担任主编,周丽韫和金升灿担任副主编,张博、贺云鹏(佳木斯广播电视台)、李兴霞、李帅参加编写,张磊担任主审。各章具体分工如下:张运香编写第 2 章、第 4~6 章、第 10 章;周丽韫编写第 7~9 章、第 13 章;金升灿编写第 15 章;张博编写第 12 章;贺云鹏编写第 3 章;李兴霞编写第 11 章;李帅编写第 1 章、第 14 章。佳木斯大学张磊教授认真细致地审阅了全部书稿,并提出了修改意见,在此表示感谢。

由于作者水平有限,书中难免会有疏漏和不妥之处,敬请广大读者批评指正。

编者

2023 年 4 月

目录

第 1 章　Animate 简介 ……………………………………… 1

1.1　认识 Animate …………………………………………… 1
　　1.1.1　Animate 概述 …………………………………… 1
　　1.1.2　Animate 的应用领域 …………………………… 1
1.2　了解 Animate 中的基本概念 ………………………… 3
　　1.2.1　位图和矢量图 …………………………………… 3
　　1.2.2　帧和图层 ………………………………………… 3
　　1.2.3　元件、库和实例 ………………………………… 4
　　1.2.4　关键帧 …………………………………………… 4
　　1.2.5　帧频 ……………………………………………… 4
　　1.2.6　Animate 中常用的文件类型 …………………… 4
　　1.2.7　ActionScript …………………………………… 5
1.3　Animate 的工作界面 ………………………………… 5
　　1.3.1　界面简介 ………………………………………… 5
　　1.3.2　工作窗口基本操作 ……………………………… 6
　　1.3.3　动画制作辅助工具 ……………………………… 9
　　1.3.4　文档属性 ……………………………………… 10
　　1.3.5　首选参数设定 ………………………………… 11
　　1.3.6　快捷键的设定 ………………………………… 12
思考题 ………………………………………………………… 13
操作题 ………………………………………………………… 14

第 2 章　传统补间动画 …………………………………… 15

2.1　Animate 动画设计思想 ……………………………… 15
　　2.1.1　库 ……………………………………………… 15
　　2.1.2　时间轴 ………………………………………… 16

2.1.3　舞台 ································· 16

2.1.4　场景 ································· 17

2.2　制作传统补间动画的三个要素 ················· 17

2.3　常用的 5 种基本动画 ····················· 22

2.3.1　移动位置的动画 ····················· 23

2.3.2　改变大小的动画 ····················· 24

2.3.3　旋转的动画 ······················· 25

2.3.4　变化颜色的动画 ····················· 26

2.3.5　改变透明度的动画 ···················· 26

2.3.6　对传统补间动画应用缓动 ················· 27

2.3.7　基本动画的组合举例 ··················· 28

2.4　制作 Animate 动画的步骤 ··················· 29

2.5　帧的概念 ··························· 31

2.5.1　帧的基本概念 ······················ 32

2.5.2　帧的基本操作 ······················ 32

2.6　制作动画的常用技术 ····················· 35

2.6.1　动画对象的出现及消失处理 ················ 35

2.6.2　对象大小及坐标 ····················· 37

2.6.3　导入图形和图像 ····················· 39

2.7　图层的使用 ·························· 40

2.7.1　图层控制区的操作 ···················· 40

2.7.2　洋葱皮工具的使用 ···················· 41

2.8　动画实例 ··························· 42

思考题 ······························· 44

操作题 ······························· 45

第 3 章　工具的使用 ························· 46

3.1　工具面板 ··························· 46

3.2　图形的绘制与编辑 ······················ 47

3.2.1　绘制线条 ························· 47

3.2.2　绘制几何图形 ······················ 50

3.2.3　编辑文本 ························· 57

3.3　填充与编辑图形 ······················· 59

3.3.1　填充颜色 ························· 59

3.3.2　编辑图形 ························· 62

3.4　选择对象 ··························· 65

3.4.1　选择区域 ························· 65

3.4.2　选择工具 ························· 66

3.4.3　部分选取工具 ······················ 67

3.5 视图工具 ·· 68
　　3.5.1 缩放工具 ·· 68
　　3.5.2 手形工具 ·· 68
　　3.5.3 旋转工具 ·· 68
　　3.5.4 时间划动工具 ·· 69
3.6 调整工具 ·· 69
　　3.6.1 3D 旋转工具 ·· 69
　　3.6.2 3D 平移工具 ·· 70
　　3.6.3 骨骼工具 ·· 71
　　3.6.4 绑定工具 ·· 73
　　3.6.5 摄像头 ·· 74
3.7 常用技巧 ·· 77
　　3.7.1 调整对象的位置 ·· 77
　　3.7.2 特殊形状的制作 ·· 77
　　3.7.3 对象的旋转与变形 ······································ 77
　　3.7.4 多个对象的对齐和均匀分布 ························· 78
　　3.7.5 组合对象与分离对象 ···································· 82
思考题 ·· 83
操作题 ·· 83

第4章 引导线动画 ·· 85
4.1 引导线动画的制作 ·· 85
4.2 引导线为圆形、矩形路径 ·· 87
　　4.2.1 沿着圆弧移动的动画 ···································· 87
　　4.2.2 沿着圆周移动的动画 ···································· 89
　　4.2.3 引导线为矩形路径的动画 ····························· 90
4.3 常用的引导线制作方法 ··· 90
　　4.3.1 弹跳路径的制作 ·· 90
　　4.3.2 文字造型路径 ··· 91
　　4.3.3 图形的轮廓作为路径 ···································· 91
4.4 常用的引导线动画制作技术 ······································· 92
　　4.4.1 不同对象共享同一引导线 ····························· 92
　　4.4.2 更换引导线动画对象 ···································· 93
　　4.4.3 沿着引导线画线 ·· 94
　　4.4.4 沿着路径方向旋转的动画 ····························· 96
4.5 场景的管理 ·· 98
思考题 ·· 100
操作题 ·· 100

第5章　补间动画 ··· 101

　5.1　制作补间动画的要素 ································· 101

　5.2　常用的几种基本动画 ································· 103

　　5.2.1　移动位置的动画 ································· 103

　　5.2.2　缩放动画 ··· 105

　　5.2.3　倾斜动画 ··· 106

　　5.2.4　旋转动画 ··· 106

　　5.2.5　变化颜色的动画 ································· 107

　　5.2.6　改变透明度的动画 ····························· 108

　　5.2.7　使用滤镜 ··· 109

　　5.2.8　3D旋转动画 ····································· 109

　　5.2.9　对补间动画应用缓动 ························· 110

　　5.2.10　显示路径的补间动画 ······················· 111

　5.3　动画编辑器 ··· 113

　　5.3.1　动画编辑器面板 ································· 113

　　5.3.2　对属性曲线应用缓动 ························· 115

　　5.3.3　使用动画编辑器制作动画 ··················· 115

　5.4　动画实例 ··· 116

　5.5　补间动画中帧的操作 ································· 118

　思考题 ··· 119

　操作题 ··· 120

第6章　补间形状、遮罩和逐帧动画 ······················· 121

　6.1　补间形状动画 ··· 121

　　6.1.1　补间形状动画的制作 ························· 121

　　6.1.2　对补间形状应用缓动 ························· 122

　　6.1.3　使用形状提示 ································· 123

　　6.1.4　形状提示举例 ································· 124

　6.2　遮罩动画 ··· 125

　　6.2.1　遮罩的制作方法 ································· 125

　　6.2.2　几种常用的遮罩动画 ························· 127

　6.3　逐帧动画 ··· 133

　6.4　动画举例 ··· 134

　　6.4.1　导入动画为逐帧动画 ························· 134

　　6.4.2　透明度在遮罩动画中的应用 ················· 135

　　6.4.3　笔触作为遮罩的应用 ························· 137

　　6.4.4　形状补间动画的应用 ························· 138

　　6.4.5　用毛笔绘制图片边框的动画 ················· 140

6.4.6　从上向下展开图片的动画 ·················· 142
6.4.7　卷页动画的制作 ·················· 143
6.4.8　融合过渡切换图片 ·················· 146
思考题 ·················· 148
操作题 ·················· 148

第 7 章　骨骼动画、3D 动画和摄像头 ·················· 149
7.1　骨骼动画 ·················· 149
7.1.1　骨骼动画类型 ·················· 149
7.1.2　制作骨骼动画 ·················· 153
7.2　3D 动画 ·················· 159
7.2.1　3D 旋转工具和 3D 平移工具 ·················· 159
7.2.2　制作 3D 动画 ·················· 162
7.3　摄像头 ·················· 165
7.3.1　摄像头工具 ·················· 165
7.3.2　控制摄像头 ·················· 169
7.4　图层 Z 深度 ·················· 171
7.4.1　“图层深度”面板 ·················· 171
7.4.2　应用图层深度 ·················· 172
思考题 ·················· 174
操作题 ·················· 175

第 8 章　文本的使用 ·················· 176
8.1　输入文本 ·················· 176
8.2　设置文本属性 ·················· 177
8.3　常用于文本的特效 ·················· 180
8.3.1　分离文本 ·················· 180
8.3.2　文字特效 ·················· 180
8.3.3　文字分布到各图层 ·················· 182
8.3.4　文本添加滤镜效果 ·················· 183
8.4　图形文字的应用 ·················· 185
8.5　动画举例 ·················· 185
8.5.1　文字片头动画 ·················· 185
8.5.2　文字遮罩动画 ·················· 188
8.5.3　彩虹文字效果 ·················· 189
8.5.4　文字广告效果制作 ·················· 190
8.5.5　利用动画预设制作文本动画 ·················· 191
思考题 ·················· 193
操作题 ·················· 194

第9章　元件、库和实例 ⋯⋯⋯⋯⋯⋯⋯⋯⋯⋯⋯⋯⋯ 195

9.1　元件 ⋯⋯⋯⋯⋯⋯⋯⋯⋯⋯⋯⋯⋯⋯⋯⋯⋯⋯⋯ 195

9.1.1　元件的类型 ⋯⋯⋯⋯⋯⋯⋯⋯⋯⋯⋯⋯ 195

9.1.2　创建元件的方法 ⋯⋯⋯⋯⋯⋯⋯⋯⋯ 196

9.1.3　更改元件的类型 ⋯⋯⋯⋯⋯⋯⋯⋯⋯ 197

9.1.4　直接复制元件 ⋯⋯⋯⋯⋯⋯⋯⋯⋯⋯ 197

9.1.5　图形元件和影片剪辑元件的区别 ⋯⋯⋯ 198

9.2　库 ⋯⋯⋯⋯⋯⋯⋯⋯⋯⋯⋯⋯⋯⋯⋯⋯⋯⋯⋯⋯ 199

9.2.1　库的概述 ⋯⋯⋯⋯⋯⋯⋯⋯⋯⋯⋯⋯ 199

9.2.2　库的操作 ⋯⋯⋯⋯⋯⋯⋯⋯⋯⋯⋯⋯ 200

9.3　实例 ⋯⋯⋯⋯⋯⋯⋯⋯⋯⋯⋯⋯⋯⋯⋯⋯⋯⋯⋯ 203

9.3.1　实例的基本操作 ⋯⋯⋯⋯⋯⋯⋯⋯⋯ 203

9.3.2　实例属性的设置 ⋯⋯⋯⋯⋯⋯⋯⋯⋯ 204

9.3.3　实例的滤镜设置 ⋯⋯⋯⋯⋯⋯⋯⋯⋯ 208

9.4　制作按钮元件 ⋯⋯⋯⋯⋯⋯⋯⋯⋯⋯⋯⋯⋯⋯⋯ 209

9.5　按钮的制作技术 ⋯⋯⋯⋯⋯⋯⋯⋯⋯⋯⋯⋯⋯⋯ 211

9.6　按钮的应用 ⋯⋯⋯⋯⋯⋯⋯⋯⋯⋯⋯⋯⋯⋯⋯⋯ 213

9.7　利用按钮创建超级链接 ⋯⋯⋯⋯⋯⋯⋯⋯⋯⋯⋯ 221

9.8　制作按钮的注意事项 ⋯⋯⋯⋯⋯⋯⋯⋯⋯⋯⋯⋯ 225

思考题 ⋯⋯⋯⋯⋯⋯⋯⋯⋯⋯⋯⋯⋯⋯⋯⋯⋯⋯⋯⋯ 226

操作题 ⋯⋯⋯⋯⋯⋯⋯⋯⋯⋯⋯⋯⋯⋯⋯⋯⋯⋯⋯⋯ 226

第10章　声音和视频的应用 ⋯⋯⋯⋯⋯⋯⋯⋯⋯⋯⋯ 227

10.1　在动画中添加声音 ⋯⋯⋯⋯⋯⋯⋯⋯⋯⋯⋯⋯⋯ 227

10.1.1　导入声音 ⋯⋯⋯⋯⋯⋯⋯⋯⋯⋯⋯ 227

10.1.2　添加声音 ⋯⋯⋯⋯⋯⋯⋯⋯⋯⋯⋯ 228

10.1.3　声音属性的设置 ⋯⋯⋯⋯⋯⋯⋯⋯ 230

10.2　查看声音文件和编辑声音 ⋯⋯⋯⋯⋯⋯⋯⋯⋯⋯ 231

10.2.1　查看声音文件属性 ⋯⋯⋯⋯⋯⋯⋯ 231

10.2.2　压缩声音 ⋯⋯⋯⋯⋯⋯⋯⋯⋯⋯⋯ 231

10.2.3　自定义声音效果 ⋯⋯⋯⋯⋯⋯⋯⋯ 232

10.3　为按钮添加声音 ⋯⋯⋯⋯⋯⋯⋯⋯⋯⋯⋯⋯⋯⋯ 234

10.4　视频的应用 ⋯⋯⋯⋯⋯⋯⋯⋯⋯⋯⋯⋯⋯⋯⋯⋯ 235

10.4.1　使用播放组件加载播放外部视频 ⋯⋯⋯ 235

10.4.2　嵌入视频到影片 ⋯⋯⋯⋯⋯⋯⋯⋯ 239

10.4.3　将H.264视频嵌入时间轴 ⋯⋯⋯⋯⋯ 242

10.5　用"代码片段"播放视频和声音 ⋯⋯⋯⋯⋯⋯⋯⋯ 242

10.5.1　控制播放外部声音文件 ⋯⋯⋯⋯⋯ 242

10.5.2 控制播放外部视频文件 ·· 243
10.6 Adobe Media Encoder 简介 ·· 246
10.6.1 添加视频文件 ··· 246
10.6.2 转换视频文件 ··· 247
10.6.3 剪辑视频 ··· 248
10.7 应用声音和视频的注意事项 ·· 250
思考题 ·· 251
操作题 ·· 251

第 11 章 组件和动画预设 ·· 252
11.1 组件简介 ··· 252
11.2 组件的应用 ··· 252
11.2.1 使用组件 ··· 252
11.2.2 应用组件 ··· 253
11.3 动画预设简介 ·· 260
11.3.1 "动画预设"面板 ·· 260
11.3.2 预览动画预设 ··· 261
11.4 动画预设的应用 ·· 261
11.4.1 应用动画预设 ··· 261
11.4.2 自定义动画预设 ··· 263
11.4.3 管理动画预设 ··· 265
思考题 ·· 266
操作题 ·· 266

第 12 章 动作脚本基础 ·· 267
12.1 脚本和"动作"面板 ··· 267
12.2 控制动画的播放 ·· 269
12.2.1 添加动作脚本 ··· 269
12.2.2 基本动作控制 ··· 269
12.2.3 使用"代码片段"编辑脚本 ·· 274
12.3 动画举例 ··· 276
12.4 利用脚本设置属性 ·· 282
12.4.1 实例的常用属性 ··· 282
12.4.2 获取实例的属性 ··· 285
12.4.3 鼠标的属性 ··· 285
12.5 利用脚本实现交互 ·· 286
12.5.1 动态更改属性 ··· 286
12.5.2 控制属性的更改 ··· 288
12.5.3 控制逐帧动画的播放 ··· 292

12.5.4 载入外部文件 ·· 296

12.5.5 导航到一个 URL ·· 302

12.6 fscommand()函数的应用 ·· 303

12.7 ActionScript 3.0 语言参考 ·· 306

思考题 ·· 307

操作题 ·· 307

第 13 章 动作脚本进阶 ·· 308

13.1 脚本基础知识 ·· 308

13.1.1 类、包的概念 ·· 308

13.1.2 创建对象 ·· 309

13.1.3 处理对象 ·· 310

13.1.4 类的应用 ·· 310

13.1.5 脚本程序的构成 ·· 315

13.2 处理事件 ·· 317

13.2.1 鼠标事件 ·· 318

13.2.2 键盘事件 ·· 321

13.2.3 时间事件 ·· 327

13.2.4 帧循环事件 ·· 328

13.2.5 文本事件 ·· 329

13.3 脚本程序控制语句 ·· 331

13.3.1 分支语句 ·· 331

13.3.2 循环语句 ·· 333

13.4 自定义函数 ·· 334

13.5 常用的函数 ·· 335

13.5.1 动态添加影片剪辑 ·· 335

13.5.2 碰撞检测方法 ·· 343

13.6 设置滤镜 ·· 347

思考题 ·· 350

操作题 ·· 350

第 14 章 动画的优化与发布 ·· 351

14.1 测试 Animate 动画作品 ·· 351

14.2 优化 Animate 动画作品 ·· 352

14.2.1 优化动画 ·· 352

14.2.2 优化动画中的元素 ·· 352

14.2.3 优化动画中的文本 ·· 352

14.2.4 优化动画中的色彩 ·· 352

14.2.5 优化动画中形状的曲线 ·· 353

14.3　发布 Animate 作品 ·· 353

14.3.1　导出 Animate 作品 ·· 353

14.3.2　设置发布格式 ··· 354

14.3.3　ActionScript 设置 ··· 357

14.3.4　发布作品 ·· 359

14.3.5　转换为 HTML5 Canvas ··· 359

14.3.6　针对 HTML5 的发布 ·· 359

思考题 ··· 360

操作题 ··· 360

第 15 章　综合实例 ·· 361

15.1　个人网站制作 ·· 361

15.1.1　制作场景"封面" ·· 361

15.1.2　制作场景"主页面" ·· 364

15.1.3　修饰页面 ·· 370

15.2　《雪绒花》MTV 制作 ·· 371

15.2.1　制作场景"封面" ·· 371

15.2.2　制作场景"播放" ··· 372

15.2.3　设置控制播放的按钮 ··· 377

15.2.4　制作动感画面 ·· 380

思考题 ··· 380

操作题 ··· 380

参考文献 ·· 381

第 1 章　Animate 简介

内容提要

本章介绍了 Animate 软件相关的基础知识,Animate 动画设计的基础知识,Animate 工作环境的设置及常用功能面板的显示与隐藏。

学习建议

在学习本章时,了解 Animate 的相关概念和应用,熟悉 Animate 软件工作界面及工作环境的设置方法,重点掌握 Animate 软件的启动、退出和文件的基本操作。学习时注意对话框和面板的不同。

1.1　认识 Animate

1.1.1　Animate 概述

Animate 的前身是著名的动画软件 Flash。Adobe 公司收购 Macromedia 公司后,2015 年,将原来的 Flash Professional 改名为现在的 Animate CC,缩写为 An。Animate 很好地延续了 Flash 动画简单易学的优点,在原先很好的动画制作基础之上,加入了对 HTML5 的支持,为网页开发者提供更适应现有网页应用的音频、图片、视频、动画等创作支持。

截至 2022 年 10 月,发布了 Adobe Animate CC 2023。

1.1.2　Animate 的应用领域

动画制作不只是 Animate 一个软件可以实现,还可以用 3d Max、Maya 软件,也可以用其他的软件。很多软件可以制作漂亮的动画效果,但这些动画对 Web 的支持都不是很好,而且这些动画文件体积庞大,不适合在网络上传播。而用 Animate 制作的动画文件的体积很小,如果再结合一些绘图软件和 3D 效果软件,动画的效果会更完美、绚丽。

Animate 动画无处不在的魅力,使得人们能够接受 Animate 动画带来的乐趣。

1. 应用程序开发

Animate 具有独特的跨平台特性和灵活的界面控制,使其在软件开发与应用程序设计领域有很强的生命力。通过 JavaScript 语言实现的程序在与用户的交流方面具有其他任何方式都无可比拟的优势。

2. 软件系统界面开发

Animate对于界面元素的可控性和它所表达的效果具有很大的吸引力,可以用于开发软件系统界面,其所具有的特性可以为用户提供一个良好的接口。

3. 网页设计

现在打开网页Animate动画随处可见。动态的Animate动画网站设计已经逐渐变成了一种趋势,也越来越受到广大群众的喜爱。很多企业网站往往在进入主页前播放一段使用Animate制作的欢迎页(也称为引导页),用Animate动画制作网站的Logo(网站的标志)等。

随着动画在网站设计领域中的应用及发展,人们已经认识到了Animate动画的广阔前景,它将会变成一种趋势,带给观众不一样的视觉、听觉感受。利用Animate独特的按钮功能制作的网站导航条,使浏览者通过鼠标单击菜单栏,既实现动画、声音等多媒体效果,同时也达到了美化网站界面、吸引观众眼球的目的,增加了浏览者与网站的互动,同时也调动了浏览者的积极性,提高点击率。

4. 网页广告

现在打开一个网页,随处可见动感时尚的Animate动画广告,创意新颖且富有趣味,更容易被大众所记住,从而达到广告传播的目的。

Animate动画短小精干,表现力强,能够更好地达到广告传播的效果,其所创造的动态艺术,越来越容易被广大群众所接受,并且为大多数广告公司所重用,并被广泛传播。

5. 网络动画

随着计算机技术的广泛运用和动画行业的飞速发展,二维动画在三维动画迅猛发展的情景下也毫不逊色,二维动画在国内外也开始繁荣起来。许多网友喜欢把自己制作的Animate音乐动画、Animate电影动画上传到网上供网友欣赏。国内较有影响力的二维动画有《喜洋洋与灰太狼》,这是Animate动画的经典作品。

这些网络动画简短精炼、表现力强、制作时间短,而且造价非常低,能够大大减少人力、物力资源的消耗,因此,许多网络公司非常看好Animate动画的发展前景,并且予以重用。

6. 多媒体教学课件

运用Animate独特的交互性能制作出的教学课件,不仅体现出了教师的创新能力,更重要的是可以提高学生学习的积极性,把学生从乏味的学习氛围中解脱出来,接受新的教学方式,调动学生们的新鲜感,从而提高教学质量。

相对于其他软件制作的课件,Animate课件具有体积小、表现力强的特点。在制作实验演示或多媒体教学光盘时,Animate动画得到大量的应用。

7. 游戏开发

Animate运用其强大的动作脚本功能,可以制作一些有趣的在线小游戏,如贪吃蛇、看图识字、五子棋等。由于Animate游戏的体积比较小,所以一些手机厂商已经开始在手机内嵌入Animate小游戏,愈加丰富了人们的业余生活,而且随时随地都能玩,使用非常方便。

8. 歌曲 MTV

随着网络歌曲的不断盛行,歌曲 MTV 也成了群众所关注的对象。对于一些流行歌曲,为了能够引起观众的注意,一些唱片公司就会创作一些动画版的歌曲 MTV,增加了歌曲的趣味性,保证质量的同时还降低了成本,而且还达到了唱片宣传的目的。这种方式被广泛流传,并且达到了很好的效果,如《江南 style》《小苹果》等,这些都是人们耳熟能详的。

随着计算机应用技术的不断发展,我国越来越重视动漫事业的成长,Animate 动画迅速崛起并得到了加速提升。然而,三维动画的出现,却对二维的 Animate 动画产生了一定的影响,但是 Adobe 公司推出的 Animate 已经结合了 3D 技术的精髓,使得 Animate 动画变得更加灵活,更加强大,可以实现的功能也愈来愈多。相信在网络信息飞速传播的时代中,Animate 动画一定会为自己开辟一片新天地。

1.2 了解 Animate 中的基本概念

1.2.1 位图和矢量图

计算机中的图像根据其显示原理的不同可以分为位图(点阵图)和矢量图两种。

位图是由计算机根据图像中每一点的信息生成的,要存储和显示位图就需要对每一个点的信息进行处理,这样的一个点就是像素。位图有色彩丰富的特点,一般用在对色彩丰富度或真实感要求比较高的场合。位图占用的存储空间较大,放大到一定倍数时会出现明显的失真(马赛克)现象。

像素是位图图像的基本单位,也是最小单位。图像是由行和列排列的像素组成的。每个像素都有自己特定的位置和颜色,这些按照特定位置排列的像素最终决定了图像的品质效果。单位尺寸内含有像素的多少即为位图图像的分辨率。分辨率通常用像素/英寸(ppi)(1 英寸＝2.54 厘米)表示。设计制作 Animate 动画时通常用 72ppi 的图像。72ppi 分辨率表示在一平方英寸面积有 72×72＝5184 个像素点。

矢量图是由计算机根据矢量数据计算后生成的,它用包含颜色和位置属性的直线或曲线来描述图像。所以,计算机在存储和显示矢量图时只需记录图形的边线位置和边线之间的颜色这两种信息即可。矢量图占用的存储空间较小,无论放大多少倍都不会出现失真现象。

1.2.2 帧和图层

帧是组成 Animate 动画最基本的单位,每一帧就是动画中的一幅画面。与电影的成像原理一样,Animate 动画也是通过对帧的连续播放实现动画效果的,通过帧与帧之间的不同状态或位置的变化实现不同的动画效果。制作和编辑动画实际上就是对连续的帧进行操作的过程,对帧的操作实际就是对动画的操作。

图层就像一张透明的纸,用于绘制、布置和存放动画元素。因此 Animate 动画往往由多个图层组成。图层之间是相互独立的,每个图层都有自己的时间轴,包含相互独立

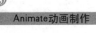

的多个帧。当修改某一图层时,不会影响到其他图层中的对象。由于各图层间的独立性,可以把复杂的动画进行划分,将它们分别放在不同的图层,依次对每个图层上的对象进行编辑,不但可以简化烦琐的工作,也便于以后修改,从而有效地提高工作效率。

1.2.3 元件、库和实例

在 Animate 动画制作过程中,善于利用元件和库是提高工作效率的重要途径之一。

"元件"是 Animate 动画中可以重复使用的某一个部件,如果在动画中需要多次使用同一个对象,就可以将这个对象转换为元件,以后在需要应用该对象的时候,直接调用元件即可。利用元件可以大大提高动画制作的效率,也可以有效地减小 Animate 动画文件的大小。Animate 中的元件有三种:图形元件、影片剪辑元件和按钮元件。

"库"主要用于存放和管理动画中可重复使用的元件、位图、声音和视频文件等。利用库管理这些资源,可有效提高工作效率。如果要调用某一个元件,只要将该元件从库中拖放到舞台上即可。除了对元件进行管理,还可以在库中对元件的属性进行修改。

"实例"也称元件的实例,将库中的元件拖放到舞台上后,Animate 就将它称为元件的实例。Animate 动画主要以实例为动画元素。用动作脚本还可以动态地创建对象的实例。

1.2.4 关键帧

关键帧是在时间轴的帧格中有黑色实心圆点所在的帧,它代表着某时间点对应的画面有内容,并且与之前的画面内容可能不同,可用于由一个画面到另一个画面的动画生成。空白关键帧是时间轴的帧格中有黑色空心圆圈所在的帧,它代表着某时间点对应的画面没有内容,可用于结束此帧之前的画面。

1.2.5 帧频

帧频是指单位时间内播放的帧数。Animate 默认的帧频为 24 帧/秒,即在 1 秒时间内播放的画面有 24 帧。通过修改帧频达到想要的动画播放速度。

1.2.6 Animate 中常用的文件类型

Animate 软件支持的文件类型有多种,常用的有 FLA 格式、SWF 格式和 AS 格式三类。

FLA 格式文件是 Animate 中的文档文件,它包含着 Animate 文档内容的图形、文本、声音和视频对象,还有时间轴和脚本等信息的文件,文件扩展名为".fla"。

SWF 格式文件也称为 Animate 动画影片文件,是 FLA 文件的二进制压缩形式文件,它包含图形、动画、文本、位图、音频、视频和脚本语言等多种数据,Animate 文档通过发布或导出或测试成为 SWF 文件后,可以直接应用到网页中,也可以用 Flash Player 直接播放,文件扩展名为".swf"。

AS 格式文件是指 ActionScript 文件,即将某些或全部 ActionScript 脚本代码保存在 FLA 文件以外的位置。AS 文件有助于管理脚本代码,文件扩展名为".as"。

1.2.7 ActionScript

ActionScript 是一种编程语言,也是 Animate 动画制作特有的一种开发语言。它在 Animate 内容和应用程序中实现交互、数据处理及其他功能。在 Animate 版本中支持 ActionScript 3.0。

1.3 Animate 的工作界面

1.3.1 界面简介

1. 欢迎界面

启动 Animate 软件过程中,首先打开欢迎界面,如图 1-1 所示。通过欢迎界面,可以快速创建各种类型的 Animate 文档,或者访问相关的 Animate 资源。

图 1-1 欢迎界面

欢迎界面包含以下 6 个区域。

（1）打开最近的项目:用于打开最近打开过的文档。也可以通过单击"打开"图标,打开"打开文件"对话框。

（2）新建:列出了 Animate 文档类型。单击列表中所需的文件类型,可以快速创建新的文档。新建 Animate 动画文档时,可以选择 ActionScript 3.0 脚本环境,创建新的

Animate 文档。

　　提示：如果已进入 Animate 工作窗口，或启动 Animate 时，如果未显示欢迎界面，则执行菜单"文件"→"新建"命令，打开"新建文档"对话框，选择"常规"选项卡，并选择其中所要创建的文档（如 ActionScript 3.0）类型，单击"确定"按钮，可以创建一个新的 Animate 动画文档。

　　（3）简介：在该选项区中提供了 Animate 相关资源的快速访问链接，单击相应的选项即可在浏览器窗口中打开 Adobe 官方网站所提供的相关内容介绍。

　　（4）学习：在该选项区中提供了 Animate 相关功能的学习资源，单击相应的选项即可在浏览器窗口中打开 Adobe 官方网站所提供的相关内容介绍页面。

　　（5）模板：列出创建新的 Animate 文档最常用的模板。通过单击列表中所需的模板，可以创建新文档。

　　（6）不再显示：选中该复选框，弹出提示对话框，单击"确定"按钮。下次启动 Animate 时将不会再显示欢迎界面。

2. 工作窗口界面

　　创建或打开文档后，进入 Animate"基本功能"窗口界面，如图 1-2 所示。

图 1-2　"基本功能"窗口界面

1.3.2　工作窗口基本操作

1. 工作区切换按钮

Animate 提供了多种软件工作区预设，在该选项的下拉列表中可以选择相应的工作区预设,如图1-3所示。选择不同的选项,即可将Animate的工作区更改为所选择的工作区预设。在列表的最后提供了"新建工作区""删除工作区""重置'×××'"3种功能。"新建工作区"用于创建个人喜好的工作区配置,"删除工作区"用于删除个人创建的工作区配置,"重置'×××'"用于恢复当前工作区为默认状态。

提示:执行菜单命令"窗口"→"工作区",在菜单列表中也可以选择预设的工作区。

图1-3　工作区列表

2. 菜单栏

在菜单栏中提供了"文件""编辑""视图""插入""修改""文本""命令""控制""调试""窗口""帮助"等11项菜单,几乎所有的可执行命令都可在这里直接或间接地找到相应的操作选项。

3. 文档选项卡

Animate可以打开多个文档。文档选项卡用于管理不同的文档。当对文档进行修改没有保存时,在文件名的后面显示"＊"号作为标记,在文档名称的右侧是关闭文档命令按钮"×"。

提示:用鼠标拖动文档选项卡,可以将该文档拖出来成为一个独立的窗口。也可把独立文档窗口拖回原处,再形成文档窗口组。

还可以利用"窗口"菜单最下方的文档名称来切换文档窗口。

4. 场景编辑栏

该栏的左侧显示当前"场景"或"元件"的名称和图标,单击"编辑场景"按钮,在弹出的菜单中可以选择要编辑的场景;单击"编辑元件"按钮,在弹出的菜单中可以选择要切换编辑的元件;单击"舞台居中"按钮,将舞台居中显示;单击"剪切掉舞台范围以外的内容"按钮,将隐藏场景舞台范围外的内容,如图1-4所示。

图1-4　场景编辑栏

执行菜单命令"窗口"→"编辑栏",可以设置显示或隐藏该栏。

5. 舞台

舞台(白色区域)是用来进行创作的编辑区,如矢量图形的制作和编辑以及动画的制作和展示都在舞台中进行。在舞台中除可以编辑作品中的图形对象外,还可以设置一些用于帮助图形绘制、编辑操作的辅助构件,如标尺、网格线和参考线等。

提示：工作区就像舞台的"后台"，在其中可以做许多准备或辅助工作，但真正表现出来的只是舞台上的内容。工作区中的内容在最终播放动画时是不会显示出来的。

6. 时间轴面板

时间轴用于创建动画和控制动画的播放。时间轴左侧为图层控制区；右侧为时间轴控制区，由播放头、帧、时间轴标尺及状态栏组成。

图层控制区用于对动画中的各图层进行控制和操作。当舞台中有多个对象，又需要将其按一定的上下顺序放置时，可将它们放置在不同的图层中。

7. 属性面板

属性面板也称为"属性检查器"，使用"属性"面板对各种不同对象的属性进行设置，如文档属性中的舞台大小和颜色设置，操作对象属性的设置等。

8. 工具箱

在工具箱中提供了 Animate 中所有的操作工具，如笔触颜色和填充颜色，以及工具的相应设置选项，通过这些工具可以在 Animate 中进行绘图、调整等相应的操作。

9. 面板的操作

在菜单"窗口"中，给出了 Animate 所有面板的完整列表。默认情况下，面板以组合形式和按钮形式显示在工作区的右侧。

用鼠标单击"面板按钮组"中的按钮，可以打开面板。再选择按钮执行命令（如图 1-5 所示）或单击其他位置关闭面板。

图 1-5　单击面板按钮打开"对齐"面板

常用的面板操作如下。

（1）从菜单"窗口"中选择所需的面板，可以打开或关闭面板。

（2）在面板停靠栏，单击"折叠为图标"按钮，可以将面板折叠为图标；单击"展开面板"按钮，将展开面板，如图 1-6 所示。

图 1-6　折叠和展开面板

（3）在面板停靠栏，单击"关闭"按钮，可以关闭面板，如图1-7所示。

（4）在面板标题栏，单击面板选项按钮，或用鼠标右击停靠栏、标题栏，将打开菜单，如图1-8所示。

图1-7 关闭面板按钮   图1-8 面板选项按钮

（5）用鼠标按住停靠栏、标题栏或折叠后的图标，可以拖动面板脱离"面板按钮组"。也可以将脱离的面板拖动到"面板按钮组"。

提示：初学者可以利用"重置'×××'"命令将 Animate 界面恢复为原始工作窗口状态。

1.3.3 动画制作辅助工具

在动画设计制作过程中，可以使用标尺、网格和辅助线等辅助工具进行精确绘制和设置对象的位置，还可以利用"贴紧"功能，方便将对象定位。

1. 标尺的使用

执行菜单"视图"→"标尺"命令，可以显示或隐藏标尺。当显示标尺时，它们将出现在编辑区窗口的顶部和左侧，舞台左上角的标尺值为0。当移动舞台上的对象时，将在标尺上显示几条线，指出该对象的大小尺寸和在舞台上的位置，如图1-9所示。

执行菜单"修改"→"文档"命令，打开"文档设置"对话框。在对话框中的"单位"下拉列表框中，可以选择更改标尺的度量单位，如图1-10所示。

图1-9 显示标尺   图1-10 设置标尺单位

2. 网格使用

执行菜单"视图"→"网格"→"显示网格"命令，可以显示或隐藏网格。当设置为显示网格时，将在舞台上显示网格线，如图1-11所示。

执行菜单"视图"→"贴紧"→"贴紧至网格"命令，可以打开或关闭贴紧至网格线。

提示：打开"贴紧至网格"功能后，在舞台上移动对象时，对象将自动贴紧至网格线。

执行菜单"视图"→"网格"→"编辑网格"命令，打开"网格"对话框。在对话框中可以设置网格的颜色、网格的宽度等选项，如图1-12所示。

图 1-11　显示网格线

图 1-12　"网格"对话框

3. 辅助线使用

如果显示了标尺,可以用鼠标将水平和垂直辅助线从标尺拖动到舞台上。用户可以移动、锁定、隐藏和删除辅助线,也可以使对象贴紧至辅助线,还可以更改辅助线颜色和对齐精确度,如图 1-13 所示。

执行菜单"视图"→"辅助线"→"显示辅助线"命令,可以显示或隐藏辅助线。

执行菜单"视图"→"辅助线"→"编辑辅助线"命令,打开"辅助线"对话框。在对话框中可以设置辅助线的颜色、对齐精确度等选项,如图 1-14 所示。

图 1-13　设置辅助线

图 1-14　"辅助线"对话框

提示:如果在创建辅助线时网格是可见的,并且打开了"贴紧至网格",则辅助线将与网格对齐。

显示标尺状态下,用鼠标单击按住标尺上的任意一处或在舞台上按住辅助线,可以将辅助线拖至舞台上需要的位置。

执行菜单"视图"→"辅助线"→"锁定辅助线"命令,可以锁定辅助线。

在辅助线处于解除锁定状态时,使用"选择工具"将辅助线拖到水平或垂直标尺,可以删除该辅助线。

执行菜单"视图"→"辅助线"→"清除辅助线"命令,可以清除所有的辅助线。

1.3.4　文档属性

执行菜单"修改"→"文档"命令,打开"文档设置"对话框。在对话框中,设置舞台的宽和高、舞台颜色、帧频、标尺单位等属性,单击"确定"按钮保存文档属性,如图 1-15

所示。

匹配内容：按照舞台内容大小设置舞台大小。

缩放：按设定的宽和高缩放舞台大小。

锚记：按设定的宽和高设置舞台时，按照锚记的选择截取或扩大舞台。

提示：设置文档属性后，单击"设为默认值"按钮，可以保存当前文档属性为默认值。当新建文档时，按照默认设置创建新文档。

在舞台未选择任何对象时，"属性"面板将显示文档属性，如图1-16所示。在文档"属性"面板中，可以设置当前文档舞台的大小、FPS（帧频）、舞台背景颜色等属性。

图1-15 "文档设置"对话框　　　　　　　图1-16 文档"属性"面板

设置参数时，用鼠标指向文本框，当指针变为双箭头时，左右拖动鼠标选择参数，或单击文本框反显后，输入参数，如图1-17所示。

(a) 鼠标指向文本框　　　　　　　(b) 单击文本框

图1-17 输入参数

1.3.5 首选参数设定

使用"首选参数"对话框可以设置常规应用程序操作、编辑操作和剪贴板操作的首选参数。选择菜单"编辑"→"首选参数"命令，打开"首选参数"对话框，如图1-18所示。

在"首选参数"对话框中，可以设置撤销级别（进行撤销或恢复操作的最高次数）、转换选择（设置多个对象的选择方法）、加亮区域（选择一个对象后所显示的边框颜色）等。

图 1-18 "首选参数"对话框

1.3.6 快捷键的设定

Animate 中可以设置快捷键,以便与在其他应用程序中所使用的快捷键一致,使 Animate 工作流程更为流畅。默认情况下,Animate 使用的是 Animate 应用程序专用的内置键盘快捷键。

要创建自定义的键盘快捷键,首先要复制现有的设置,然后在复制得到的新设置中添加、修改或删除快捷键。还可以删除自定义的快捷键设置。

执行菜单"编辑"→"快捷键"命令,打开"键盘快捷键"对话框,如图 1-19 所示。在对话框的"键盘布局预设"中选择一种快捷键设置,单击"以新名称保存当前的快捷键组"按钮,打开"保存键盘布局预设"对话框。在对话框中输入"预设名称",单击"确定"按钮,创建新的快捷键。

在"命令"列表中,选择查看命令的快捷键。

在"命令"列表中,选择要为其添加、修改或删除快捷键的命令,所选命令的说明将显示在对话框的描述区域中。

添加快捷键,单击"添加"按钮,在文本框中输入新的快捷键组合,添加新的快捷键。

提示:在搜索栏中输入命令名称,可以快速查找命令。

选择已有快捷键时,在文本框中输入新的快捷键,将修改该快捷键。

图 1-19 "键盘快捷键"对话框

选择已有快捷键时,单击"×"按钮,可以删除已有的快捷键。

要输入组合键,在键盘上按下这些键,不必输入键的名称。

要删除快捷键,选择命令后,单击"删除全部"按钮,将删除该命令的全部快捷键。

提示:在"键盘布局预设"中,选择一种快捷键设置后,单击"删除当前的键盘快捷键组",将删除所选择的预设的快捷键组。

思考题

1. Animate 是什么?

2. Animate 中帧和关键帧的作用有哪些?

3. 元件和实例是什么关系?

4. Animate 欢迎界面由哪几部分组成? 各有什么作用?

5. Animate 的"基本功能"界面主要由哪几部分组成?

6. 时间轴由哪两个部分组成? Animate 默认的帧频是多少?

7. 场景由哪几部分组成?

8. 图层的特点有哪些?

9. 在 Animate 工作窗口环境下,如何打开、关闭各种面板? 怎样恢复默认工作区状态?

10. 舞台默认的大小和颜色是什么? 如何改变舞台的大小和颜色?

11. 标尺、网格和辅助线有什么作用? 如何显示或隐藏它们?

12. 标尺的默认单位是什么?

13. Animate 动画文档文件的扩展名是什么? 动画影片文件的扩展名是什么?

14. 利用"文档"属性面板或"文档设置"面板,可以对文档设置哪些属性?

操作题

1. 创建一名为"练习1"的 Animate 动画文档。

要求设置舞台大小为 600×500px,背景色为深绿色。

2. 执行"窗口"菜单下的命令,打开各种面板并调整位置。

要求对打开的面板结构和基本功能有初步的了解,再恢复默认的工作区环境。

3. 学会设置 Animate 的首选参数。

要求理解"常规"参数的意义。

4. 学会设置 Animate 中各种命令的快捷键。

要求重点了解"绘画菜单命令""工具面板"的快捷键。

5. 学会在"基本功能工作区""传统工作区"间的转换。

要求比较、说出两种工作区的异同。

第2章 传统补间动画

内容提要

本章主要介绍了利用 Animate 制作几种基本动画(移动、缩放、旋转、颜色、透明度)的方法,利用 Animate 制作动画的基本步骤,Animate 制作动画的基本技术,帧和图层相关概念及操作。

学习建议

首先掌握制作简单动画的基本方法,不要在制作动画元素上花费过多的精力和时间;初步理解传统补间动画的制作原理;逐渐掌握利用关键帧和图层将简单动画进行组合和叠加,制作复杂动画的方法。

2.1 Animate 动画设计思想

设计制作 Animate 动画就同拍一部电影、电视剧或演一部话剧一样,要有前期策划、编写剧本、后台和舞台、演员等。在剧本中设计每个角色的出场顺序、方位和要做的动作、说的话等;后台是演员休息、化妆、做出场前准备、剧务准备道具的地方;舞台是演员表演、观众能够看到演出的地方。

2.1.1 库

库用于存放元件(动画元素),也叫元件库,相当于后台。Animate 是通过"库"面板来管理库中元件的。"库"面板在"基本功能"工作区窗口版面布局中的右侧,如图 2-1 所示。

在"库"面板底部左侧,单击"新建元件"按钮,打开"创建新元件"对话框,经设置后单击"确定"按钮可以在库中创建一个新元件。创建新的元件时,给元件命名一个可以代表元件内容或有意义的名字,如"背景"等。

提示:如果没有打开"库"面板,执行菜单"窗口"→"工作区"→"重置'基本功能'"命令,可以将 Animate

新建元件

图 2-1 "库"面板

版面布局恢复为默认状态。或者执行菜单"窗口"→"库"命令,也可以打开"库"面板。

执行菜单"插入"→"新建元件"命令,也可以打开"创建新元件"对话框。

2.1.2 时间轴

一部 Animate 动画就像一部小电影,时间轴是用来组织和控制影片内容在一定时间内如何播放的,相当于剧本。"时间轴"面板在"基本功能"工作区窗口版面布局的下方,如图 2-2 所示。"时间轴"面板由左侧"图层"控制区和右侧"帧格"控制区两部分组成。

新建图层

图 2-2　"时间轴"面板

一部动画中往往有多个动画元素参与表演。Animate 中一个元素的动画是在一个独立的图层中完成的,因此,在时间轴中用不同的图层来制作和管理不同元素的动画。

在"时间轴"面板底部左侧,单击"新建图层"按钮,增加新的图层。每增加一个动画元素时都应该添加一个新的图层,以保证每个元素的动画安排在独立的图层。每添加一个图层,要给该图层命名一个有意义的名字。

动画中的每一幅画面叫一帧,是动画制作的最小单位。在时间轴中用一个小格表示一个帧。有内容的帧用填充颜色表示,没有内容的空帧用白色表示。因此,图层是由帧组成的。

2.1.3 舞台

Animate 窗口中的工作区(也叫编辑区)占有大部分区域,其中白色部分是舞台,如图 2-3 所示。

将元件库中的元件拖动到舞台后,就成为该元件的实例(动画元素)。实例可以在舞台上按照设计做动画,就像一个演员在舞台上扮演的一个角色。一个演员可以扮演多个角色,同样一个元件可以重复拖动到舞台中,得到同一个元件的不同实例,这时需要给每个不同实例冠以不同的实例名加以区别。

工作区中,舞台四周的灰色部分可以放置实例和编辑对象,但在动画中是看不见的,可以

图 2-3　"舞台"窗口

理解为准备进入舞台前和退出舞台后的过渡区。

2.1.4 场景

场景由"时间轴"和"工作区"组成,随着时间轴中"播放头"的移动,舞台中的内容也将同步变化,如图 2-4 所示。

图 2-4 "场景"窗口

复杂的动画一般由多个场景组成。播放动画时,按照场景的顺序播放。编辑动画时,单击"场景"标签,即可进入该场景。

在场景中还可以调整舞台的显示比率,使舞台大小适合编辑操作。

注意:场景的顺序可在"场景"面板中进行调整。执行菜单"窗口"→"场景"命令,可以打开"场景"面板。

2.2 制作传统补间动画的三个要素

一个完整的动画往往由多个动画片段组成。制作一个动画片段需要以下三个要素。

(1) 创建两个关键帧。在一个动画片段中,一个实例的开始和结束状态分别保存在同一个图层两个不同的关键帧中。左侧关键帧是动画片段的开始帧,右侧关键帧是动画片段的结束帧。

(2) 设置实例的起止位置和状态。设置实例在动画片段的开始帧和结束帧中的位置和状态。

(3) 创建传统补间动画。在动画片段的开始帧和结束关键帧之间创建传统补间动画,使实例的动作连续平滑、缓动加速合理。介于开始帧和结束帧间的所有帧中实例的位置和状态均由 Animate 软件自动完成。

【例 2-1】 利用传统补间动画制作一个简单的动画。

动画情景：叉车从舞台的左侧移动到右侧。

（1）新建 Animate 文档。启动 Animate 软件，执行菜单"文件"→"新建"→"常规"→
ActionScript 3.0→"确定"命令。

（2）创建新元件。在"库"面板上，单击"新建元件"按钮（见图 2-1），打开"创建新元件"对话框，如图 2-5 所示。

图 2-5 "创建新元件"对话框

在对话框中的"名称"文本框中输入元件名称"图片"（即新建元件名称），单击"类型"按钮，在下拉列表框中选择"影片剪辑"，单击"确定"按钮，打开元件"图片"编辑窗口，如图 2-6 所示。

图 2-6 "图片"元件的编辑窗口

提示：打开元件编辑窗口后，在"场景编辑栏"中的"场景 1"标签右侧显示以该元件名称命名的标签。在元件编辑窗口中有元件编辑区和时间轴。元件编辑窗口中的"＋"标志元件编辑区的中心，叫作元件的注册点。

执行菜单"文件"→"导入"→"导入到舞台"命令，打开"导入"对话框，如图 2-7 所示。

在对话框中，选择要导入的图片文件所在的位置（如：素材\图片\png），在文件列表框中选择图片文件（叉车.png），单击"打开"按钮，将所选择的图片导入到当前口中，并返回元件编辑窗口，如图 2-8 所示。

提示：当前打开的是元件编辑窗口，因此"导入到舞台"命令，将选择的图片导入到当前元件的舞台。

图 2-7 "导入"对话框

（3）单击"场景1"按钮，返回到场景。

这时，在"库"面板中，已经创建了新的元件"图片"，如图 2-9 所示。

图 2-8 导入图片的元件编辑窗口

图 2-9 新建元件"图片"后的"库"

提示：这时在"库"面板中保存了创建的元件"图片"和导入的图片"叉车.png"，如图 2-9 所示。

（4）在时间轴上创建两个关键帧。选择"图层1"的第1帧后，用鼠标将"库"面板中的"图片"元件拖动到舞台，如图 2-10 所示。

提示：此时，时间轴"图层1"的第1帧舞台放置了元件"图片"的实例。

"图层1"默认第1帧为空心圆，表示第1帧的舞台没有内容，叫空白关键帧。将元件拖动到第1帧后，第1帧变为实心圆，表示该帧的舞台有内容，叫作关键帧。

舞台中实例，有两个记号"＋"和"○"。"＋"是实例的注册点，由元件的注册点确定位置；"○"是实例的变形中心点，默认位置在实例外框线的几何中心，是实例进行缩放、

图 2-10　拖放到舞台的实例

旋转的参照中心点,可以拖动更改"〇"的位置。

选择"图层 1"的第 20 帧,单击鼠标右键,在弹出的快捷菜单中选择"插入关键帧"命令(见图 2-11),在第 20 帧插入关键帧,如图 2-12 所示。

图 2-11　选择"插入关键帧"命令

图 2-12　在第 20 帧插入关键帧

提示:插入关键帧操作是在当前帧创建一个关键帧,并将左侧最近的关键帧复制到该关键帧。此时,两个关键帧之间的所有帧都得到同一个实例,并且两个关键帧以及之间的所有帧中实例的位置和状态是一致的。这里第 1 帧是动画片段的开始帧,第 20 帧是结束帧。

(5)调整起止帧中实例的位置。选择第 1 帧后,将实例移动到舞台的左侧;选择第 20 帧后,将实例移动到舞台右侧,如图 2-13 所示。

(a)

(b)

图 2-13　调整后第 1 帧和第 20 帧中实例的位置

提示：在"工具"面板中，单击"选择工具"（第一个黑色箭头）后，用鼠标左键按住实例拖动，可以移动实例。

　　（6）创建传统补间动画。用鼠标右击开始帧（第 1 帧），在弹出的快捷菜单中选择"创建传统补间"命令，完成创建传统补间动画，如图 2-14 所示。

（a）　　　　　　　　　　　　　　　　（b）

图 2-14　创建传统补间动画

　　提示：用鼠标单击选择开始帧（第 1 帧）后，执行菜单"插入"→"插入传统补间"命令，也可以创建传统补间动画。

　　创建传统补间动画后，在"图层 1"，从开始帧到结束帧显示一条实线箭头。

　　在两个关键帧之间创建补间动画时，Animate 将自动完成实例从开始帧到结束帧做连续的动作，不需要设计者做任何操作。

　　（7）测试影片动画。执行菜单"控制"→"测试"命令或按 Ctrl＋Enter 快捷键在演示窗口中测试动画，如图 2-15 所示。

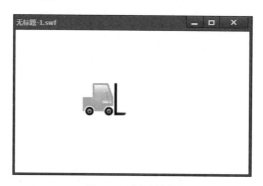

图 2-15　测试影片

　　提示：执行菜单"控制"→"测试影片"命令，可以设置测试影片的平台。默认选择"在 Animate 中"。

　　执行菜单"控制"→"测试场景"命令或按 Ctrl＋Alt＋Enter 快捷键，可以测试当前场景中的动画。

　　在时间轴上，拖动播放头或按回车键（Enter 键），或执行菜单"控制"→"播放"命令，预览动画效果。

创建传统补间动画要求开始帧和结束帧是同一个实例。因此,制作传统补间动画时,创建开始帧后,结束帧是用插入关键帧的方法来创建的。

两个关键帧之间的帧是普通帧,不允许在普通帧中对实例做任何操作。如果选择普通帧后,对实例进行移动等操作,该帧将转换为关键帧。

2.3　常用的 5 种基本动画

在动画中一个对象的传统补间动画是由移动位置、改变大小、旋转、变化颜色、改变透明度等 5 种简单动画组成的。

为了介绍 5 种基本动画的制作方法,创建一个文档,并将该文档保存为"原始文档"。

(1) 新建文档。执行菜单"文件"→"新建"→"常规"→ActionScript 3.0→"确定"命令。工作区布局选择"基本功能"。

(2) 创建新元件。在"库"面板中,单击"新建元件"按钮,打开"创建新元件"对话框。在对话框的"名称"文本框中输入"图片","类型"选择"影片剪辑",单击"确定"按钮,打开元件"图片"编辑窗口。

(3) 执行菜单"文件"→"导入"→"导入到舞台"命令,打开"导入"对话框,选择图片(素材\图片\PNG\工程车.png)单击"打开"命令,将图片导入到元件编辑窗口。

(4) 单击"场景 1"按钮,返回到场景,保存文档。执行菜单"文件"→"保存"或"另存为"命令,打开"另存为"对话框,如图 2-16 所示。

图 2-16　"另存为"对话框

在对话框中,选择工作目录,在"文件名"文本框中输入文件名"原始文档",单击"保存"按钮,保存文档。

提示:制作动画时应该创建工作目录。文件类型".fla"是 Animate 的文档格式。

(5) 关闭文档。执行菜单"文件"→"关闭"命令,关闭当前文档"原始文档"。

2.3.1 移动位置的动画

移动位置动画是指在起止关键帧中实例的位置不同。

【例2-2】 移动位置的动画。

动画情景：工程车从舞台的左侧移动到右侧,再回到左侧原位置。

（1）新建文档(打开文档"原始文档")。执行菜单"文件"→"打开"命令,打开"打开"对话框。在对话框中选择工作目录及文件"原始文档"(见图2-17),单击"打开"按钮,打开文档"原始文档"。

图2-17 "打开"对话框

执行菜单"文件"→"另存为"命令,将文档另存为"移动位置动画"。

提示：为了在制作其他动画时使用"原始文档",这里另存为新的文档,保留"原始文档"。这时当前窗口是"场景1"的编辑窗口。

（2）选择"图层1"的第1帧,将元件"库"面板中的元件"图片"拖动到舞台的左侧。用鼠标右击第20帧,在弹出的快捷菜单中选择"插入关键帧"命令,在第20帧插入关键帧。

（3）右击第1帧,在弹出的快捷菜单中选择"创建传统补间"命令,创建传统补间动画。

提示：选择开始帧和结束帧之间的任意帧,单击鼠标右键,在弹出的快捷菜单中选择"创建传统补间"命令,也可以创建补间动画。

（4）在第10帧插入关键帧,并将该帧中的实例拖动到舞台的右侧,如图2-18所示。

提示：这里先创建传统补间动画,再调整关键帧中实例的位置。根据要制作的动画片段的特点,灵活使用创建传统补间动画和调整关键帧中实例位置或状态的操作顺序。

（5）测试影片。

提示：动画制作中,经常使用一个片段的动画开始帧和结束帧中的实例状态完全一

图 2-18　制作移动位置动画

样。这时可以先创建开始帧,并调整好其中实例的位置及状态,然后利用插入关键帧的方法创建结束帧。这样开始帧和结束帧中的实例位置及状态保持一致。之后在中间创建关键帧,并对这些关键帧中的实例做相应的设置。

测试影片后,Animate 将在动画文档(.fla)所在的文件夹中创建 Animate 影片文件(.swf)。因为 Windows 没提供 Animate 影片(.swf)的播放插件,无法直接播放影片。我们可以在 Animate 安装目录(\Program Files\Adobe\Adobe Animate CC 2018\Players\)中找到 Animate 影片播放器 FlashPlayer.exe 播放影片。为了方便可以将".swf"类型文件的打开方式设置为 FlashPlayer.exe。

2.3.2　改变大小的动画

改变大小的动画是使起止帧中实例的大小不同。

【例 2-3】　改变大小的动画。

动画情景:工程车逐渐变大到原来的 150%,再逐渐恢复到原来的大小。

(1)打开文档"原始文档",并另存为"改变大小动画"。

(2)选择"图层 1"的第 1 帧,将元件"库"中的元件"图片"拖动到舞台。在第 20 帧插入关键帧,在第 1 帧和第 20 帧之间创建传统补间动画。

(3)在第 10 帧插入关键帧。用"选择工具"单击选择第 10 帧中的实例后,执行菜单"修改"→"变形"→"缩放和旋转"命令,打开"缩放和旋转"对话框,如图 2-19 所示。在对话框中,"缩放"设置为 150%(放大),其他不变,单击"确定"按钮关闭对话框,如图 2-20所示。

图 2-19　设置缩放

图 2-20　改变大小动画

24

提示：选择一个关键帧时，此帧中的实例同时都被选择。如果要对某一个实例单独操作（如缩放、设置属性等），则应该先选择实例后，再执行相应的操作命令。

（4）测试影片。

提示：选择传统补间动画帧后，打开帧"属性"面板，在"补间"选项组取消选中"缩放"复选框，将停止播放该片段的缩放动画。

2.3.3　旋转的动画

旋转的动画是使起止帧中实例的角度不同。

【例2-4】 旋转的动画。

动画情景：工程车逐渐旋转180°。

（1）打开文档"原始文档"，并另存为"旋转动画"。

（2）选择"图层1"的第1帧，将元件"库"面板中的元件"图片"拖动到舞台上。在第20帧插入关键帧后，在第1帧和第20帧之间创建传统补间动画。

（3）用"选择工具"单击选择第20帧中的实例后，打开"缩放和旋转"对话框。在对话框中"缩放"设置为100%（不改变大小），"旋转"设置为180°，如图2-21所示。单击"确定"按钮关闭对话框。

此时，第20帧中的实例已经旋转了180°，如图2-22所示。

图2-21　设置旋转　　　　　　　图2-22　制作旋转动画

（4）测试影片。

提示：也可以利用帧"属性"面板设置旋转。创建传统补间动画后，选择动画片段中的帧，打开帧"属性"面板，在"补间"选项组的"旋转"列表框中选择旋转方向和相应的参数，如图2-23所示。

无：禁止旋转。

自动：以最少动作的方向上将对象旋转。

顺时针（或逆时针）：按指示方向旋转对象，并完成指定旋转次数。

在"基本功能"窗口中，"属性"面板默认位置在舞台右侧。如果没打开"属性"面板，执行菜单"窗口"→"工作区"→"重置'基本功能'"命令，将 Animate 工作

图2-23　在帧"属性"面板设置旋转

区窗口布局恢复为默认状态。执行菜单"窗口"→"属性"命令,也可以打开"属性"面板。

2.3.4 变化颜色的动画

变化颜色的动画是使起止帧中实例的颜色不同。

【例2-5】 变化颜色的动画。

动画情景：工程车的颜色不断地改变。

（1）打开文档"原始文档",并另存为"变化颜色动画"。

（2）选择"图层1"的第1帧,将元件"库"面板中的元件"图片"拖动到舞台。在第20帧插入关键帧后,在第1帧和第20帧之间创建传统补间动画。

（3）用"选择工具"单击选择第20帧中的实例后,打开实例"属性"面板。在"色彩效果"选项组的"样式"下拉列表框中选择"高级",设置"红""绿""蓝"三种基色和Alpha值,设置实例的颜色和透明度,如图2-24所示。

提示：在"样式"的"高级"选项中,可以拖动鼠标或直接输入红、绿、蓝的百分比,也可以调整红、绿、蓝的偏移量,设置实例的颜色。

从"样式"下拉列表中选择"色调"后,单击"着色"按钮选择颜色,然后调整"色调"着色量和红、绿、蓝三种颜色的值,也可以设置实例的颜色,如图2-25所示。

图2-24 在实例"属性"面板设置颜色

图2-25 利用"色调"设置实例颜色

（4）测试影片。

2.3.5 改变透明度的动画

改变透明度的动画是使起止帧中实例的透明度不同。

【例2-6】 改变透明度的动画。

动画情景：逐渐改变工程车的透明度。

（1）打开文档"原始文档",并另存为"改变透明度动画"。

（2）选择"图层1"的第1帧,将元件"库"面板中的"图片"元件拖动到舞台。在第20

帧插入关键帧后,在第1帧和第20帧之间创建传统补间动画。

(3)用"选择工具"单击选择第20帧中的实例后,打开实例"属性"面板。在"色彩效果"选项组的"样式"下拉列表框中选择 Alpha,设置透明度为20%,如图2-26所示。

图 2-26 在"属性"面板设置透明度

(4)测试影片。

2.3.6 对传统补间动画应用缓动

默认情况下,补间动画的帧之间的变化速率是不变的。缓动可以通过逐渐调整变化速率创建更为自然的加速或减速效果。

【例 2-7】 对传统补间动画应用缓动。

动画情景:叉车旋转并由小变大,变化速度逐渐减速(第1帧到第25帧)后,旋转并由大变小,变化速度逐渐加速(第25帧到第50帧)。

(1)打开文档"原始文档",并另存为"对传统补间动画应用缓动"。

(2)选择"图层1"的第1帧,将元件"库"面板中的元件"图片"拖动到舞台中央。分别在第25帧和第50帧插入关键帧,在第1帧和第25帧、第25帧和第50帧之间创建传统补间动画。

(3)用"选择工具"单击选择第25帧中的实例后,执行菜单"修改"→"变形"→"缩放和旋转"命令,打开"缩放和旋转"对话框,"缩放"设置为150%(放大),"旋转"设置为180°。

(4)选择第1帧(或第1段补间动画帧)后,打开帧"属性"面板。在"补间"选项组的"缓动"项中,"缓动"类型选择"所有属性一起";缓动效果选择 Classic Ease,强度为100;"旋转"设置为"顺时针"1次,如图2-27所示。

提示:在舞台设置实例旋转180°后,在"属性"面板设置了顺时针旋转1次,实例将顺时针旋转540°。

选择第25帧(或第2段补间动画帧)后,打开帧"属性"面板。在"补间"选项组的"缓动"项中,"缓动类型"选择"所有属性一起";"缓动"效果选择 Classic Ease,强度为-100;"旋转"设置为"顺时针"1次。

(5)测试影片。

图 2-27　设置补间帧属性

提示：“缓动类型”可以选择“所有属性一起”或“单独每属性”。

缓动效果：可以选择预设的缓动效果，如图 2-28 所示。

图 2-28　选择预设的缓动效果

缓动强度：可以选择−100 和 100 之间的一个值。正值是动画由快逐渐减速变化，负值是动画由慢逐渐加速变化。

编辑缓动：打开“自定义缓动”对话框，可以更精确地控制传统补间动画的变化速度。

2.3.7　基本动画的组合举例

组合使用前面介绍的 5 种简单的传统补间动画，可以得到较复杂的动画。例如，旋转同时改变大小。

【例 2-8】 用传统补间动画制作基本动画的组合。

动画情景：工程车从舞台左侧移动到舞台中央后（1～10 帧），旋转同时逐渐放大（11～20 帧），再旋转同时逐渐缩小到原来大小（21～30 帧），最后移动到舞台的右侧（31～40 帧）。

（1）新建 ActionScript 3.0 文档，属性采用默认值。工作区布局选择“基本功能”。

（2）新建“影片剪辑”类型元件，将元件命名为“工程车”，在元件编辑窗口导入图片（素材\图片\PNG\工程车.png）。

（3）返回到场景。选择“图层 1”的第 1 帧，将元件“库”中的“工程车”元件拖动到舞台的左侧。

（4）制作第一段动画。

在第 10 帧插入关键帧，并将第 10 帧中的实例（“工程车”图片）移动到舞台中央，在第1帧与第10帧之间创建传统补间动画。

（5）制作第二段动画。

在第30帧插入关键帧，并在第10帧与第30帧之间创建传统补间动画。在第20帧插入关键帧，并打开"缩放和旋转"对话框，将第20帧中的实例放大到150%。

分别选择第10帧和第20帧，打开"属性"面板。在"补间"选项组将"旋转"设置为"顺时针"，如图2-29所示。

图 2-29　在帧"属性"面板设置旋转

（6）制作第三段动画。

在第40帧插入关键帧，并将该帧中的实例移动到舞台的右侧，并创建传统补间动画。

（7）测试影片。最终的场景，如图2-30所示。

图 2-30　完成动画的场景

2.4　制作 Animate 动画的步骤

1. 设置 Animate 文档的属性

制作 Animate 动画，首先要创建 Animate 文档，并设置舞台大小、背景颜色和帧频

（也叫帧速率）。Animate 默认的舞台宽度为 550px，高度为 400px，背景为白色，帧频为 24fps。

执行菜单"修改"→"文档"命令，打开"文档设置"对话框，可以设置舞台大小、帧频、标尺单位、背景颜色等属性，如图 2-31 所示。

也可以在文档"属性"面板中，设置帧频（FPS）、舞台大小、背景颜色，单击"高级设置"按钮，还可以打开"文档设置"对话框，如图 2-32 所示。

图 2-31　"文档设置"对话框

图 2-32　文档"属性"面板中"属性"选项

2. 制作元件

动画中的每个元素，应先在"库"中制作并保存为元件，根据动画设计的需要将元件从"库"中拖动到舞台创建元件的实例（动画中元素），避免在舞台中直接制作动画元素。

3. 制作动画

根据动画设计的需要先选择时间轴上的图层（或新建图层），再选择该图层的帧，插入关键帧或空白关键帧后，将元件拖动到该帧的舞台中，确定实例的起止属性状态，并制作动画。

4. 保存文档

在制作动画过程中，要养成随时保存文档的习惯，避免发生意外事件而丢失已设计好的内容。

5. 发布

执行菜单"文件"→"发布设置"命令，打开"发布设置"对话框。在该对话框中设置发布选项，单击"发布"按钮，发布所设置类型的动画文件。单击"确定"按钮，使设置生效并关闭"发布设置"对话框，如图 2-33 所示。

在"发布设置"对话框中，可以设置"配置文件""目标""脚本""发布"。在"配置文件"中，可以对发布环境设置配置文件（文件类型是 XML）；在"目标"和"脚本"中，可以选择当前播放器版本（默认是 Flash Player 26）和脚本语言版本（默认是 ActionScript 3.0）；在"发布"中，每选择一种文件格式，可指定文件的输出名称及 Animate 动画压缩品质的设定。默认发布 SWF 文件格式，即 Animate 动画影片文件格式。

提示：在文档"属性"面板中，可以设置发布"目标"和"脚本"，单击"发布设置"按钮，可以打开"发布设置"对话框，如图 2-34 所示。

图 2-33　"发布设置"对话框

图 2-34　文档"属性"面板中设置发布

在"发布设置"对话框中,单击"发布"按钮,将在文档所在的目录中生成指定的格式文件。

2.5　帧的概念

电影是由一幅幅的胶片画面按照先后顺序播放出来的。由于人的眼睛有视觉暂留现象,这一幅幅的胶片按照一定速度播放时,图像看上去就"动"了。Animate 动画制作采用的也是这一原理,而这一幅幅的画面,在 Animate 中称为"帧"。

2.5.1 帧的基本概念

Animate 影片将动画画面按播放时间分解为帧,用来设置动画的运动方式、播放的顺序和时间等。在"时间轴"面板上,每 5 帧有一个"帧编号"标识。帧是有类别的,如图 2-35 所示。

图 2-35 帧的类别

提示: Animate 默认每秒播放 24 帧。

1. 关键帧

关键帧有别于其他帧,它是一段动画起止内容的原型,其间所有的动画都是基于这个起止原型进行变化的。关键帧用黑色实心圆点表示。

关键帧用于定义一个动画片段的开始和结束,或者是前一片段的结束,另外一个片段的开始。

2. 普通帧(过渡帧)

补间动画片段中,将关键帧以外的帧称为普通帧。其中,从起始关键帧向终止关键帧变化的过渡部分,也称为过渡帧。不同类型补间动画的过渡帧在时间轴上用不同的背景颜色表示。只有起始关键帧的动画片段中,普通帧将继续保持该关键帧的内容,用于动画对象静止不动。

提示:过渡部分的延续时间越长,整个动画变化越流畅,动画前后的联系越自然。但是,中间的过渡部分越长,整个动画文件的大小就会越大。

3. 空白关键帧

在一个关键帧舞台上,什么内容也没有的帧,称为空白关键帧,用空心圆表示。

提示:虽然空白关键帧中没有内容,但它的用途非常广泛。例如,添加动作脚本(ActionScript)需要空白关键帧,结束一个动画对象的显示也需要空白关键帧。

4. 空白帧

没有内容的帧。

2.5.2 帧的基本操作

1. 创建关键帧

将鼠标移到时间轴上,用鼠标选择要创建关键帧的帧格,右击鼠标,在弹出的快捷菜单中选择"插入关键帧"命令,创建关键帧。

提示:在时间轴,单击选择帧格,执行菜单"插入"→"时间轴"→"关键帧"命令,也可以在该帧创建关键帧。

这时的关键帧状态,由左侧最近的关键帧决定。如果左侧没有关键帧或是空白关键帧,则创建的是空白关键帧;如果左侧最近的关键帧有内容,则复制该关键帧的内容到新创建的关键帧。

关键帧具有延续功能,只要定义好开始关键帧并加入了对象,那么在定义结束关键帧时就不需再添加该对象,因为起始关键帧中的对象也延续到结束关键帧,这正是制作补间动画的基础。

2. 创建空白关键帧

将鼠标移到时间轴上,用鼠标右击要创建空白关键帧的帧格,在弹出的快捷菜单中选择"插入空白关键帧"命令,创建空白关键帧。

提示:在时间轴,单击选择帧格,执行菜单"插入"→"时间轴"→"空白关键帧"命令,也可以在该帧创建空白关键帧。

创建空白关键帧可用于结束其所在图层中的内容。清除关键帧中的内容也可以得到空白关键帧,在空白关键帧中添加内容,则该帧自动变成关键帧。利用这个特点可以在一个图层中制作动画元素不同的多个动画片段,如图2-36所示。第1~10帧是圆的传统补间动画,第11~20帧是矩形的传统补间动画。

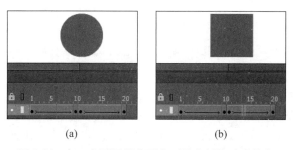

图 2-36 在一个图层制作两个不同实例的动画片段

3. 插入帧

单击要插入帧的帧格,右击鼠标,在弹出的快捷菜单中选择"插入帧"命令插入帧。

提示:单击鼠标选择帧格,执行菜单"插入"→"时间轴"→"插入帧"命令,或按功能键F5,也可以插入帧。

新插入的帧是与左侧帧内容相同的普通帧,将出现在被选择的帧后(右侧)。如果在动画片段结束帧后的若干个空白帧处插入一个帧,则将在新插入帧和左侧有内容帧之间插入与左侧最近关键帧内容一样的过渡帧,如图2-37所示。

图 2-37 插入帧前和插入帧后

在动画片段内部插入帧,可以延长动画片段播放时间。在动画片段的结束帧右侧插入帧,可以使一个动画元素保持静态的效果。常用于一个动画元素在动画画面中延长显示时间。

按住 Ctrl 键,用鼠标指向关键帧或动画片段的最后一帧,指针变为水平双箭头时,拖动鼠标可以插入普通帧。

单击选择最后一帧后,用鼠标向右拖动该帧,可以插入普通帧,同时在最后一帧创建关键帧。

4. 选择帧

用鼠标单击一个帧,可以选择一个帧;选择一个帧后,按住 Shift 键单击另一个帧,可以选择连续的若干帧;按住 Ctrl 键用鼠标单击帧,可以选择不连续的多个帧。

提示:帧未被选择状态下,按住鼠标左键拖动鼠标也可以选择连续的若干个帧。

5. 清除关键帧

选择要清除的关键帧或空白关键帧,单击鼠标右键,在弹出的快捷菜单中选择"清除关键帧"命令清除关键帧。清除关键帧的操作,将关键帧转换为普通帧。

6. 清除帧

选择要清除的帧,单击鼠标右键,在弹出的快捷菜单中选择"清除帧"命令清除帧。清除帧操作,将帧变成空白关键帧,同时右侧的帧变为关键帧或空白关键帧。

提示:若选择连续的帧执行"清除帧"命令清除帧时,连续片段的左侧创建空白关键帧,右侧创建关键帧。

7. 删除帧

选择要删除的某个帧或者某几个帧,鼠标指向选中的帧并右击,在弹出的快捷菜单中选择"删除帧"命令(或按 Shift＋F5 组合键)删除帧。

8. 复制帧/粘贴帧

选择要进行复制的一个帧或几个帧,鼠标指向选中的帧并右击,在弹出的菜单中选择"复制帧"命令复制帧;然后选定要粘贴的帧,单击鼠标右键,在弹出的菜单中选择"粘贴帧"命令,将复制的帧粘贴到指定的帧位置。

提示:粘贴帧时,创建关键帧并粘贴帧内容。

选择要复制的帧,用鼠标拖动选中的帧到目标位置,也可以完成复制/粘贴帧,如图 2-38 所示。

图 2-38　用鼠标拖动被选择的帧

9. 移动帧(剪切帧/粘贴帧)

选择要移动的一个帧或几个帧,鼠标指向选中的帧并右击,在弹出的菜单中选择"剪切帧"命令剪切选择的帧,然后选定放置的帧位置,单击鼠标右键,在弹出的菜单中选择"粘贴帧"命令粘贴帧,实现移动帧。

提示:剪切帧后,原来的帧变成空白关键帧和空白帧。

有关帧的操作命令,还可以通过菜单"编辑"→"时间轴"中的命令或"插入"→"时间轴"中的命令或"修改"→"时间轴"中的命令执行。

10. 帧的转换

用鼠标右键单击帧,在弹出的快捷菜单中选择"转换为关键帧"或"转换为空白关键帧"命令,可以将帧转换为关键帧或空白关键帧。用鼠标右键单击关键帧(或空白关键帧),在弹出的快捷菜单中选择"清除关键帧"命令,可以将关键帧(或空白关键帧)转换为普通帧或空白帧。

11. 翻转帧或翻转关键帧

在传统补间动画中,选择两关键帧及其间所有帧,并用鼠标右键单击,在弹出的快捷菜单中选择"翻转帧"命令,将反转所选择帧的前后顺序,使对象的动画过程反转。

2.6 制作动画的常用技术

2.6.1 动画对象的出现及消失处理

在动画制作中常用的技术是动画对象的出现与消失。

(1)动画对象的出现。在需要出现的帧插入空白关键帧,在此空白关键帧添加实例。

(2)动画对象的消失。在需要消隐的帧插入空白关键帧或删除帧。

提示:可以利用舞台上的对象是可见、舞台外区域的对象是不可见的方法处理动画对象的出现或消失。还可以设置实例的 Alpha 值(透明度),实现实例的出现或消失。

【例 2-9】 动画对象的出现和消失。

动画情景:叉车从左侧移动到舞台中心位置停顿(1~10 帧),两架飞机分别从舞台左侧出现并移动到右侧(10~20 帧,30~40 帧)消失后,叉车移动到舞台右侧(40~50 帧)。

(1)新建 ActionScript 3.0 文档。

(2)准备元件。创建两个"影片剪辑"类型元件"叉车"和"飞机",并分别导入图片(素材\图片\PNG\叉车.png 和飞机.png),如图 2-39 所示。

(3)单击"场景 1"按钮,返回到场景。选择"图层 1"的第 1 帧,将元件"库"中的元件"叉车"拖动到舞台左侧底部。

图 2-39 创建元件

提示:在图层中只能在关键帧存放实例。"图层 1"只有一个关键帧,因此选择"图层 1"后,拖动元件到舞台上生成的实例,自动放置到唯一的关键帧(第 1 帧)。

在第 10 帧插入关键帧,将实例拖动到舞台中心,并创建传统补间动画。分别在第 40 帧、第 50 帧插入关键帧,将第 50 帧中的实例拖动到舞台右侧,并创建第 40~50 帧的传统补间动画,如图 2-40 所示。

此段动画为叉车移动到舞台中心停顿,而后继续移动到右侧。

(4)在"时间轴"面板,单击"新建图层"按钮,创建新图层,默认名为"图层 2"。

提示:"图层 1"中的动画帧是到第 50 帧。因此,创建的新图层中,除第 1 帧创建空白关键帧外,其他从第 2 帧到第 50 帧的所有帧都添加空白帧,以保持新的图层与已有动画的图层帧数相同,如图 2-41 所示。

在"图层 2"的第 11 帧插入空白关键帧或关键帧。

提示:因为第 11 帧左侧的关键帧是空白关键帧,所以插入关键帧,将创建空白关键帧。

图 2-40　叉车的动画

图 2-41　创建新图层

选择第 11 帧,将元件"飞机"从"库"中拖动到舞台,并将此"飞机"元件的实例拖动到舞台的左侧外。

在第 25 帧插入关键帧,并将该帧中的实例拖动到舞台的右侧外,并创建传统补间动画,如图 2-42 所示。

图 2-42　将实例拖动到舞台外

在"图层 2"中,实例从第 26～50 帧的内容已经在舞台外,是不可见的或不需要的。在第 26 帧插入"空白关键帧"或删除第 26～50 帧。这样就实现了"图层 2"中的内容从第 26 帧开始消失。

第 11 帧前帧中的内容也是不需要的,因此第 1 帧是空白关键帧,到了第 11 帧(关键帧)才存放了实例。

(5) 创建新图层"图层 3"。在"图层 3"的第 26～40 帧制作与"图层 2"一样的动画。

提示:选择并复制"图层 2"中的第 11～25 帧,单击选择"图层 3"的第 26 帧,粘贴帧。这样两个动画片段是相同的。因为粘贴帧是插入方式的,所以"图层 3"会出现多余的帧,删除多余的帧。这里直接删除第 40 帧以后的所有帧。

根据需要,再调整"图层 3"中动画的开始帧和结束帧中实例的位置,最终场景效果如

图 2-43 所示。

图 2-43　最终场景效果

提示：实例的消失可以用插入空白关键帧的方法,也可以采用删除帧的方法。

（6）保存文档,测试影片。

2.6.2　对象大小及坐标

制作动画时,可以利用对象的"属性"面板,对舞台中的对象精确定位和调整大小。在舞台中精确定位对象,需要了解舞台中的坐标系统,以及对象坐标的确定方法。

新建"影片剪辑"类型元件,命名为"圆",并在元件中绘制一个圆形。

1. 在元件编辑窗口

在元件"圆"编辑窗口,在"工具"面板,选择"选择工具",拖动鼠标(或双击鼠标)选择圆。在"属性"面板中,查看到对象类别是"形状"及对象的位置和大小。

在元件编辑窗口,用"＋"表示元件编辑窗口的中心(也叫元件的注册点),其坐标为(0,0),以对象的左上角相对编辑窗口中心"＋"的坐标值作为对象的坐标,如图 2-44 所示。

图 2-44　元件的坐标

提示：计算机的坐标系统中,从左向右是 X 轴正向,从上到下是 Y 轴正向。

2. 在场景编辑窗口

单击"场景 1"按钮,返回到场景。将元件"圆"拖动到舞台,在舞台中,用"选择工具"单击选择该实例,在"属性"面板中,查看到对象的类别是"实例"("圆"元件的实例)以及对象的位置和大小。

在场景舞台中,实例上的标记"＋"是实例的注册点(由元件的注册点确定),标记

"○"是实例的变形中心点。

在场景中,舞台的左上角坐标是(0,0),以实例的注册点相对舞台左上角的坐标值作为对象的坐标,如图 2-45 所示。

图 2-45 实例的坐标

提示:在动画制作中,经常用坐标精确地定位实例。例如,场景舞台大小为 550×400px,舞台中的一个实例的大小为 200×100px,其注册点为左上角。如果实例的坐标值设为(−100,−50),则该实例的中心正好处在舞台的左上角(0,0)处;如果实例的坐标值设为(−200,0),则该实例正好在舞台左侧外、上边沿对齐舞台的上边;如果实例的坐标值设为(550,0),则该实例正好在舞台右侧外、上边沿对齐舞台的上边。

如果不需要精确定位对象,可以用"选择工具"直接在舞台上拖动对象定位。需要精确定位对象时,可以使用"属性"面板输入坐标值。

3. 更改舞台的坐标系统

执行菜单"窗口"→"信息"命令,打开"信息"面板。在舞台选择对象后,可以在"信息"面板中输入坐标值设定对象的位置。Animate 默认以对象左上角的坐标作为对象的坐标,如图 2-46 所示。

(a)

(b)

图 2-46 元件和实例以左上角作为坐标参照点

在"信息"面板中,可以指定以对象中心或实例的变形中心点"○"的坐标作为对象的坐标,如图2-47所示。

(a)

(b)

图2-47 元件和实例以中心作为坐标参照点

提示:在"属性"面板中,元件的坐标是以对象左上角的坐标作为对象的坐标;实例的坐标是以注册点的坐标作为对象的坐标。

4. 更改对象的大小

在舞台选择对象后,打开"属性"面板,在"位置和大小"选项组"宽"和"高"的文本框输入数值,可以调整对象的大小(宽和高)。打开"锁定"按钮,输入"宽"(或"高")的值,则"高"(或"宽")也随着更改,以保持对象的横向纵向比例不变。

2.6.3 导入图形和图像

在制作动画时,如果要将图形和图像导入到 Animate 文档中,一般先把图形和图像作为元件保存在元件"库"中。将外部图形和图像导入到"库"的方法有以下两种。

(1)新建元件后,打开元件编辑窗口,执行菜单"文件"→"导入"→"导入到舞台"命令,打开"导入"对话框。在对话框中,指定图形或图像文件所在的文件夹,在文件列表框中选择要导入的图形或图像文件,单击"打开"按钮,将选择的图形或图像导入到当前打开的元件编辑窗口中。同时,将导入的图形或图像元件保存到当前文档的元件"库"中。

提示:如果导入的是位图,则除了在元件"库"保存元件外,还会以该位图源文件名保存位图类型的符号。

(2)执行菜单"文件"→"导入"→"导入到库"命令,打开"导入到库"对话框。在对话框中,指定图形或图像文件所在的文件夹,在文件列表框中选择要导入的图形或图像文件,单击"打开"按钮,将选择的图形或图像导入到当前文档的元件"库"中。

提示:"导入到库"命令是将所选择的图形或图像以源文件名命名的图形类型或位图

类型导入到元件"库"。位图类型不是标准的元件。

根据需要在元件"库"中选择图形或图像,并将它拖动到舞台上成为图形元件的实例或位图元件的实例。

说明:将元件"库"中的一个元件多次拖动到舞台上,可以得到同一个元件的多个实例。在舞台上使用一个元件的多个实例,不会增加文件的大小。SWF 影片文件仅存储"库"中原始元件或资源的信息,并将每个实例视为一个副本。元件与实例的区别和关系是元件在元件"库"中,实例是放在舞台上元件的副本。当对元件进行编辑修改时,相应的实例也随着变化;当在舞台上对元件的实例编辑修改时,不影响元件"库"中相应的元件。

2.7 图层的使用

2.7.1 图层控制区的操作

Animate 动画往往由多个图层组成,图层之间是相互独立的,每个图层都有自己的时间轴,包含相互独立的多个帧。当修改某一图层时,不会影响到其他图层中的对象。为了便于理解,也可以将图层比喻为一张透明的纸,而动画里的多个图层就像多张叠加在一起透明的纸。

"时间轴"面板中的图层控制区,如图 2-48 所示。

图 2-48　图层控制区

(1) 隐藏图层:用于隐藏或显示所有图层,单击它可在两者之间进行切换。单击其下某一图层的图标,可隐藏或显示该图层,隐藏图层将标记一个隐藏符号。

(2) 锁定图层:用于锁定所有图层,再次单击该按钮即可解锁。单击其下某一图层的图标,可锁定或解锁该图层,锁定的图层将标记一个锁定符号。

(3) 显示轮廓:用于线框模式显示所有图层的内容。单击其下某一图层的图标,将以线框模式显示该图层的内容,图层上标记变为空心框。

(4) 新建图层:单击该按钮将在当前图层上方创建一个新的图层。

(5) 新建文件夹:用于创建新的图层文件夹,可以用鼠标拖动图层到文件夹,便于分类管理图层。

（6）删除图层：用于删除当前图层，也可以将图层拖动到该按钮上删除图层。

（7）图层名称：用于标识图层。用鼠标双击图层名称，当名称反显时，输入新的名称以更改图层的名称。

（8）当前图层：单击选择图层时，该图层为当前图层，表示将对该图层进行编辑修改。

（9）关键帧导航：用于在当前图层关键帧之间导航。单击左或右控件可以将播放头移动到左侧或右侧的关键帧。

（10）高级图层开关：用于打开和关闭高级图层。打开高级图层会生成一个"图层深度面板"按钮。单击该按钮将打开"图层深度"面板，以便修改列表中提供现用图层的深度。

（11）摄像头开关：用于启用或禁用摄像头。启用摄像头后，将新建图层 Camera，同时打开摄像头控制台。

提示：用鼠标上下拖动图层，可以调整图层的上下顺序。

2.7.2　洋葱皮工具的使用

在设计制作动画时，对象的运动轨迹是一个常常被关注的问题。常用的方法是观察影片，查看运动轨迹是否正确。利用"洋葱皮工具"可以在 Animate 的编辑环境下观察对象的运动轨迹，并且能够同时看到多个帧的动画状态。"洋葱皮工具"在动画的制作和编辑过程中非常有用，之所以叫"洋葱皮"，是因为其原文是 Onion Skinning（洋葱皮）。

"洋葱皮工具"在时间轴的下方，如图 2-49 所示。

（1）绘图纸外观：单击该按钮可显示起止点手柄范围内各帧的原始图形。通过拖动时间轴上的起止点手柄，可以增加或减少同时显示的帧数量，如图 2-50 所示。

图 2-49　洋葱皮工具

图 2-50　绘图纸外观

提示：在绘图纸范围内，只能移动和编辑播放头所在的关键帧内容，其他都不可编辑。

（2）绘图纸外观轮廓：单击该按钮后，可以同时显示起止点手柄范围内所有帧的轮廓图。每个图层的轮廓颜色决定了绘图纸轮廓的颜色。

提示：除关键帧内实体显示的实例可以编辑外，其他轮廓都不可编辑。

（3）编辑多个帧：单击该按钮后，可以同时编辑起止点手柄范围内的所有关键帧的画面。

提示：单击"编辑多个帧"按钮，调整绘图纸标记的起止点手柄，使一个动画片段的所有帧包含在内，可以查看到关键帧的内容，如图 2-51 所示。单击图层图标或拖动鼠标选择所有帧，可以同时移动一段动画所有帧中实例的位置。

图 2-51　编辑多个关键帧

（4）修改标记：单击该按钮将打开下拉菜单，在该菜单中设置"洋葱皮工具"的显示范围、显示标记和固定绘图纸等。菜单中各选项的功能及含义如下。

- 始终显示标记：选中该选项后，无论是否启用了绘图纸功能，都会在时间轴头部显示绘图纸标记范围。
- 锚定标记：选中该选项后，将时间轴上的绘图纸标记锁定在当前位置，不再跟随播放头的移动而发生位置上的改变。
- 标记范围 2：选中该选项后，在当前选定帧的两边只显示两个帧。
- 标记范围 5：选中该选项后，在当前选定帧的两边显示 5 个帧。
- 标记整个范围：选择该选项后，会自动将时间轴标题上的标记范围扩大到包括整个时间轴上所有的帧。

提示："洋葱皮工具"的好处不仅是在编辑状态下观看运动路径，更重要的功能是为编辑运动路径带来了方便。可以根据自己的需要或喜好使用其中一种洋葱皮工具。例如，使用"绘图纸外观"或"绘图纸外观轮廓"工具，可以查看和编辑动画路径。

2.8　动画实例

【例 2-10】　变化颜色的图片。

动画情景：一张图片的颜色不断变化。

（1）新建 ActionScript 3.0 文档，舞台大小为 800×600px。

（2）新建元件，命名为"图片"，并打开元件编辑窗口，在其中导入图片（素材\图片\JPG\风景_01.jpg）。在舞台选择图片后，打开"属性"面板，在"位置和大小"选项组，将其坐标 X、Y 均设置为 0，宽设置为 800px，高设置为 600px。

提示：导入图片时，如果图片文件名为连续的序列时，将弹出对话框"是否导入序列中的所有图像?"。导入一张图片时,单击"否"按钮,将导入所选择的图片。

(3) 单击"场景1"按钮,返回到场景。将元件"图片"拖动到"图层1"的第1帧,并在舞台中选择元件"图片"的实例后,打开"属性"面板,在"位置和大小"选项组X、Y均设置为0,使图片实例与舞台对齐。

(4) 在"图层1"的第10、20、30帧处分别插入关键帧,并分别为其创建传统补间动画。

(5) 选择"图层1"的第10帧中实例后,打开实例"属性"面板,在"色彩效果"选项组"样式"列表框中,选择"高级"选项,设置"红""绿""蓝"三种基色和Alpha的参数值,如图2-52所示。

对第20帧的实例用相同的方法设置不同的颜色参数值,第30帧中的实例不做修改。

(6) 测试影片。

提示:在设置关键帧中实例的颜色时,也可以在实例"属性"面板的"色彩效果"选项组的"样式"列表中,选择"色调"选项,设置"色调"着色量和红绿蓝三种颜色的值。

【例2-11】 展示大图片。

动画情景:在较小的舞台上,浏览较大图片的各个部分。

(1) 新建ActionScript 3.0文档。

(2) 新建元件,命名为"图片",并在其中导入图片(素材\图片\JPG\风景_03.jpg)。

(3) 单击"场景1"按钮,返回到场景。将元件"图片"拖动到"图层1"的第1帧。

(4) 调整元件"图片"实例在舞台上的位置。这里将首先要看到的部分调整到舞台。

提示:因为舞台大小默认是550×400px,而导入的图片是1024×768px,无法看到舞台,但可以看到舞台的轮廓线。为了能够看到舞台,也可以将实例的透明度(实例"属性"面板→"色彩效果"→"样式"→Alpha)设置为较小的值(如40%)。制作完将透明度恢复为原始的100%。也可以设置辅助线标识舞台范围。

在制作动画中,为了看到编辑区中的全部内容,可以将舞台的显示比例设置为"显示全部"。

(5) 在第10帧插入关键帧,并将该帧中的实例调整位置。这里将图片的左上角对齐舞台的左上角(在舞台展示图片的左上角部分),并在第1~10帧间创建传统补间动画。在第15帧插入关键帧,使图片暂停移动,如图2-53所示。

图2-52 "高级"样式面板

图2-53 制作的第一段动画

（6）在第25帧插入关键帧，并调整该帧中实例的位置。这里将图片实例的左下角与舞台的左下角（在舞台中展示图片的左下角部分）对齐，并在第15～25帧创建传统补间动画。在第30帧插入关键帧。

（7）在第40帧插入关键帧，并调整该帧中实例的位置。这里将图片的右下角与舞台的右下角（在舞台展示图片的右下有部分）对齐，并在第30～40帧间创建传统补间动画。在第45帧插入关键帧。

（8）在第55帧插入关键帧，并调整该帧中实例的位置。这里将图片的右上角与舞台的右上角（在舞台展示图片右上角部分）对齐，并在第45～55帧创建传统补间动画。在第60帧插入关键帧。

（9）在第65帧、第70帧、第75帧分别插入关键帧。选择第65帧，将其中的实例缩小为与舞台同样大小，并对齐舞台（在舞台展示图片的全部）。在第60～65帧创建传统补间动画。复制第65帧粘贴到第70帧（暂停，不做补间动画）。在第70～75帧创建传统补间动画。

（10）复制第1帧粘贴到第80帧，并在第75～80帧创建传统补间动画。在第85帧插入帧。

（11）如果修改了实例的透明度，将所有关键帧中的实例的透明度（Alpha值）恢复为100％。

（12）测试影片。最终的时间轴，如图2-54所示。

图 2-54　最终的时间轴

思考题

1. Animate中"库"的作用是什么？如何在"库"面板中创建新元件？

2. 制作Animate传统补间动画的三个要素是什么？

3. Animate中传统补间动画有哪几种基本动画形式？

4. 制作Animate动画有哪几个步骤？

5. 关键帧、空白关键帧、普通帧（过渡帧）、空白帧等在制作Animate动画中有什么作用？

6. 元件编辑窗口与场景编辑窗口的主要区别有哪些？

7. 如何导入图像和图形？将图像或图形导入"库"与导入到舞台有什么区别？

8. 如何设置传统补间动画的缓动效果？用什么面板可以设置传统补间动画的缓动效果？

操作题

1. 制作乒乓球斜射到墙上反射回弹的动画。

提示：在元件库创建两个影片剪辑元件，一个元件中绘制乒乓球，另一个元件中绘制垂直的墙面。在场景的"图层_1"的第 1 帧拖动元件"墙"，在第 40 帧插入帧。在场景中创建新图层"图层_2"，将乒乓球元件拖动到第 1 帧，在第 20 帧、第 40 帧分别插入关键帧，并创建传统补间动画。将第 20 帧的乒乓球拖动到墙面，调整第 1 帧和第 40 帧乒乓球的位置。

2. 制作图片从左侧快速移入舞台中央，稍停片刻的同时，转动 360°，然后再由慢到快逐渐消失从右侧退出舞台。

提示：导入一张图片到舞台，调整大小，制作为影片剪辑元件。将元件拖动到舞台中，制作动画。利用帧属性面板或实例设置旋转，用实例的透明度（Alpha 值）设置逐渐消失。选择补间动画帧，在"属性"面板中设置"缓动"。

3. 导入一张图片作为动画的背景（素材\图片\JPG\雪景_02.jpg），并在此背景上圣诞老人（素材\图片\PNG\圣诞老人.png）从舞台的左下角移动到舞台右下角。根据自己的兴趣，在移动中添加其他的动画效果。

第3章　工具的使用

内容提要

本章介绍 Animate 工具箱及利用工具绘制和编辑图形以及编辑文本的方法；在动画制作中常用的重塑对象及对象的对齐和分布等的操作方法和技巧。

学习建议

"工具"面板中包含的工具较多，部分工具的功能不容易掌握。首先要掌握绘制各种图形的基本工具和使用方法，再逐渐掌握综合利用各种工具创建复杂图形的技巧。

希望把本章作为手册使用，不要将大量的时间和精力用在学习工具上。要将学习工具与制作动画结合。在学习后续内容中，遇到不了解的工具时，可以在本章查找和学习，做到根据需要逐渐掌握各种工具的使用方法和使用技巧。

3.1　工具面板

Animate 中的"工具"面板也叫"工具箱"。"工具"面板中提供了绘制图形和编辑文本的各种工具。用这些工具可以实现绘图、设置颜色、选择和编辑图形、输入编辑文本等操作，也可以更改舞台的视图。

利用菜单"窗口"→"工具"命令，可以显示或隐藏"工具"面板。

"工具"面板主要分为以下 4 个部分，如图 3-1 所示。

（1）绘图：包含绘图、调整和选择工具。

（2）查看：包含在应用程序窗口内进行缩放和平移的工具。

（3）颜色：包含用于笔触（边线）颜色和填充颜色的工具。

（4）选项：包括用于当前所选工具的功能选项。功能选项的设置将影响工具的操作效率和效果。

工具的使用方法是，用鼠标单击工具按钮后，根据需要设置工具的"选项"和工具的"属性"面板，按照工具的操作方法进行操作即可。不同的工具在"选项"区会不同的选项按钮及不同的"属性"面板。

提示："工具"面板中右下角有三角形标记的按钮是工具组，用鼠标按住该按钮将列出该组的所有工具。在列表中选择所需要的工具，进行相应的操作。

为了避免误操作，每次使用完一个工具后，单击"选择工具"，使其处于被选状态。

图 3-1　"工具"面板

3.2　图形的绘制与编辑

Animate 中提供了各种不同的绘图工具,利用这些工具及选项设置,用户可以绘制出各种不同效果的图形。

3.2.1　绘制线条

Animate 中绘制线条的工具主要有"线条工具""铅笔工具"和"钢笔工具"3 种。不同的工具绘制出的线条风格也不同。

1. 线条工具

"线条工具"用于绘制任意的矢量直线段,其操作步骤如下。

(1) 在"工具"面板中,单击"线条工具"按钮,并在"属性"面板中设置属性后,将鼠标移动到舞台。

(2) 当鼠标指针变成"十"字形状时,在所要绘制线条的起始点处按住鼠标左键拖动,如图 3-2 所示。

(3) 拖至要绘制线条的终止点处,释放鼠标左键完成绘制线条,如图 3-3 所示。

图 3-2　绘制线条　　　　　　　图 3-3　绘制的线条

提示：在绘制线条时，按住 Shift 键拖动鼠标，可以将线条的角度限制为 45°的倍数。

（4）在"工具"面板中，单击"选择工具"，并在舞台中单击选择绘制的线条后，打开"属性"面板，如图 3-4 所示。

（5）在"属性"面板中，可以设置线条的属性，包括线条在水平或垂直方向上的映射长度、线条的位置、线条的颜色、线条的粗细、线条的样式、缩放等。单击"样式"列表右侧的"编辑笔触样式"按钮，在"笔触样式"对话框中，可以设置线条的类型和粗细等，如图 3-5所示。

图 3-4　"属性"面板　　　　　图 3-5　7 种不同样式的线条

在"属性"面板中，"缩放"是指在 Flash Player 中是否包含线条笔触的缩放（一般、水平、垂直和无）；"端点"是设置矢量线条端点的样式（无、圆角和方形）；"接合"是设置两个矢量线条的接合方式（尖角、圆角和斜角），"尖角"文本框中的值是当"接合"为"尖角"时，设置"尖角"大小接合的清晰度（范围为 1～60）。

从"笔触"样式列表中选择"极细线"选项，将绘制的线条设置为粗细是 1px，在进行任何比例缩放时，其显示的大小都会保持不变。

提示：单击"线条工具"后，在形状"属性"面板，设置线条的填充和笔触等属性后，再绘制线条；也可以选择已绘制的线条后，在"属性"面板中设置线条的属性。

打开或关闭"线条工具"选项中的"对象绘制"模式，可以得到不同的图形模式。打开"对象绘制"模式绘制的线条是组合状态，关闭绘制的线条是分离状态，如图 3-6 所示。

用"选择工具"选择已绘制的线条后，执行菜单"修改"→"合并对象"→"联合"命令，

图 3-6 打开和关闭"对象绘制"模式绘制的线条

可以将分离状态线条转换为"对象绘制"模式的线条。

2. 铅笔工具

"铅笔工具"用于绘制任意形状的矢量线条,其操作步骤如下。

（1）在"工具"面板中,单击"铅笔工具"按钮后,将鼠标移动到舞台。

（2）当鼠标指针变成"铅笔"形状时,按住鼠标左键拖动绘制线条,如图 3-7 所示。

用"铅笔工具"绘制线条时,可以在"工具"面板的"选项"中,选择"铅笔模式"。

（1）伸直:适用于绘制矩形、椭圆等规则图形。当所画的图形接近三角形、矩形或椭圆形时,将自动转换为相应的几何形状。

（2）平滑:适用于绘制平滑的图形。绘制的图形会自动去掉棱角,使图形尽量平滑。

（3）墨水:适用于手绘图形。绘制出的图形轨迹即为最终的图形,如图 3-8 所示。

图 3-7 用"铅笔工具"绘制线条

图 3-8 分别以伸直、平滑和墨水模式绘制的线条

提示:在"属性"面板中,可以设置线条的样式、颜色、粗细等。

"铅笔工具"绘制的线条,用"选择工具"单击或拖动鼠标选择线条后,在"工具"面板的选项中可以修改线条的铅笔模式,如图 3-9 所示。

图 3-9 修改铅笔
模式

3. 钢笔工具

"钢笔工具"用于绘制任意形状的矢量线条(也叫路径),其操作步骤如下。

（1）在"工具"面板中,单击选择"钢笔工具"按钮,将鼠标移动到舞台。

（2）当鼠标指针变为"钢笔"形状时,在要绘制图形的位置处单击鼠标,确定第 1 个锚点。在要结束第一条线段的位置单击鼠标左键或按住鼠标左键拖动确定第 2 个锚点,接着用鼠标在其他任意位置单击鼠标左键或按住鼠标左键拖动的方法确定其他的锚点。双击鼠标左键结束绘制线条,如图 3-10 所示。

单击鼠标确定锚点　　　　　　　　按住鼠标拖动确定锚点

图 3-10 用"钢笔工具"绘制曲线

（3）若要想得到封闭的图形,将鼠标移至起始点,当鼠标指针侧边出现一个小圆圈时,单击起始点即可。

（4）确定锚点的时候，拖动鼠标会出现调节杆，使用调节杆可调整曲线的弧度。

初学者使用"钢笔工具"绘制图形时不容易控制，要有一定的耐心，而且要善于观察总结经验。

图3-11　"钢笔工具"按钮

单击"钢笔工具"按钮，在打开的菜单中选择所需要的工具，进行相应的操作，如图3-11所示。

（1）添加锚点工具：鼠标指针移到绘制的线条上没有锚点的位置，单击鼠标添加锚点。

（2）删除锚点工具：鼠标指针移到绘制线条上的锚点，单击鼠标删除该锚点。

（3）转换锚点工具：鼠标指针移到弧线锚点，单击鼠标将转换为折线锚点；用鼠标按住锚点拖动，调整调节杆的方向，可以改变曲线的形状。

使用"钢笔工具"时，钢笔形状的鼠标指针右下角符号形状在不停地变化，如图3-12所示。

图3-12　"钢笔工具"的各种状态

不同形状的符号代表不同的含义，其具体的含义如下。

没有符号：等待确定下一个锚点。

＊：选择"钢笔工具"后鼠标指针自动变成的形状，表示单击鼠标确定第1个锚点。

＋：将鼠标指针移到绘制的线条上没有锚点的位置时出现，单击鼠标添加锚点。

－：将鼠标指针移到绘制线条上的锚点时出现，单击鼠标删除该锚点。

∧：将鼠标指针移到锚点时出现，单击鼠标将弧线锚点转换为折线的锚点。

▶：用鼠标拖动锚点的调节杆时出现，用于修改曲线的形状。

○：鼠标指向起始锚点或其他锚点时出现，用于绘制封闭曲线或调整锚点的位置。

4. 笔触画笔工具

"笔触画笔工具"用于绘制任意形状的笔触色图形，其操作步骤如下。

（1）在"工具"面板中，单击"画笔工具"按钮后，在"属性"面板的"填充和笔触"选项组中，可以设置线条的颜色、粗细、样式、宽度等。

（2）将鼠标移动到舞台，当鼠标指针变成"画笔"形状时，按住鼠标左键拖动绘制图形。

用"画笔工具"绘制图形时，可以在"工具"面板的"选项"中，选择伸直、平滑、墨水等"画笔模式"。

图3-13　设置笔触绘制为填充

在"属性"面板的"画笔选项"中，选中"绘制为填充色"复选框（见图3-13）时，"画笔工具"的笔触将绘制为填充，如图3-14所示。

3.2.2　绘制几何图形

Animate提供了"椭圆工具""矩形工具""基本椭圆工具""基本矩形工具"和"多角星

(a) 用笔触颜色绘制矩形框

(b) 绘制后的矩形框为填充

图 3-14 选中"绘制为填充色"后制作的矩形框

形工具"等 5 种绘制简单几何图形的工具。

1. 椭圆工具

"椭圆工具"用于绘制有填充的或无填充的椭圆和圆,由"椭圆工具"和"基本椭圆工具"组成,如图 3-15 所示。其使用方法如下。

(1) 绘制有填充色的椭圆。

① 在"工具"面板中,单击"椭圆工具"按钮。

② 在"工具"面板中,单击"笔触颜色"按钮,在弹出的颜色面板中选择绘制椭圆边框(笔触)的颜色。

③ 在"工具"面板中,单击"填充颜色"按钮,在弹出的颜色面板中选择绘制椭圆的填充色。

④ 将鼠标移动到编辑区,当指针变为"+"时,按住鼠标左键拖动绘制椭圆,如图 3-16 所示。

图 3-15 椭圆工具　　　图 3-16 绘制有填充色的椭圆

提示:用"选择工具"双击或按住左键拖动鼠标选择椭圆后,打开椭圆的形状"属性"面板,可以对椭圆的大小、位置、笔触色、线型、粗细及填充色等进行设置,如图 3-17 所示。

绘制椭圆时,也可以选择"椭圆工具"后,打开椭圆工具"属性"面板,设置椭圆属性后,再绘制椭圆,如图 3-18 所示。

图 3-17　椭圆的"属性"面板　　　　　图 3-18　"椭圆工具"的"属性"面板

（2）绘制空心椭圆。

① 在"工具"面板中，单击"椭圆工具"按钮。

② 在"工具"面板中，单击"笔触颜色"按钮，在弹出的颜色面板中选择绘制椭圆边框（笔触）的颜色。

③ 在"工具"面板中，单击"填充颜色"按钮，在弹出的颜色面板中选择"没有颜色"按钮。

④ 将鼠标移动到编辑区，当指针变为"＋"时，按住鼠标左键拖动绘制椭圆，如图 3-19 所示。

提示：无填充颜色的图形，不能在椭圆的"属性"面板添加颜色，只能利用"颜料桶工具"填充颜色。

按住 Shift 键绘制椭圆，将绘制圆；也可以选择椭圆后，在"属性"面板中的"宽"和"高"中输入相同的数值，将椭圆修改为圆。

（3）绘制扇形和圆环。

在"椭圆工具"的"属性"面板中，设置"开始角度"和"结束角度"，可以绘制扇形、半圆等图形；设置"内径"可绘制圆环或扇形圆环，如图 3-20 所示。

图 3-19　绘制无填充色的椭圆　　　　　图 3-20　绘制的扇形和圆环

在"椭圆工具"的"属性"面板中，通过设置"闭合路径"，可以将边框线（笔触）绘制为闭合路径和开放路径，如图 3-21 所示。

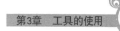

提示：选择"椭圆工具"后，按住 Alt 键，在舞台上单击鼠标，将打开"椭圆设置"对话框。在该对话框中，可以设置宽度、高度绘制椭圆，如图 3-22 所示。

图 3-21　设置"闭合路径"

图 3-22　"椭圆设置"对话框

提示："钢笔工具"中的"添加锚点工具""删除锚点工具"和"转换锚点工具"可以用于编辑修改"矩形工具""椭圆工具"绘制的图形。

2. 基本椭圆工具

"基本椭圆工具"的使用方法与"椭圆工具"的使用方法类似。

（1）在"工具"面板中，单击"基本椭圆工具"按钮。

（2）在"属性"面板中，设置"填充和笔触"和"椭圆选项"相关参数。

（3）将鼠标指针移动到舞台，当其变为"＋"形状时，按住鼠标拖动绘制椭圆。

（4）用"选择工具"选择绘制的基本椭圆，用鼠标拖动椭圆中心锚点或外边线上的锚点，或在"属性"面板调整"椭圆选项"参数，改变椭圆的形状，如图 3-23 所示。

绘制的基本椭圆

拖动锚点改变椭圆形状

图 3-23　"基本椭圆工具"属性面板与绘制的基本椭圆

3. 矩形工具

"矩形工具"是用来绘制直角和圆角的有填充或无填充的矩形（长方形或正方形）。

提示：绘制矩形时，按住 Shift 键拖动鼠标可以绘制正方形。

有填充或无填充矩形绘制方法与"椭圆工具"的用法相同。

（1）绘制矩形。

① 在"工具"面板中，单击"矩形工具"按钮。

② 在"属性"面板中，设置笔触的颜色和填充颜色。

③ 将鼠标移动到编辑区，当指针变为"＋"时，按住鼠标左键拖动绘制矩形，如图 3-24
所示。

（2）绘制圆角矩形。

① 在"工具"面板中，单击"矩形工具"按钮。

② 在"属性"面板中，设置笔触的颜色和填充颜色。

③ 打开"属性"面板，在"矩形选项"中设置边角半径。

图 3-24　绘制的矩形

④ 将鼠标移动到编辑区，当指针变为"＋"时，按住鼠标拖动绘
制圆角矩形，如图 3-25 所示。

图 3-25　圆角矩形的设置及绘制圆角矩形

提示：单击"矩形工具"后，按住 Alt 键，在舞台上单击鼠标左键，将打开"矩形设置"
对话框。在该对话框中设置宽度、高度及边角半径绘制矩形，如图 3-26 所示。

图 3-26　"矩形设置"对话框

在矩形工具"属性"面板的"矩形选项"中，单击断开"锁定"按钮，可以设置不同边角半径的值，而绘制不同边角的矩形。

4．基本矩形工具

"基本矩形工具"的使用方法与"矩形工具"的使用方法类似。

（1）在"工具"面板中，单击"基本矩形工具"按钮。

（2）在"基本矩形工具"的"属性"面板中，在"填充和笔触"中设置相关参数，在"矩形选项"中设置矩形边角半径。

（3）将鼠标移动到舞台，当其变为"＋"形状时，按住鼠标拖动绘制矩形，如图 3-27所示。

图 3-27 "基本矩形工具"属性与绘制的基本矩形

（4）用"选择工具"选择绘制的基本矩形，用鼠标拖动四周锚点，或在"属性"面板中调整参数，可以改变矩形的形状。

提示：用"矩形工具"绘制的圆角矩形，绘制后的矩形不能修改"矩形选项"中的参数。

5．多角星形工具

"多角星形工具"用于绘制多边形和星形。

（1）在"工具"面板中，单击"多角星形工具"。

（2）在"多角星形工具"的"属性"面板中，设置"填充和笔触"选项；单击"工具设置"选项中的"选项"按钮，打开"工具设置"对话框，如图 3-28 所示。

（3）在"样式"列表框中选择"多边形"或"星形"，分别在"边数"和"星形顶点大小"文本框中输入参数，单击"确定"按钮。

提示：在"工具设置"对话框的"边数"文本框中只能输入一个 3～32 的数字；在"星形顶点大小"文本框中只能输入一个 0～1 的数字以指定星形顶点的深度，数字越接近 0，创建的顶点就越深。"星形顶点大小"的值不影响多边形的形状。

图 3-28　"多角星形工具"属性面板与"工具设置"对话框

（4）将鼠标移动到舞台，当鼠标指针变为"＋"形状时，按住鼠标拖动绘制多边形或多角星形，如图 3-29 所示。

（5）选择绘制的多边形或多角星形，在"属性"面板中设置参数。

提示：选择有笔触和填充色的形状图形时，①用"选择工具"单击笔触（或填充色），可以选择笔触（或填充色）块；②用"选择工具"框选全部图形，或按住 Shift 键分别单击笔触和填充色块，或双击填充色块，可以选择全部图形。

6. 填充画笔工具

"填充画笔工具"用于绘制任意形状的填充色图形，使用方法如下。

（1）在"工具"面板中，单击"画笔工具"按钮。

（2）在"工具"面板中，单击"填充颜色"按钮，在颜色列表中选择填充色。

（3）在"工具"面板的"选项"中，选择"画笔模式"，如图 3-30 所示。

图 3-29　绘制的五边形和五角星

图 3-30　画笔模式

（4）在"工具"面板的"选项"中，选择"画笔大小"，如图 3-31 所示。

（5）在"工具"面板的"选项"中，选择"画笔形状"，如图 3-32 所示。

图 3-31　画笔大小

图 3-32　画笔形状

（6）在舞台中，按住鼠标左键拖动涂色。

"画笔模式"有 5 种模式，使用不同的模式绘制出不同的绘画效果，如图 3-33 所示。

(a) 标准绘画　　　　(b) 颜料填充　　　　(c) 后面绘画

(d) 颜料选择　　　　(e) 内部绘画

图 3-33　不同的"画笔模式"效果

（1）标准绘画：对同一层的笔触和填充色以及空白区域均被涂色。

（2）颜料填充：对填充区域和空白区域涂色，不影响笔触。

（3）后面绘画：在空白区域涂色，不影响笔触和填充。

（4）颜料选择：对选取的填充区域涂色，不对线条涂色。

（5）内部绘画：只对画笔工具开始处的填充区域进行涂色，但不对线条涂色。这种做法很像一本智能色彩书，不允许在区域外面涂色。如果在空白区域中开始涂色，该涂色不会影响任何现有填充色的区域。

3.2.3　编辑文本

文本是 Animate 动画中的一个重要元素，使用 Animate 可以制作多种文本特效动画。

1. 输入文本

（1）在"工具"面板中，选择"文本工具"按钮，将鼠标移动到编辑区。

（2）当鼠标指针变为"＋"下有"T"标志的形状时，按住鼠标拖动绘制能容纳文本内容的区域（虚线框），如图 3-34 所示。

（3）释放鼠标左键将显示一个文本框，如图 3-35 所示。

图 3-34　拖出的虚线框

（4）在文本框中输入文本后，在文本框外的空白处单击鼠标结束输入，如图 3-36 所示。

图 3-35　创建的文本框　　　　　　图 3-36　输入文本

提示：也可以用"文本工具"在编辑区单击鼠标确定输入文本的位置（见图 3-37），再输入文本(见图 3-38)。输入文本时,文本框将自动加宽,而输入的文本不会自动换行。

图 3-37 单击鼠标指定文本位置   图 3-38 输入文本

两种输入方法的区别和转换:拖动鼠标绘制的文本框右上角将显示小矩形(叫作区域文本框),输入的文本会自动换行。用鼠标指向小矩形并双击,可将小矩形转换为小圆形;单击鼠标左键确定输入文本位置时,在右上角将显示小圆形(叫作点文本框),随着文本的输入将自动增加文本框的宽度,文本不会自动换行。用鼠标指向小圆形并按住左键左右拖动调整文本框的宽度后,小圆形转换为小矩形。

2. 编辑文本

用"文本工具"单击文本框,使文本框处于编辑状态后,可以在文本框内进行添加、删除和修改等文本编辑操作。

3. 设置文本属性

选择文本框或文字,打开文本"属性"面板,设置文本的属性,如图 3-39 所示。

图 3-39 文本"属性"面板

文本类型:有"静态文本""动态文本""输入文本"3 种类型。单击"文本类型"按钮,在列表框中选择所需的类型。"静态文本"是最常用的,其他两种类型后面再介绍。

位置和大小:用于设置文本框的 X 和 Y 坐标以及文本框的宽和高。

字符:用于设置所选择的文字或文本框的字符。"系列"中选择字体;"样式"中选择字体样式，"大小"中设置字符的大小，"字母间距"中设置文本的间距，"颜色"中设置字符的颜色，"消除锯齿"用于消除文本的锯齿。

段落：用于设置文本的缩进、行列边距等格式。"格式"用于设置文本的对齐方式，"间距"用于设置段落首行缩进和行间距，"边距"用于设置左右边距。

选项："链接"用于设置超链接。输入网址（URL），可以为文本创建超链接。

滤镜：用于直接给文本添加滤镜。

3.3　填充与编辑图形

3.3.1　填充颜色

1. 颜料桶工具

"颜料桶工具"用于填充形状的颜色。下面以填充矢量图颜色为例介绍其使用方法。

（1）将矢量图（素材\图片\矢量图\女孩.ai）导入舞台。

提示：导入".ai"类型的图形时，将打开"导入到舞台"对话框，如图 3-40 所示。在对话框中，可以选择要导入的部分。这里单击"导入"按钮，按照默认导入。

图 3-40　导入 AI 矢量图的对话框

（2）选择"选择工具"拖动选择矢量图，缩小 50％，如图 3-41 所示。执行菜单"修改"→"分离"命令，将图片分离为形状，如图 3-42 所示。用"选择工具"单击空白处取消选择状态。

图 3-41　选择图片

图 3-42　图片分离

提示：矢量图是组合状态,矢量图分离为形状需要多次进行分离操作。分离过程中也可以删除不需要的部分。矢量图完全处于分离状态时,菜单"分离"命令是灰色的。

（3）在"工具"面板中,选择"颜料桶工具",单击"工具"面板的"颜色"中的"填充色"按钮,在颜色列表中选择颜色。

（4）单击"工具"面板的"选项"中的"空隙大小"按钮,选择填充方式。在此选择默认方式。

"空隙大小"各选项功能及含义如下。

① 不封闭空隙：用于在填充区域完全封闭状态下对图形进行填充。

② 封闭小空隙：用于在填充区域存在小缺口的状态下对图形进行填充。

③ 封闭中等空隙：用于在填充区域存在中等大小缺口的状态下对图形进行填充。

④ 封闭大空隙：用于在填充区域存在较大缺口时对图形进行填充。

（5）将鼠标移动到编辑区,单击填充色区域填充颜色,如图 3-43 所示。

使用"颜料桶工具"还可以对图形进行渐变颜色的填充,其操作步骤如下。

（1）单击"填充颜色"按钮,在颜色列表的最下方,选择颜色渐变效果。

（2）将鼠标移动到编辑区,在要填充颜色的区域单击鼠标填充渐变色。

提示：对图形进行颜色渐变填充时,在填充区域按住鼠标拖动,可以调整渐变颜色的渐变方向、渐变深度。

执行菜单"窗口"→"颜色"命令,打开"颜色"面板,可以编辑渐变颜色效果,如图 3-44 所示。

图 3-43　填充效果

图 3-44　"颜色"面板

选择要填充的区域后,再选择填充色,也可以填充区域。同样,选择边线后,再选择笔触颜色,可以修改边线颜色。

用"颜料桶工具"可以填充无填充色的图形。

2. 滴管工具

"滴管工具"是从一个对象复制填充颜色或笔触颜色的属性,将它们应用到其他对象。"滴管工具"还允许从位图取样用作填充颜色。

要用"滴管工具"复制和应用笔触颜色或填充颜色,首先选择"滴管工具"后,单击笔触或填充区域复制颜色属性,再单击其他的笔触或填充区域应用新的颜色属性。

提示:单击一个笔触时,"滴管工具"自动变成"墨水瓶工具";单击已填充的区域时,"滴管工具"自动变成"颜料桶工具",并且打开"锁定填充"功能键,如图3-45所示。

使用"画笔工具"或"颜料桶工具"填充颜色时,为了得到更好的填充效果,可以用工具"选项"的"锁定填充"功能,对渐变填充对象扩展覆盖涂色。

为了解"锁定填充"功能,先绘制图形,如图3-46所示。

图 3-45 "锁定填充"功能

图 3-46 绘制图形

用"颜料桶工具"给最上面的长条矩形填充渐变效果。用"滴管工具"单击长条矩形复制填充效果(自动打开"锁定填充"功能,工具自动切换为"颜料桶工具")后,用"颜料桶工具"逐个单击第二行中的矩形。

关闭"锁定填充"功能后,用"颜料桶工具"逐个单击第三行中的矩形,最终效果如图3-47所示。

样本
打开 "锁定填充"
关闭 "锁定填充"

图 3-47 "锁定填充"效果

提示:打开"锁定填充"功能后,用"颜料桶工具"填充颜色渐变效果时,拖动鼠标填充不会改变填充效果。

3. 墨水瓶工具

"墨水瓶工具"用于填充形状的笔触(边线、线条)颜色。操作方法如下。

(1)在"工具"面板中,选择"墨水瓶工具"按钮。

(2)在"工具"面板中,单击"笔触颜色"按钮,在颜色列表中选择笔触颜色。

(3)在"属性"面板中,设置笔触样式和笔触宽度。

(4)在舞台上单击对象,为其添加或修改边线颜色,如图3-48所示。

提示:使用"墨水瓶工具"可以修改线条或者形状轮廓的笔触颜色、宽度和样式。

利用"墨水瓶工具"可以对分离状态的文字(或复杂形状)添加指定颜色的边线。

图 3-48　将矢量图分离为形状后添加笔触色

　　"墨水瓶工具"只能对直线或形状轮廓添加或修改颜色,而不能对填充色块或区域进行填充。组合图分离后,可以用"颜料桶工具"和"墨水瓶工具"添加填充颜色和笔触颜色。

3.3.2　编辑图形

1. 渐变变形工具

　　"渐变变形工具"用于调整形状渐变填充颜色的范围、方向和角度等。操作方法如下。

　　(1) 从"工具"面板中,选择"渐变变形工具"按钮。

　　提示:"渐变变形工具"与"任意变形工具"在"工具"面板中的同一组按钮内。

　　(2) 单击形状的渐变色区域,将显示一个带有编辑手柄的边框,按住鼠标左键拖动手柄,可以调整渐变填充的效果,如图 3-49 所示。

图 3-49　用"渐变变形工具"调整渐变填充颜色

　　"渐变变形工具"的各手柄功能,如图 3-50 所示。

图 3-50　"渐变变形工具"的各手柄功能

（1）中心点：移动中心点手柄可以更改渐变的中心点。鼠标指向中心点时，指针变为四向箭头。

（2）焦点：移动焦点手柄可以改变放射状渐变的焦点。只有选择放射状渐变时，显示焦点手柄。鼠标指向焦点手柄时，指针变为倒三角形。

（3）大小：移动大小手柄可以调整渐变的大小。鼠标指向大小手柄时，指针变为内部有箭头的圆。

（4）旋转：移动旋转手柄可以旋转渐变效果。鼠标指向旋转手柄时，指针变为 4 个圆形箭头。

（5）宽度：移动宽度手柄可以调整渐变的宽度。鼠标指向宽度手柄时，指针变为双头箭头。

提示：对分离的对象填充渐变颜色后，可以利用"渐变变形工具"调整渐变效果。

2. 橡皮擦工具

"橡皮擦工具"用于擦除形状的填充色和笔触色。"橡皮擦工具"选项，如图 3-51 所示。

"橡皮擦工具"的操作方法如下。

（1）在"工具"面板中，选择"橡皮擦工具"按钮。

（2）在"工具"面板的"选项"中，选择"擦除模式"。

① 标准擦除：擦除同一层上的笔触色和填充色。

② 擦除填色：只擦除填充色，不影响笔触色。

③ 擦除线条：只擦除笔触色，不影响填充色。

④ 擦除所选填充：只擦除被选择区域的填充色，不影响笔触（不论笔触是否被选中）和未选择的填充色。

⑤ 内部擦除：只擦除橡皮擦笔触开始处的填充区域的填充色，不影响笔触。如果从空白点开始擦除，则不会擦除任何内容。

（3）在"工具"面板的"选项"中，单击"橡皮擦形状"功能按钮，选择橡皮擦形状和大小，并关闭"水龙头"功能按钮。

（4）在舞台上拖动鼠标进行擦除。

"橡皮擦工具"的几种用法如下：

选择"橡皮擦工具"后，在形状上单击或按住鼠标拖动，将删除单击或鼠标经过处所有的内容（笔触和填充）。

双击"橡皮擦工具"，将删除舞台上的所有内容。

选择"橡皮擦工具"后，打开"选项"栏的"水龙头"功能按钮，单击要删除的笔触段（边线）或填充区域，将删除笔触（边线）或填充区域。

提示："橡皮擦工具"只能对形状进行擦除，对文本和位图无效。如果要擦除文本或组合状态的对象，必须先将其分离为形状（两个字以上的文本需要分离两次）。

3. 任意变形工具

"任意变形工具"用于将对象进行缩放、旋转、变形、翻转等操作。其对象可以是形状、矢量图、位图或文本。"任意变形工具"操作方法如下。

（1）在"工具"面板中，选择"任意变形工具"。

擦除模式

水龙头

橡皮擦形状

图 3-51 "橡皮擦工具"
选项

（2）在舞台中，单击要变形的对象，此时将显示句柄，如图3-52所示。

① 实例中心点"○"：是旋转和缩放对象的中心，可以用鼠标拖动更改中心点的位置。

② 四角的句柄：鼠标指向句柄时，指针变为双向箭头，按住鼠标向箭头方向拖动，可以放大或缩小对象。将鼠标指向句柄外侧，按住鼠标拖动，可以旋转对象。

③ 上下左右4个句柄：用鼠标按住句柄拖动，改变对象的宽度和高度。

提示：鼠标指向4条边时，将出现双箭头。按箭头方向拖动鼠标，可以倾斜图形。

（3）在"工具"面板的"选项"中，选择功能按钮，如图3-53所示。

图3-52　"任意变形工具"的句柄　　　图3-53　"任意变形工具"的功能按钮

"选项"栏的"扭曲"和"封套"功能按钮，只对形状有效，而对组合对象（包括位图和文本）无效。它们的功能如下。

① 扭曲：用于将对象扭曲变形。选择"扭曲"功能后，用鼠标拖动对象外框上的控制柄，可以将对象变形。

② 封套：用于将对象进行更细微的变形。选择"封套"功能后，将在对象周围出现很多控制柄，用鼠标拖动这些控制柄，可以将对象细微地变形。

（4）用鼠标按住句柄拖动，可以将对象变形，如图3-54所示。

图3-54　文本分离为形状后，用"封套"变形

提示：用鼠标指向句柄或边框时，指针将变为相应的图标，如图3-55所示。

图3-55　任意变形工具的鼠标形状

提示：变形对象时，可以用"任意变形工具"单击鼠标选择对象，或拖动鼠标选择对象；还可以选择对象后，再选择"任意变形工具"。

用"任意变形工具"改变对象的形状时，按住Shift键拖动四角的句柄，将保持宽和高的比例缩放对象；按住Alt键拖动句柄或边框时，将以中心点"○"为中心变形；当鼠标指

向中心点"○"，鼠标指针的右下角出现圈圈时，按住鼠标左键可以将中心点拖动到任何需要的位置，也可以是对象的外侧。

4. 宽度工具

"宽度工具"用于调整描边宽度。

（1）从"工具"面板中，单击"宽度工具"。

（2）在舞台上，用鼠标指向要调整的描边，此时将显示锚点，如图 3-56 所示。

（3）用鼠标拖动锚点以扩展或收缩描边，如图 3-57 所示。

图 3-56　鼠标指向描边

图 3-57　拖动锚点调整描边

3.4　选择对象

3.4.1　选择区域

选择区域工具有 3 个："套索工具""多边形工具"和"魔术棒"，如图 3-58 所示。

1. 套索工具

"套索工具"用于选取对象中不规则的形状区域。选择该工具后，按住鼠标左键拖动选取区域。

2. 多边形工具

"多边形工具"用于选取不规则的多边形区域。选择该按钮后，单击鼠标确定多边形区域的一个顶点，直到首尾两个顶点重合或双击鼠标选取区域。

3. 魔术棒

（1）"魔术棒"用于根据色彩范围选取区域。可以用魔术棒"属性"面板设置参数。

（2）在魔术棒"属性"面板中，设置魔术棒选取的色彩范围。"阈值"指定选取范围内的颜色与单击处像素颜色的相近程度，输入的数值越大，选取的相邻区域范围就越大。"平滑"指定选取范围边缘的平滑度，有像素、粗略、一般、平滑 4 个选项，如图 3-59 所示。

图 3-58　选择区域工具

图 3-59　"魔术棒"属性面板

提示："魔术棒"和"套索工具"只能用于分离的形状对象。

"魔术棒"工具常用于清除图片的背景。在舞台中导入一张图片,将舞台颜色设置为不同于图片的背景色,如图 3-60(a)所示。用"选择工具"选中该图片,执行菜单"修改"→"分离"命令(也可以在右键快捷菜单中选择"分离"命令),将图片分离为形状,如图 3-60(b)所示。选择"魔术棒"工具,单击选取分离对象的背景色,按 Delete 键清除所选背景色。如果还有没清除的部分,可以用"套索工具"或"橡皮擦工具"清除,如图 3-60(c)所示。

(a)　　　　　　　(b)　　　　　　　(c)

图 3-60　清除图片的背景色

3.4.2　选择工具

"选择工具"用于选择、移动和重塑形状的对象。"选择工具"的功能和操作方法如下。

(1)选择对象。Animate 中的形状分为笔触(边线)和填充区域(内部)两个部分。用"选择工具"单击填充区域,将选择填充区域;单击一条边线或双击任意一条边线,将选择一条边线或全部边线。

提示:按住 Shift 键,并用"选择工具"单击边线,可以选取多个或全部边线。

用"选择工具"双击填充区域或按住拖动鼠标,可以选择填充区域和笔触(边线)。

拖动鼠标可以选择形状的一部分,如图 3-61 所示。此时只有拖动范围内的部分被选取,如图 3-62 所示。利用此方法,可以选择形状的一部分。

图 3-61　拖出的选择框　　　　　　　图 3-62　选择部分区域

(2)移动对象。选择对象(全部或部分)后,用"选择工具"按住被选择部分拖动(见图 3-63),可以移动被选择部分,如图 3-64 所示。

(3)重塑对象。鼠标指向形状的边线,在鼠标指针下方出现弧线(见图 3-65)时,按住鼠标拖动,如图 3-66 所示。释放鼠标后,将得到变形的形状,如图 3-67 所示。

图 3-63　移动选取的区域　　　　　　图 3-64　移动效果

图 3-65　鼠标指向边框　　　图 3-66　按住鼠标拖动边框　　　图 3-67　图形重塑效果

鼠标指向线条(未被选择的线条),在鼠标指针下方出现弧线时,按住鼠标拖动,将更改线条的弯曲度,如图 3-68 所示。鼠标指向线条的端点,在鼠标指针下方出现直角时,按住鼠标拖动,将改变线条的长度,如图 3-69 所示。

图 3-68　更改弯曲度　　　　　　图 3-69　更改长度

提示:在舞台空白处单击鼠标,可以取消对象的选择。

3.4.3　部分选取工具

"部分选取工具"用于对形状边线(路径)上的锚点进行选取、拖曳调整路径方向及删除等操作,编辑形状的造型。"部分选取工具"只能选取形状的边线。

选择"部分选取工具"后,单击形状的边线或线条时,将在边线或线条上出现锚点,如图 3-70 所示。单击选择一个锚点时,被选择的锚点用实心点表示,如图 3-71 所示。选择锚点后,可以将该锚点任意拖动,或通过拖动锚点的控制手柄,可以改变边线或线条的形状,如图 3-72 所示。

图 3-70　选择边线和线条　　　图 3-71　选择锚点后的　　　图 3-72　拖动锚点和
　　　　　后出现的锚点　　　　　　　　锚点和手柄　　　　　　　　控制手柄

提示:用"钢笔工具"绘制形状的轮廓,再利用"部分选取工具"细致地对轮廓的锚点进行调整,这是在 Animate 中绘制复杂曲线的常用方法,也是绘制图形的基本方法。

3.5 视图工具

3.5.1 缩放工具

在"工具"面板中,选择"缩放工具",并选择"选项"栏中的"放大"或"缩小"功能按钮后,再单击工作区,或在需要放大或缩小浏览的对象上拖动鼠标,可以将工作区或对象成倍地放大或缩小显示。

提示:在工具"选项"中,选择"放大"(或"缩小")功能后,按下 Alt 键可以切换为"缩小"(或"放大")。

也可以执行菜单"视图"→"缩放比率"命令,或在场景的"缩放"列表中选择显示比例或输入要缩放显示的比例,缩放显示舞台。

3.5.2 手形工具

放大显示工作区后,有两种方法可以移动工作区。一种方法是拖动水平滚动条和垂直滚动条移动工作区,另一种方法是利用"手形工具"移动工作区。

在"工具"面板中,选择"手形工具"后,在工作区拖动鼠标,可以移动工作区域。

在"工具"面板中,双击"手形工具"按钮,可以将舞台居中并全部显示在窗口中。

提示:在使用其他工具(如画笔)进行相关的操作时,按 Space(空格)键,将当前工具切换为"手形工具";释放空格键,将切换到原来的工具的工作状态。

3.5.3 旋转工具

使用"旋转工具",可以临时旋转舞台视图,以特定角度进行绘制和查看,而不用永久旋转舞台上的实际对象。

使用"旋转工具"旋转视图方法如下。

(1)在"工具"面板中,按住"手形工具"打开选择"旋转工具"(见图 3-73),或者在使用其他工具(如画笔)时,可按住 Shift + Space(空格)组合键临时切换为"旋转工具"。

(2)选中"旋转工具"后,将在屏幕上出现一个十字形的旋转轴心点,如图 3-74 所示。单击鼠标可以更改轴心点的位置。

图 3-73　工具栏中的旋转工具　　　　　图 3-74　十字形轴心点

(3)设置旋转轴心点后,可通过拖动鼠标临时旋转舞台区域。当前旋转角度用十字轴心上的红线表示,如图 3-75 所示。

　　提示:要将舞台重设为其默认视图,可单击"舞台位于中央"按钮。

3.5.4　时间划动工具

　　在舞台中,用"时间划动工具",可以直接从舞台中拖曳时间轴。使用方法如下。

　　(1) 在"工具"面板中,按住"手形工具"打开选择"时间划动工具",或者在使用其他工具(如画笔)时,可按住 T+Space(空格)组合键临时启用"时间划动工具"。

　　(2) 选中"时间划动工具"后,鼠标指针变为带有左右箭头的手指状态,如图 3-76 所示。

图 3-75　旋转后的舞台

图 3-76　利用"时间划动工具"查看动画

　　(3) 用"时间划动工具"向左或向右拖动可在平移方向上查看整个时间轴。

3.6　调整工具

3.6.1　3D 旋转工具

　　使用"3D 旋转工具"可以将影片剪辑实例在 3D 空间中旋转。用"3D 旋转工具"单击舞台中的影片剪辑实例,将在实例上出现 3D 旋转控件:红色控件(X 轴)、绿色控件(Y 轴)、蓝色控件(Z 轴)、橙色控件(同时绕 X 轴和 Y 轴旋转)。"3D 旋转工具"要求在 ActionScript 3.0 环境中使用。

　　利用"3D 旋转工具"旋转对象的方法如下。

　　(1) 在元件"库"新建一个"影片剪辑"类型的元件,这里绘制一个矩形。

　　(2) 返回到场景,将新建的元件拖放到舞台。

　　(3) 选择"3D 旋转工具",单击舞台中的实例(矩形),如图 3-77 所示。

　　(4) 用鼠标左键按住控件(线)拖动,可以旋转对象。拖动的线颜色不同(鼠标指向线时,会提示坐标轴),旋转方向也不同,如图 3-78 所示。

图 3-77　用"3D 旋转工具"选择实例　　　　图 3-78　用"3D 旋转工具"旋转实例

提示：拖动中心点"○"，可以重新定位对象的旋转中心点。变更旋转中心点，可以控制旋转对象及其外观的影响。双击中心点可将其移回所选对象的中心。

可以在"变形"面板的"3D 中心点"选项组，输入参数值指定或修改实例（具有 3D 旋转控件）的旋转控件中心点的位置。

3.6.2　3D 平移工具

使用"3D 平移工具"可以将影片剪辑实例在 3D 空间中移动。用"3D 平移工具"单击选择舞台中的影片剪辑实例，将在影片剪辑上显示 X（红色）、Y（绿色）和 Z（蓝色）三个轴。"3D 平移工具"要求在 ActionScript 3.0 环境下使用。

利用"3D 平移工具"平移对象的方法如下。

（1）在元件"库"新建一个"影片剪辑"类别的元件，这里绘制一个矩形。

（2）返回到场景，将新建的元件拖放到舞台。

（3）选择"3D 平移工具"，单击选择影片剪辑实例，将显示三个轴，如图 3-79 所示。

（4）将鼠标移动到 X、Y 或 Z 轴的箭头上（指针在经过任一控件时将发生变化），按住其中一个箭头沿着箭头方向拖动可以平移对象，如图 3-80 所示。

图 3-79　用"3D 平移工具"选择实例　　　　图 3-80　用"3D 平移工具"移动实例

也可以在实例的"属性"面板的"3D 定位和视图"选项组中输入 X、Y 或 Z 的值移动对象。

提示：在"3D 平移工具"的"选项"中，选择"全局转换"功能时，Z（蓝色）轴用黑点表示。如果所选择的对象是 3D 对象（如使用"3D 旋转工具"变形）时，如果取消选择"全局转换"功能，将显示 Z（蓝色）轴。

在 Z 轴上移动对象时，对象的外观尺寸将发生变化。外观尺寸在"属性"面板中，显示在"3D 定位和视图"选项组的"宽"和"高"中，这些值是只读的。

3.6.3 骨骼工具

利用"骨骼工具"可以便捷地将对象连接起来,形成父子关系,实现反向运动(Inverse Kinematics)。整个骨骼结构也可称为骨架。把骨架应用于一系列影片剪辑或图形元件上,或者是原始向量形状上,通过在不同的时间把骨架拖到不同的位置来操纵它们。"骨骼工具"相对传统的动作绘制,提供了便捷的操作途径。该工具要求在 ActionScript 3.0 环境中使用。

1. 使用骨骼工具创建一个简单的骨架动画

(1) 新建 ActionScript 3.0 文档。

(2) 在舞台上用"矩形工具"绘制一个矩形,用"选择工具"选择并右击图形执行"转换为元件"命令,将图形转换为"影片剪辑"类型元件。

提示:也可以在元件"库"创建元件后,拖放到场景。

(3) 在舞台上按住 Alt 键拖动实例,复制创建新的实例。用同样的方法创建同一个元件的多个实例。将实例按照需要调整位置,如图 3-81 所示。

图 3-81　水平对齐、均匀分布的同一元件的多个实例

提示:也可以在舞台上创建不同元件的实例,将这些实例连接起来创建骨架。

(4) 在"工具"面板中,单击选择"骨骼工具"按钮。

(5) 确定骨架中的父(根)实例(这个实例将是骨骼的第一段),按住鼠标拖向下一个实例,将两个实例连接起来创建骨骼。当松开鼠标的时候,在两个实例中间将会出现一条实线来表示骨骼段,如图 3-82 所示。

图 3-82　连接两个实例的骨骼段

提示:创建骨骼操作,将创建图层"骨架",并在该图层创建骨骼。

(6) 重复这个过程,将第二个实例和第三个实例连接起来。通过不断从一个实例拖向另一个连接实例,直到所有的实例都用骨骼连接起来了,如图 3-83 所示。

图 3-83　连接了所有实例的完整骨架

(7) 在"骨架"图层,用鼠标选择希望结束动画的帧,单击鼠标右键,在快捷菜单中选择"插入姿势"命令,在"骨架"图层的当前位置插入了关键帧(姿势帧),如图 3-84 所示。

图 3-84　在图层"骨架"插入关键帧

提示：拖动结束帧增加IK（反向运动）跨度的帧数，可以延长骨架动画，如图3-85所示。

图3-85　拖动增加IK的跨度

（8）选择"选择工具"，拖曳最后一节骨骼，可以实时控制整个骨架，如图3-86所示。

图3-86　为动画准备好的完整骨架

（9）在"骨架"图层中，右击需要变换骨骼的帧，在弹出的快捷菜单中执行"插入姿势"命令插入关键帧（姿势帧），并在此关键帧调整骨骼的位置。

提示：将播放头移动到新的帧（动画范围内的帧），并调整骨骼的位置，将在当前帧插入一个关键帧，并在IK跨度内插入动作。

（10）测试影片。

2. 将骨架应用于形状

使用"骨骼工具"可以在形状内部创建一个骨架，是创建形状动画的新方式。利用此方法可以制作类似于动物摇尾巴等的动画。

（1）在舞台中，绘制横向的长条矩形。

（2）选择"骨骼工具"，从左（根）开始，在形状内部单击鼠标并向右拖曳创建根骨骼。在形状内创建第1根骨骼后，Animate将其转换为一个IK形状对象，如图3-87所示。

图3-87　添加第1个（根）骨骼后的形状

提示：创建骨骼操作，将创建"骨架"图层，并在该图层创建骨架。

（3）继续向右一个接一个创建骨骼并头尾相连，如图3-88所示。

图3-88　完成后的形状骨架

提示：骨骼的长度逐渐变短，增加骨骼数，可以创建出更切合实际的动作。

（4）在"骨架"图层需要结束动画的帧，单击右键打开快捷菜单，执行"插入姿势"命令添加关键帧（姿势帧）。

（5）选择"选择工具"，单击鼠标选择要添加姿势的帧，并将鼠标指向骨骼并显示为骨骼工具时，拖动鼠标调整帧中骨骼的位置，添加关键帧，如图 3-89 所示。

图 3-89　在关键帧调整骨架的位置

（6）测试动画。

提示：选择关键帧后，在"属性"面板，可以设置"强度"、启用"弹簧"等。

选择关键帧后，在舞台选择一个骨骼，打开其"属性"面板，可以设置相关的参数。

3.6.4　绑定工具

在制作骨骼动画中，移动骨架时形状的控制点随着骨骼扭曲。"绑定工具"可以链接骨骼和形状控制点，使得移动骨骼时控制形状边线的扭曲方式。该工具要求在 ActionScript 3.0 环境中使用。

（1）导入图片（素材\图片\PNG\人体.png）到舞台。选择图片后，执行菜单"修改"→"分离"命令，将图片分离为形状。单击舞台空白处取消选择图形。

（2）选择"魔术棒"工具，单击人体形状的背景部分选择背景区域后，执行菜单"编辑"→"清除"命令（或按 Delete 键），清除背景。为人体形状填充灰色（＃999999）。

提示：Animate 导入 PNG 图片时，将保留 PNG 图片的透明度，这里需要清除透明背景只保留人体形状。为人体形状填充颜色，可以解决清除背景时边沿没清除干净的问题。

（3）选择"骨骼工具"，创建人体骨骼，如图 3-90 所示。

（4）选择"绑定工具"，单击选择一个骨骼（右侧上臂）。选中的骨骼呈红色，与该骨骼绑定的控制点呈黄色矩形或三角形，如图 3-91 所示。

提示：使用"绑定工具"选择骨骼时，形状的笔触上显示若干个黄色的控制点。黄色控制点将随骨骼移动。Animate 在创建骨骼时，默认创建了形状笔触上的控制点，并且与相应的骨骼绑定。控制点绑定骨骼不合理时，需要将控制点修改绑定到新的骨骼。右侧上臂骨骼绑定了右侧腰部的部分控制点，这些不合理的控制点都要绑定到躯干骨骼，如图 3-91 所示。

（5）选择"绑定工具"，将腰部黄色控制点拖向躯干骨骼，完成控制点与骨骼的绑定操作，如图 3-92 所示。所有不适合的控制点都要重新绑定到适合的骨骼。右侧胳膊完成绑定后，右侧手臂可以活动，如图 3-93 所示。

图 3-90　添加骨骼

图 3-91　骨骼与绑定的控制点

图 3-92　绑定骨骼和控制点

图 3-93　调整关键帧中骨骼关节的位置

　　提示：可以将多个控制点绑定到一个骨骼，也可以将多个骨骼绑定到一个控制点。
"绑定工具"有以下操作。

　　(1) 若要加亮显示已连接到骨骼的控制点，用"绑定工具"单击该骨骼。已连接的点
以黄色加亮显示，而选定的骨骼以红色加亮显示。仅连接到一个骨骼的控制点显示为方
形。连接到多个骨骼的控制点显示为三角形。

　　(2) 若要向选定的骨骼添加控制点，按住 Shift 键用鼠标单击未加亮显示的控制点，
也可以通过按住 Shift 键拖动鼠标来选择要添加到选定骨骼的多个控制点。

　　(3) 若要从骨骼中删除控制点，按住 Ctrl 键用鼠标单击以黄色加亮显示的控制点，
也可以通过按住 Ctrl 键拖动鼠标来删除选定骨骼中的多个控制点。

3.6.5　摄像头

　　使用摄像头可以模仿虚拟的摄像头移动。使用摄像头可以实现随帧主题平移、缩
放、旋转等功能来优化动画，还可以使用色调或滤镜对场景应用色彩效果。

1. 启用摄像头

单击"工具"面板中的"摄像头",或者单击"时间轴"中的"添加摄像头"按钮启用"摄像头"工具。

启用摄像头后,将新建图层 Camera,并打开摄像头控制工具,同时显示与摄像头图层颜色相同的舞台轮廓线,如图 3-94 所示。

图 3-94 新建图层 Camera,并打开摄像头控制工具

2. 缩放、旋转或平移摄像头

(1)缩放摄像头。

拖动屏幕上的摄像头"缩放"工具的滑动条可以缩放对象,也可以利用"摄像头"属性面板,设置"缩放"参数值缩放对象,如图 3-95 所示。

图 3-95 摄像头"属性"面板

提示：滑块向右侧移动,将放大内容;滑块向左侧移动,将缩小内容。反复拖动滑块可以无限缩放内容。

（2）旋转摄像头。

拖动屏幕上的摄像头"旋转"工具的滑动条可以旋转对象,也可以利用"摄像头"属性面板,设置"旋转"参数值旋转对象。

提示：滑块向右侧移动,将逆时针方向旋转内容;滑块向左侧移动,将顺时针方向旋转内容。

反复拖动滑块可以无限旋转内容。

（3）平移摄像头。

在舞台摄像头轮廓内任意位置,按住鼠标左键拖动,可以移动对象;也可以在"摄像头"属性面板中,设置"位置"X、Y坐标,精确平移摄像头。

提示：按住 Shift 键同时上下或左右拖动鼠标,将水平或垂直方向平移对象。

摄像头工具处于活动状态时,在摄像头边界内的任何拖动动作都是平移操作。

3. 摄像头色彩效果

选择图层 Camera 后,将播放头移动到要设置色彩效果的帧后,打开"摄像头"属性面板,在"摄像头色彩效果"选项组设置摄像头色彩效果。

（1）对摄像头图层应用色调。

在"摄像头"属性面板的"摄像头色彩效果"选项组中,单击"色调"按钮启用色调后,可以修改当前帧的色调值(百分比)和 RGB 值。

（2）在摄像头图层上调整颜色。

在"摄像头"属性面板的"摄像头色彩效果"选项组中,单击"调整颜色"按钮启用调整颜色后,可以修改当前帧的亮度、对比度、饱和度和色相值。亮度、对比度、饱和度的可接受范围为 $-100\% \sim 100\%$,色相范围为 $-180° \sim 180°$ 。

提示：在"摄像头"属性面板中,单击每个属性的重置图标,可以将摄像头对平移、缩放、旋转和色彩效果的参数重置为默认属性值。

4. 图层附加到摄像头

将图层附加到摄像头时,该图层上的对象将固定到摄像头并且总是和摄像头一起移动,如图 3-96 所示。

图层附加/分离摄像头

图 3-96　图层附加到摄像头

提示：图层附加到摄像头，需要打开"高级图层"模式。

3.7 常用技巧

3.7.1 调整对象的位置

在"工具"面板中，选择"选择工具"后，用鼠标拖动对象，可以将对象移动到指定的位置；按住 Shift 键，同时用鼠标拖动对象，可将对象按水平、垂直等 45° 的倍数方向拖动定位；按一次键盘上的 4 个方向键之一，可将对象按照指定的方向移动 1px；在对象的"属性"面板（见图 3-97）或"信息"面板（见图 3-98）中，设置所选对象的坐标来指定对象的位置。

图 3-97 "属性"面板 图 3-98 "信息"面板

提示：对于形状（分离）对象，可以移动部分区域，也可以分别移动内部区域和边框。按住 Ctrl 键（或 Alt 键）拖动对象（或被选部分），将复制对象（或被选部分）。

3.7.2 特殊形状的制作

绘制图形时，两个形状叠加一部分区域后，移动其中一个形状，可以创造新的图形。例如，两个不同颜色的圆叠加一部分区域后，再移动其中一个圆，可以得到月牙形的图形，如图 3-99 所示。

图 3-99 叠加的图形中得到新的形状

3.7.3 对象的旋转与变形

如果要旋转或变形舞台中的对象，则选择对象后，可用"任意变形工具"（见图 3-100）或菜单"修改"→"变形"中的命令（见图 3-101）将对象旋转或变形；也可以用"变形"面板（见图 3-102）将对象旋转或变形。

图 3-100　用"任意变形工具"旋转和变形

图 3-101　"变形"菜单　　　　　图 3-102　"变形"面板

提示：执行菜单"窗口"→"变形"命令，可以打开"变形"面板。

"扭曲"和"封套"命令只对形状有效。

3.7.4　多个对象的对齐和均匀分布

制作动画时，经常需要对动画中的多个对象设置对齐和均匀分布。Animate 提供了多种对齐和均匀分布对象的方案。

如果要对齐或均匀分布舞台中的多个对象，则可以在选择对齐对象后，执行菜单"修改"→"对齐"中的命令（见图 3-103）将对象对齐和均匀分布。也可以用"对齐"面板（见图 3-104）将对象对齐和均匀分布。

图 3-103　"对齐"菜单　　　　　图 3-104　"对齐"面板

提示：选择"与舞台对齐"功能时，所选对象将相对于舞台对齐和均匀分布；否则，对象之间相互对齐和均匀分布。

选择一个对象后,选择"与舞台对齐"功能,并执行"水平居中"和"垂直居中"可将对象对齐到舞台中央。

确定第一个对象的位置后,用鼠标左键按住第二个对象拖动时,将出现一条水平或垂直的虚线用来提示与其他对象的位置关系。可以参考虚线确定对象的位置。

【例3-1】 多个对象的对齐与分布。

动画情景:三台叉车对象间垂直均匀分布和相对于舞台垂直均匀分布。

(1)新建文档,属性默认。

(2)在"库"面板,单击"新建元件"按钮,新建一个元件,命名为"叉车",在其中导入一张图片(素材\图片\PNG\叉车.png)。

(3)单击"场景1"按钮,返回到场景。从元件"库"将元件"叉车"拖放3次到"图层1"的第1帧,创建3个实例,如图3-105所示。

(4)用"选择工具"选择3个实例,执行菜单"修改"→"对齐"命令,在菜单中选择需要的对齐和分布方式。"垂直居中"和"按宽度均匀分布"的效果,如图3-106所示。

图3-105 在舞台创建3个实例　　　图3-106 垂直居中和对象间的均匀分布

打开"与舞台对齐"功能,"垂直居中"和"按宽度均匀分布"的效果,如图3-107所示。

提示:用鼠标单击帧可以选择该帧中的所有对象,还可以按住Shift键单击鼠标选择多个对象。

也可以执行菜单"窗口"→"对齐"命令打开"对齐"面板,设置对齐和分布。

不同图层中的同一个帧对象也可以利用同样的方法处理对齐和分布,如图3-108所示。

图3-107 垂直居中和相对于舞台的均匀分布　　图3-108 不同图层对象的对齐和均匀分布

【例 3-2】 3 个对象动作一致的动画。

动画情景：3 台叉车动作一致地从左侧放大并旋转移动到右侧。

（1）新建文档。

（2）在"库"面板中，单击"新建元件"按钮，新建元件"叉车"，并打开元件"叉车"的编辑窗口，导入叉车图片（素材\图片\PNG\叉车.png）。

（3）适当地缩小叉车，这里缩小 50%。

提示：选择对象后，执行菜单"修改"→"变形"→"缩放和旋转"命令，打开"缩放和旋转"对话框，将"缩放"设置为 50；也可以用"任意变形工具"或对象的"属性"面板，适当地缩小对象。

（4）单击"场景 1"按钮，返回到场景。在场景中创建 3 个图层，分别为"图层 1""图层 2"和"图层 3"。

（5）将元件"叉车"分别拖放到 3 个图层的第 1 帧。用"选择工具"选择 3 个图层中的 3 个实例后，执行"左对齐"和"按高度均匀分布"操作，并在 3 个实例被选择状态下用鼠标将实例拖动到舞台左侧，如图 3-109 所示。

（6）拖动鼠标选择 3 个图层的第 20 帧后，单击鼠标右键，在弹出的快捷菜单中执行"插入关键帧"命令，在 3 个图层的第 20 帧均创建关键帧。

提示：也可以在 3 个图层的第 20 帧分别插入关键帧。

（7）在舞台中，拖动鼠标（或按住 Shift 键单击鼠标）选择 3 个图层第 20 帧中的实例，将所选实例拖动到舞台的右侧，如图 3-110 所示。

提示：在第 20 帧未被选择状态，按住鼠标左键拖动选择 3 个图层的第 20 帧，也可以选择 3 个图层第 20 帧中的所有对象。

也可以 3 个图层分别处理，但操作烦琐。

（8）单击选择"图层 1"第 20 帧中的实例，执行菜单"修改"→"变形"→"缩放和旋转"命令，打开"缩放和旋转"对话框，将"缩放"设置为 150，"旋转"设置为 180°。

对"图层 2"和"图层 3"第 20 帧中的实例分别做同样的处理，如图 3-111 所示。

图 3-109　对齐和均匀分布　　　图 3-110　调整实例的位置　　　图 3-111　缩放和旋转实例

（9）在 3 个图层分别创建传统补间动画。

（10）测试影片。3个图层中实例的移动、放大、旋转是一致的。

（11）保存文档。在后面的范例中使用该文档。

提示：设置动画对象的旋转，还可以在补间动画帧"属性"面板的"补间"选项组"旋转"中设置。也可以用"任意变形工具"旋转动画片段的开始帧或结束帧中的实例。

【例 3-3】 完善例 3-2 中的动画。

打开例 3-2 的文档。

（1）**动画情景**：3个对象依次分别出现，并分别做移动、放大、旋转动画。

在"图层2"，选择第1～20帧后，将被选择的帧拖动到第6～25帧。

在"图层3"，选择第1～20帧后，将被选择的帧拖动到第11～30帧，如图3-112所示。

图 3-112　移动补间动画的帧

（2）**动画情景**：3个对象同时出现，并先后分别做移动、放大、旋转动画。

在"图层2"，复制第6帧，粘贴到第1帧，删除第1～5帧的补间动画。

提示：用鼠标右键单击补间动画片段的帧，在打开的快捷菜单中执行"删除经典补间动画"命令，可以删除补间动画。

在"图层3"，复制第11帧，粘贴到第1帧，删除第1～10帧的补间动画，如图3-113所示。

图 3-113　复制和粘贴关键帧

（3）**动画情景**：3个对象的动画同时结束。

分别在3个图层的第35帧，单击鼠标右键，在弹出的快捷菜单中选择"插入帧"命令插入帧，延长动画，如图3-114所示。

图 3-114　完成动画的场景

提示：也可以拖动鼠标选择 3 个图层的第 35 帧后，右击执行"插入帧"命令插入帧。

在舞台空白处单击鼠标左键，取消前面操作中选择的帧（避免选择帧时，其他无关的帧也被选择），再按住鼠标左键拖动，可以选择一个图层中的连续帧或不同图层的同一帧。也可以按住 Shift 键，再用鼠标左键单击一个图层中的两个帧选择连续的帧，或单击不同图层的同一个帧选择多个帧。

3.7.5　组合对象与分离对象

1. 舞台中对象的类别

Animate 舞台中的对象有两种：组合对象和分离对象。

在舞台上选择对象后，可以在该对象的"属性"面板中查看到其类别，如图 3-115 所示。

　　　　"形状"类别　　　　　　　　　"组"类别　　　　　　　　　"实例"类别

图 3-115　舞台中对象的类别

提示：位图导入舞台是组合对象，元件拖放到舞台的实例也是组合对象，用绘图工具绘制的图形是分离对象。

"形状"类别的对象是分离状态，按住鼠标左键拖动可以选择对象的全部或部分。选择分离的对象后，可以看到对象是由点组成的。

"组"类别的对象是组合状态，可以由一个或若干个块组成（如"素材\图片\矢量图"文件夹中的矢量图由多个块组成）。单击鼠标左键或按住鼠标左键拖动，可以选择对象的全部或部分。

"实例"类别的对象是组合状态，是从元件"库"将元件拖动到舞台上创建的。单击鼠标选择实例时，可以看到实例的注册点"＋"和中心点"○"。

2. 组合对象转换为分离对象

在舞台上选择一个组合对象后，执行菜单"修改"→"分离"命令或单击鼠标右键，在快捷菜单中执行"分离"命令，可以将组合对象转换为分离对象。

提示：用"文本工具"输入的文本是组合对象。执行一次分离命令，可以将文本分离为文字；再执行一次分离命令，可以将文本分离为形状。

3. 分离对象转换为组合对象

在舞台上拖动鼠标选择分离（形状）状态的对象后，执行菜单"修改"→"组合"命令，可以将被选择的部分组合;也可以将选择的分离对象转换为元件创建实例,而达到组合对象的目的。

提示:分离对象可以选择全部,也可以选择部分,组合后得到的是被选部分的组合对象。

导入舞台的矢量图(如"素材\图片\矢量图\城市.ai")是由多个块组成的组合图形,移动块可以重新构造图形。为了操作方便和避免误操作,导入矢量图后,可以先将图形分离后,再转换为组合图。

思考题

1. Animate"工具"面板由哪几部分组成?绘制工具有哪些?
2. 用"椭圆工具"如何绘制圆形?用"矩形工具"如何绘制正方形?
3. 如何绘制只有填充颜色的椭圆或矩形?绘制完成后,如何添加边框?
4. 如何绘制圆角矩形、多边形和多角星形?
5. 如何更改边框的颜色和粗细?
6. "基本椭圆工具"和"基本矩形工具"与"椭圆工具"和"矩形工具"有何区别?
7. 如何利用"选择工具"和"任意变形工具"编辑形状?
8. 选择对象有哪些方法?
9. "填充变形工具"在什么情况下才可使用?
10. 相对于舞台和相对于对象,对齐和均匀分布有什么区别?

操作题

1. 分别用"线条工具"和"铅笔工具"绘制不同的线条(包括不同的颜色、大小及线型),并用"铅笔工具"写出"ANIMATE"。效果如图 3-116 所示。

图 3-116　不同的线条和写出的文字

2. 分别绘制直线段和空心椭圆,利用"变形"面板绘制形状图案,如图 3-117 所示。

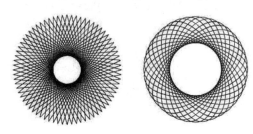

图 3-117　形状图案

提示：分别制作直线段(用"任意变形工具"调整直线段实例中心的位置)和无填充色椭圆的实例，利用"变形"面板中的"复制并应用变形"功能旋转。

3. 用"椭圆工具""矩形工具""任意变形工具""变形"面板和"打孔"命令绘制图形，效果如图 3-118 所示。

提示：用"对象绘制"模式绘制无笔触的圆形和长条矩形。利用"变形"面板将长条矩形旋转得到放射状的新图形。选择新图形执行菜单"修改"→"合并对象"→"联合"命令，将图形联合。圆形在下、放射状图形在上叠加，选择两个图形，执行菜单"修改"→"合并对象"→"打孔"命令。

绘制图形后，执行菜单"修改"→"合并对象"→"联合"命令，可以将图形更改为"对象绘制"模式绘制。

4. 用"线条工具""椭圆工具""钢笔工具""部分选取工具"和"颜料桶工具"绘制太极阴阳图，效果如图 3-119 所示。

图 3-118　打孔效果　　　　　　　　图 3-119　太极阴阳图

提示：绘制图形时，用"分离"模式绘制直线、曲线和无笔触的圆。

5. 绘制树叶元件，并画出一棵树，如图 3-120 所示。制作树叶逐渐变为黄色并落下的动画。

提示：在元件中，利用"线条工具"绘制线条，用"选择工具"弯曲线条，用"颜料桶工具"填充颜色制作树叶；在场景中，用"填充画笔工具"(画笔工具)绘制树干，将树叶元件分别拖放到不同的图层，制作一棵树；树叶分别做动画，制作树叶变黄并落下的动画。

树干放置在一个图层，每个树叶分别放在不同的图层，每个树叶分别制作动画。

图 3-120　树叶和树

6. 用"线条工具""颜料桶工具""选择工具"绘制一把雨伞。

第4章 引导线动画

内容提要

本章介绍了引导线动画概念以及制作引导线动画的方法,常用的引导线制作方法和引导层的应用,场景和由多个场景组成的动画制作方法。

学习建议

首先对 Animate 补间动画有更深入的理解和掌握,在此基础上,逐步掌握制作引导线动画的基本方法及创建和转换引导层的方法。通过学习常用的引导线动画制作,将引导线动画应用到创建和制作动画中来。掌握创建多场景动画及场景管理的方法。

4.1 引导线动画的制作

引导线动画是指动画对象沿着指定路径移动的动画。

制作引导线动画依次需要制作传统补间动画、添加传统运动引导图层、制作动画路径、调整运动对象的起止位置等步骤。下面举例说明引导线动画的制作方法。

【例 4-1】 简单的引导线动画。

动画情景:一个球沿着指定的路径从左侧移动到右侧。

(1)新建 ActionScript 3.0 文档。

(2)新建"影片剪辑"类型元件,命名为"球"。在元件中绘制一个放射状渐变填充效果的圆。

(3)制作传统补间动画。单击"场景 1"按钮,返回到场景。将元件"球"拖动到"图层_1"的第 1 帧,在第 30 帧插入关键帧,并创建第 1~30 帧的传统补间动画,如图 4-1 所示。

图 4-1 创建传统补间动画

(4)添加传统运动引导层。在时间轴上右击"图层_1",在弹出的快捷菜单中选择"添加传统运动引导层"命令,创建引导层。这时在"图层_1"上面添加了图层"引导层:图层_

1",如图 4-2 所示。

图 4-2　添加引导层

提示：为"图层_1"添加的引导层默认命名为"引导层：图层_1"。

"图层_1"在运动引导层下面以缩进形式显示,表示该图层与引导层建立了链接,这时"图层_1"也叫作"被引导层"。

(5) 制作动画路经(引导线)。单击选择图层"引导层"的第 1 帧,在舞台上绘制(用线条工具或钢笔工具、铅笔工具等)一条路径作为引导线,如图 4-3 所示。

图 4-3　绘制动画路经

(6) 调整被引导层中实例的起止位置。在"图层_1"(被引导层)中,将第 1 帧中的实例拖动到路径的左端;将第 30 帧中的实例拖动到路径的右端,如图 4-4 所示。

图 4-4　动画的起止位置分别调整到路径的两端

提示：调整实例的位置时,要将实例中心"○"对齐到引导线。打开"选择工具"选项"贴紧至对象"功能按钮,可以方便地将实例中心"○"对齐到引导线。

为了避免误操作,可以先锁定引导层,再调整实例的起止位置。

(7) 测试影片。球沿着引导层的路径做移动动画。

也可以先将路径所在的一般图层转换为引导层,再制作引导线动画,方法如下。

(1) 选择路径所在的图层,单击鼠标右键,在打开的快捷菜单中选择"引导层"命令,也可以在快捷菜单中选择"属性"命令,打开"图层属性"对话框,在对话框中选择"引导层"(见图 4-5)单选按钮,将一般图层转换为引导层,如图 4-6 所示。

图 4-5 "图层属性"对话框

图 4-6 将图层转换为引导层

（2）用鼠标拖动沿路径运动对象所在的图层"图层_1"到新建的引导层下方，将普通图层"图层_1"链接到引导层，如图 4-7 所示。

图 4-7 拖动图层链接引导层

（3）调整实例对象球的起止位置。

提示：引导层中的所有对象，在动画播放中并不显示。利用引导层的特点，可以隐藏一个图层的内容。将制作动画时的辅助信息（如文字说明、定位对象的参考线）存放在一个图层，将该图层转换为引导层，可以在影片中隐藏辅助信息。

4.2 引导线为圆形、矩形路径

4.2.1 沿着圆弧移动的动画

【例 4-2】 引导线为圆弧的动画。

动画情景：球沿着半圆从左侧移动到右侧。

（1）新建 ActionScript 3.0 文档。

（2）新建"影片剪辑"类型元件，命名为"球"，并在其中绘制一个圆。

（3）返回到场景。将元件"球"拖动到"图层_1"的第 1 帧，在第 30 帧插入关键帧。创建第 1～30 帧的传统补间动画。

（4）在时间轴上右击"图层_1"，在弹出的快捷菜单中选择"添加传统运动引导层"命令，添加"引导层"。

（5）在"引导层"的第 1 帧绘制一个无填充色的圆，如图 4-8 所示。

（6）用"选择工具"拖动选择下半圆，如图4-9所示。

图4-8　在引导层绘制圆框　　　　　图4-9　用"选择工具"拖动选择下半圆

提示：为了避免误操作，可以先锁定"图层_1"。

（7）清除（按Delete键或执行菜单命令"编辑"→"清除"）所选的弧线部分。

（8）在"图层_1"，分别调整实例球的起止位置到弧线的两端，如图4-10所示。

图4-10　调整实例的起止位置

提示：如果锁定了"图层_1"，先解锁"图层_1"。

（9）测试影片。

提示：利用此方法可以从已有的图形边线得到动画的引导线。

引导线动画中的引导线，要求必须是形状（分离状态）线条，组合状态的线条或元件实例都不能作为引导线。选择线条后，在"属性"面板可以区分线条的状态，如图4-11所示。左侧的线条为形状，可以作为引导线；而右侧的线条为组合状态，不能作为引导线。

图4-11　形状线条和组合状态的线条

4.2.2　沿着圆周移动的动画

【例 4-3】　引导线为圆周线的动画。

动画情景：球沿着圆周线顺时针方向移动。

（1）新建 ActionScript 3.0 文档。

（2）新建"影片剪辑"类型元件，命名为"球"，并在其中绘制一个圆。

（3）返回到场景，将元件"球"拖动到"图层_1"的第 1 帧，并在第 30 帧插入关键帧。创建第 1～30 帧的传统补间动画。

（4）右击"图层_1"，在快捷菜单中选择"添加传统运动引导层"命令，添加"引导层"。

（5）在"引导层"的第 1 帧，绘制一个无填充色的圆，如图 4-8 所示。

（6）在"图层_1"的第 10 帧和第 20 帧分别插入关键帧，使动画片段分成约三等份。

（7）调整插入的两个关键帧中的实例位置，使球的位置将圆周分成约三等份，起止位置要相同，如图 4-12 所示。

图 4-12　分为三段制作动画

提示：为了保持实例的起止位置相同，复制第 1 帧粘贴到第 30 帧；或者借助辅助线标识第 1 帧中实例的位置后，调整第 30 帧中实例的位置，如图 4-13 所示。

执行菜单"视图"→"标尺"命令，在舞台上显示横向和纵向标尺。用鼠标分别从水平标尺和垂直标尺拖动，可以将辅助线拖动到舞台。

（8）测试影片。

提示：引导线为封闭的路径时，将选择较近路径制作移动动画。可以插入若干个关键帧，使对象沿着指定的方向移动。

也可以清除圆周上的一小段，使圆周曲线有起始端和终止端。断开封闭路径后，制作引导线动画，如图 4-14 所示。

图 4-13　设置辅助线

图 4-14　非封闭的圆

4.2.3 引导线为矩形路径的动画

引导线为矩形路径的动画制作方法,可以参考沿着圆周动画的制作。

【例 4-4】 引导线为矩形边框线的动画。

动画情景:球沿着矩形边框线顺时针方向移动。

(1) 新建 ActionScript 3.0 文档。

(2) 新建"影片剪辑"类型元件,命名为"球",并在其中绘制一个圆。

(3) 返回到场景,将元件"球"拖动到"图层_1"的第 1 帧,并制作第 1~40 帧的传统补间动画。

(4) 为"图层_1"添加"引导层",并在"引导层"的第 1 帧绘制矩形边框。清除左上角线段,制作非封闭的矩形框,如图 4-15 所示。

(5) 在"图层_1"调整实例的起止位置。根据移动方向,将实例分别放在引导线的两个端点,如图 4-16 所示。实例将顺时针方向移动。

图 4-15　制作非封闭的矩形框

图 4-16　调整实例的起止位置

(6) 测试影片。

提示:也可以利用例 4-3 中的方法,添加若干个关键帧制作沿着矩形路径的动画。

4.3　常用的引导线制作方法

4.3.1　弹跳路径的制作

(1) 先制作弧线。绘制一个圆,再删除半圆,如图 4-9 所示。

(2) 复制弧线。在"工具"面板,选择"选择工具",单击弧线后,按住 Alt 键同时用鼠标拖动所选择的弧线,可以复制所选择的弧线,如图 4-17 所示。

图 4-17　制作弹跳路径

提示：制作弹跳路径动画时，往往出现并不沿着制作的路径做动画。要细致（放大显示舞台）地处理弧线的连接处。也可以采用删掉连接处，再用"直线工具"连接的方法，如图 4-18 所示。

图 4-18 弧线的连接

4.3.2 文字造型路径

（1）输入文字。根据需要调整字体和大小。这里输入"W"，字体系列为 Arial，样式为 Black，大小为 200 磅，如图 4-19 所示。

（2）分离文字。选择文字后，执行菜单"修改"→"分离"命令，将文字分离为形状。

（3）添加文字轮廓边线。在"工具"面板中，选择"墨水瓶工具"，单击分离后的文字添加笔触颜色（边色）。

（4）在"工具"面板中，选择"选择工具"，单击填充色，按下 Delete 键清除填充色，得到封闭的文字轮廓线条，如图 4-20 所示。

图 4-19 输入文字

图 4-20 文字边框

（5）动画的制作方法，可以参考沿着封闭路径的动画制作。

提示：作为引导线的必须是笔触（即边框、线条），不允许是填充色（如填充"画笔工具"绘制）创建的。

4.3.3 图形的轮廓作为路径

（1）将舞台设置为 800×600px，将图片导入舞台，这里导入"素材\图片\PNG\树叶.png"。

（2）选择舞台中的图片，执行菜单"修改"→"分离"命令，将图片分离为形状，如图 4-21 所示。

（3）在"工具"面板中，单击"套索工具"，在列表中选择"魔术棒"工具，单击图片的背景区域选择背景，按下 Delete 键清除背景，如图 4-22 所示。

图 4-21 分离图片

图 4-22 分离为形状后清除背景色

提示：Animate 导入 PNG 图片时，将保留 PNG 图片的透明度，这里需要清除透明背景。

（4）在"工具"面板上选择"墨水瓶工具"，并选择笔触颜色，单击树叶形状添加笔触（边线），如图 4-23 所示。

（5）在"工具"面板上选择"选择工具"，单击树叶形状选择树叶区域，按下 Delete 键清除树叶的填充色，如图 4-24 所示。

图 4-23　添加形状的笔触色

图 4-24　清除填充色

提示：也可以先用"颜料桶工具"填充树叶为单色后，再添加笔触色。

如果在元件中制作对象的轮廓线（如文字或位图）后，将其拖动到"引导层"作为引导线，则必须将实例分离为形状，才能作为引导线。

4.4　常用的引导线动画制作技术

4.4.1　不同对象共享同一引导线

多个实例共享同一条引导线，可以使多个实例沿着同一条路径做动画。

【例 4-5】　两个实例共享一条引导线的动画。

动画情景：两个瓢虫做弧线动画，其中一个瓢虫从左侧移动到右侧，另一个从右侧移动到左侧。

（1）新建 ActionScript 3.0 文档。

（2）制作"影片剪辑"类型元件，命名为"瓢虫"，并导入瓢虫图片（素材\图片\PNG\瓢虫.png）。

（3）返回到场景。"图层_1"更名为"瓢虫 1"，将元件"瓢虫"拖动到第 1 帧。

（4）添加新图层，命名为"瓢虫 2"，将元件"瓢虫"拖动到该图层的第 1 帧，并选中该实例，执行菜单"修改"→"变形"→"水平翻转"命令，将实例水平翻转。

（5）制作传统补间动画。在图层"瓢虫 1"和"瓢虫 2"分别制作第 1～30 帧的传统补间动画，如图 4-25 所示。

（6）添加引导层。右击图层"瓢虫 2"，在快捷菜单中选择"添加传统运动引导层"命令，添加"引导层"，并在"引导层"的第 1 帧绘制一个线条（引导线）。

（7）将要被引导的图层连接到引导层。将图层"瓢虫 1"和"瓢虫 2"连接到"引导层"。

提示：用鼠标拖动图层到"引导层"下方，可以将该图层连接到引导层。

图 4-25 制作两个瓢虫的动画

（8）调整动画的起止帧。分别将两个被引导层起止帧中的实例置于线条的两端，图层"瓢虫 1"中的实例从左到右运动，图层"瓢虫 2"中的实例从右到左运动，如图 4-26 所示。

图 4-26 调整动画的起止帧

（9）测试影片。为了在后面例子中使用此文档，保存文档。

提示： 制作多个对象共享一条引导线动画时，为了便于调整每个动画的起止位置和避免误操作，在引导层中绘制引导线后，锁定引导层；调整一个被引导层中动画的起止位置时，隐藏其他的被引导层。

多个对象共享同一条引导线的关键是，做好动画所在的图层与引导层的连接。

右击"引导层"下方最近的未被连接的图层，在快捷菜单中执行"属性"命令，打开"图层属性"对话框，选择"被引导"，也可以将图层连接到引导层。

4.4.2 更换引导线动画对象

制作好一个引导线动画后，如果需要更换其中的动画对象，可以利用交换元件的方法交换元件，而不需要重新制作动画。

【例 4-6】 更换动画中的动画对象。

动画情景： 球和瓢虫做弧线动画。球从左侧移动到右侧，瓢虫从右侧移动到左侧。

（1）打开例 4-5 完成的动画文档。

（2）新建"影片剪辑"类型元件，命名为"叉车"，并导入图片（素材\图片\PNG\叉车.png）。

（3）返回到场景。在图层"瓢虫 1"中选择第 1 帧后，用鼠标选择该帧中要更换的实例，如图 4-27 所示。

（4）在"属性"面板中，用鼠标单击"交换"按钮，打开"交换元件"对话框，如图 4-28 所

图 4-27　实例的"属性"面板

示。在对话框中,选择要更换的元件"叉车",单击"确定"按钮,完成更换实例,如图 4-29 所示。用同样的方法更换图层"瓢虫 1"中其他所有关键帧中对应的实例。

图 4-28　"交换元件"对话框

图 4-29　更换实例后的效果

(5)测试影片。为了在后面例子中使用此文档,保存文档。

提示:更换动画对象,必须将该动画的所有关键帧中的实例交换为同一个元件。更换动画实例的方法,也可以用在其他类型动画的制作中。

编辑修改元件的方法,也可以做到动画对象的更换,但这要在元件"库"中修改元件。如果在其他动画片段中也使用了这个元件,那么均被更换,这可能不是想要的结果。

4.4.3　沿着引导线画线

做引导线动画时,引导线是隐藏的。有时,需要能看到动画对象经过的路径,或动画对象移动时画出所经过的路径。

1. 显示引导线路径

【**例 4-7**】　显示路径的引导线动画。

动画情景：左右两侧的球和瓢虫沿着同一条路径，分别移动到对方的位置。

（1）打开例 4-6 中的文档，另存为"显示路径的引导线动画"。

（2）新建图层，命名为"路径"。

（3）右击"引导层"的第 1 帧（关键帧），在弹出的快捷菜单中选择"复制帧"命令，复制引导层中引导线所在的关键帧。

（4）在图层"路径"中，右击第 1 帧（空白关键帧），在弹出的快捷菜单中选择"粘贴帧"命令粘贴帧。这时，图层"路径"将变为引导层，如图 4-30 所示。

图 4-30　粘贴引导层的关键帧

提示：复制引导层中的关键帧到一般图层时，除了复制帧内容外，还将复制引导层的属性。

（5）用鼠标右击图层"路径"，在弹出的快捷菜单中选择"引导层"（即去掉选择），将引导层转换为一般图层，如图 4-31 所示。

（6）用鼠标拖动图层"路径"到所有的被引导层下面，使路径显示在动画对象的下方，如图 4-32 所示。

图 4-31　图层"路径"转换为一般图层

图 4-32　调整图层顺序

提示：拖动图层时，不要与"引导层"连接而成为被引导层。

用鼠标拖动被引导层向左下角方向，或在被引导层的"图层属性"对话框中选择"一般"类型，可以将被引导层转换为一般图层。

（7）测试影片。为了在后面例子中使用此文档，保存文档。

2. 动画对象画出路径

【**例 4-8**】　绘制线条的引导线动画。

动画情景：一个球做弧线动画中，画出所经过的路径。

（1）打开例 4-7 中的文档，另存为"绘制线条的引导线动画"。为了方便说明，删除图层"瓢虫 2"。

（2）在图层"路径"中等距插入若干个关键帧，结束帧也插入关键帧（第 30 帧）。这里每 5 个帧插入一个关键帧，如图 4-33 所示。

（3）这个动画是从左到右移动的。为了操作方便，隐藏引导层，锁定图层"瓢虫 1"；在图层"路径"，选择第 1 帧，清除全部路径。对象还没移动，因此还没画线。

选择第 5 帧，清除动画对象右侧部分的路径，如图 4-34（a）所示。

选择第 10 帧，清除动画对象右侧部分的路径，如图 4-34（b）所示。

用同样的方法处理其他关键帧中的路径。

图 4-33　图层"路径"插入关键帧

　　　　　(a)　　　　　　　　　　　　　　(b)

图 4-34　清除动画对象右侧的线条

对象到结束帧(第 30 帧)时,已经画出全部路径。因此,结束关键帧不用处理。

(4) 测试影片。

提示：插入的关键帧越密,画线动画效果越好。

4.4.4　沿着路径方向旋转的动画

在引导线动画中,有时需要动画对象沿着路径改变方向。例如,汽车行驶在上下起伏的路上,可以利用沿着路径方向旋转的动画解决。

【例 4-9】　能改变方向的动画。

动画情景：一个箭头沿着圆周线移动,移动中箭头将方向自动调整为沿切线方向。

(1) 新建 ActionScript 3.0 文档。

(2) 新建"影片剪辑"类型元件,命名为"箭头",在其中绘制一个箭头形状。

(3) 单击"场景 1"按钮,返回到场景。将元件"箭头"拖动到"图层_1"的第 1 帧舞台,并制作实例(箭头)沿着圆周移动的引导线动画,如图 4-35 所示。

图 4-35　沿着圆周线移动的动画

（4）用鼠标单击被引导层"图层_1"的第1帧（关键帧），打开"属性"面板，在"补间"选项组，选中"调整到路径"复选框（见图4-36），并用"任意变形工具"调整实例的箭头方向，使其指向圆周的切线方向，如图4-37所示。

图4-36 关键帧"属性"面板

图4-37 调整关键帧中对象的方向

对其他所有关键帧做同样的处理，如图4-38所示。起止帧中的位置及方向保持一致。

图4-38 调整关键帧中对象的方向

（5）添加圆周线。创建新图层，命名为"圆周"。复制图层"引导线"的第1帧，粘贴到图层"圆周"的第1帧。转换图层"圆周"为一般图层，并将该图层拖动到最下层。

（6）测试影片。最终动画场景如图4-39所示。

图4-39 完成动画的场景

4.5　场景的管理

多幕话剧是从第一幕到最后一幕形成完整的话剧。复杂的 Animate 动画也可以分为多个场景,播放动画影片时,按照顺序播放每个场景中的动画。

新建文档时,有一个默认的场景,名称为"场景 1"。执行菜单"插入"→"场景"命令,可以添加新的场景,默认名称分别为"场景 2""场景 3"……

单击"编辑场景"按钮,在打开的场景列表中,选择打开指定的场景窗口,如图 4-40所示。

执行菜单"窗口"→"场景"命令,可以打开"场景"面板。利用"场景"面板,可以管理和操作场景,用灰色光条表示当前场景。单击场景名称,将打开该场景为当前场景,如图 4-41 所示。

图 4-40　单击"编辑场景"按钮转换场景

图 4-41　"场景"面板

(1) 添加场景:在当前场景下方添加新的场景。

(2) 重制场景:将当前场景复制为副本添加新的场景。

(3) 删除场景:删除当前场景。

在"场景"面板中,还可以进行如下的操作。

(1) 更改场景名称。双击场景名称,当名称反显时,可以编辑场景名称,在空白处单击鼠标或按 Enter 键确认更名。

(2) 更改场景顺序。上下拖动场景名称到新位置,将场景移动到指定的位置更改场景顺序。

提示:多个场景组成的影片是按"场景"面板中的场景顺序播放动画的。

执行菜单"视图"→"转到"命令,选择场景名称,可以打开所选择的场景。

【例 4-10】　制作由两个场景组成的影片。

动画情景:叉车从左侧移动到右侧消失后,轿车从右侧出现并移动到左侧。

(1) 新建文档。

(2) 新建两个元件,分别命名为"叉车"和"工程车",并分别在元件中导入叉车和工程车图片(素材\图片\PNG\"叉车.png"和"工程车.png")。

(3) 单击"场景 1"按钮,返回场景。将元件"库"中的元件"叉车"拖动到"图层_1"的第 1 帧。在第 20 帧插入关键帧,并创建传统补间动画。

(4) 右击"图层_1",在弹出的快捷菜单中选择"添加传统运动引导层"命令,添加"引导层"。在"引导层"的第 1 帧绘制一条曲线路径。将第 1 帧中的叉车实例拖动到曲线的左端,第 20 帧中的叉车实例拖动到曲线的右端,制作引导线动画,如图 4-42 所示。

图 4-42　在"场景 1"制作引导线动画

（5）执行菜单"插入"→"场景"命令,插入新的场景"场景 2",并打开"场景 2"。

提示：插入新的场景后,将当前场景自动切换为新插入的场景。

（6）将元件"库"面板中的元件"工程车"拖动到"图层_1"的第 1 帧,在第 20 帧插入关键帧,并创建传统补间动画。

（7）右击"图层_1",在弹出的快捷菜单中选择"添加传统运动引导层"命令,添加"引导层"。在"引导层"的第 1 帧绘制一条曲线路径。将第 1 帧中的工程车实例拖动到曲线的右端,第 20 帧中的工程车实例拖动到曲线的左端,制作引导线动画,如图 4-43 所示。

图 4-43　在"场景 2"制作引导线动画

（8）测试影片。先播放叉车的动画,后播放工程车的动画。

提示：在"场景"面板中,将"场景 2"拖动到"场景 1"上方,调整场景顺序后,测试影片。影片先播放工程车的动画,后播放叉车的动画,如图 4-44 所示。

在"场景"面板中,双击"场景 1",使名称处于编辑状态,输入新的场景名称"叉车",更改场景名称。同样的方法,可以将"场景 2"更名为"工程车",如图 4-45 所示。

图 4-44　调整场景顺序

图 4-45　重新命名场景

在"场景"面板中,单击选择"叉车"时,当前场景转换为"叉车";单击选择"工程车"

时，当前场景转换为"工程车"。

思考题

1. 什么是引导线动画？引导图层和被引导图层有什么不同？
2. 制作引导线动画的步骤是什么？
3. 如何制作文字路径？
4. 如何利用引导线动画制作画线或写字效果动画？
5. 常用的制作引导线路径的方法有哪些？
6. 如何制作沿路径转动方向的动画效果？

操作题

1. 制作沿着起伏不平路面行驶的汽车动画。

提示：沿着路面制作引导线动画，设置"调整到路径"。

2. 制作雪花（或花瓣、树叶）飘落的动画。

提示：雪花（或花瓣、树叶）沿着曲线路径从上往下飘落，用"铅笔工具"绘制有回绕的路径，飘落显得更轻盈。

3. 制作一个气泡从水中上升的动画。

提示：水中气泡沿着曲线路径从下往上升起。

4. 在一个图层中创建若干个关键帧，并在关键帧的舞台上添加内容。将该图层转换为引导层，查看播放效果。

5. 制作杂技表演中的滚筒动画。滚筒在小板上来回移动，同时小板在两端交替上下运动。

提示：利用圆弧引导线制作运动引导线动画。

第 5 章　补间动画

内容提要

本章主要介绍了利用补间动画制作几种基本动画（移动、缩放、倾斜、旋转、颜色、透明度和 3D 旋转）的方法，利用动画编辑器制作和控制动画的基本方法，帧相关概念及操作。

学习建议

首先掌握制作简单动画的基本方法，不要在制作动画元素上花费过多的精力和时间；初步理解利用时间轴和动画编辑器制作补间动画的方法；逐步掌握制作复杂动画的方法。

5.1　制作补间动画的要素

Animate 支持"补间动画""传统补间"两种不同类型的补间动画。其中，"传统补间"是早期版本 Flash 中创建的补间动画，提供了一些用户可能希望使用的某些特定功能。"补间动画"是 Animate 增加的创建补间动画的方法，可对补间动画进行最大程度的控制，提供了更多的补间控制。

Animate 中，传统补间动画是利用一个图层的两个关键帧制作一个动画片段的。而补间动画中，每个动画的起始帧（默认是第 1 帧）是"关键帧"，其他更改实例属性的帧叫作"属性关键帧"。

【例 5-1】　用补间动画制作一个简单的动画。

动画情景：叉车从左侧沿着曲线移动到右侧。

（1）新建 ActionScript 3.0 文档。

（2）新建"影片剪辑"类型元件，命名为"叉车"。在元件编辑窗口中导入图片（素材\图片\PNG\叉车.png）。

（3）单击"场景 1"按钮，返回到场景。

（4）创建关键帧。将元件"叉车"拖动到"图层_1"第 1 帧舞台的左侧，如图 5-1 所示。

（5）创建补间动画。右击"图层_1"第 1 帧或第 1 帧中的实例，在弹出的快捷菜单中选择"创建补间动画"命令（见图 5-2），创建补间动画，如图 5-3 所示。

提示：在一个图层执行"创建补间动画"命令后，该图层添加了补间动画，并将图层的图标更改为补间动画标识。

图 5-1　创建关键帧

(a) 选择实例创建补间动画　　(b) 选择帧创建补间动画

图 5-2　在快捷菜单中选择"创建补间动画"命令

图 5-3　创建补间动画后的时间轴

执行创建补间动画命令,将默认创建 24 个帧(添加了 23 个帧)的动画片段,通过插入帧可以延长动画帧,也可以用鼠标左键按住结束帧左右拖动,可以修改补间的帧数。

Animate 默认的动画播放帧频为每秒 24 帧,因此创建的动画片段的时间为 1 秒。

创建的补间动画片段,除了第 1 帧是关键帧外,其他帧均为普通帧。

(6) 创建属性关键帧。单击选择第 24 帧(或将播放头移动到第 24 帧),将该帧中的实例拖动到舞台的右侧,创建"位置"属性关键帧,如图 5-4 所示。

图 5-4　拖动结束帧中的实例创建"属性关键帧"

提示:拖动实例更改实例的位置属性,在结束帧创建了"属性关键帧"(用小菱形"◆"表示)。同时,显示了带点的线段,该线段是实例移动的路径。

（7）修改移动路径。单击"工具"面板中的"选择工具"按钮，然后将鼠标指向路径，当指针下方出现弧线标志时，按住鼠标左键拖动，修改移动路径，如图 5-5 所示。

图 5-5　用"选择工具"修改路径

（8）测试影片。

提示：在一个图层制作补间动画的 3 个要素如下。

（1）创建关键帧。在关键帧中创建实例，并创建补间动画。

（2）创建属性关键帧。根据动画需要创建动画片段的开始属性关键帧和结束属性关键帧。

（3）设置属性。在属性关键帧中设置实例的属性或帧的属性。

反复操作（2）和（3）可以添加实例的补间动画。

介于两个属性关键帧之间的所有帧中实例的属性均由 Animate 软件自动完成。

5.2　常用的几种基本动画

为了介绍几种基本动画的制作方法，创建一个文档，并将该文档保存为"补间原始文档"。

（1）新建文档。执行菜单"文件"→"新建"→"常规"→ActionScript 3.0→"确定"命令。工作区窗口布局选择"基本功能"。

（2）创建新元件。在"库"面板中，单击"新建元件"按钮，打开"创建新元件"对话框。在对话框的"名称"文本框中输入"叉车"，"类型"选择"影片剪辑"，单击"确定"按钮，打开元件"叉车"编辑窗口。

（3）执行菜单"文件"→"导入"→"导入到舞台"命令，打开"导入"对话框，选择图片（素材\图片\PNG\叉车.png），单击"打开"命令，将图片导入元件编辑窗口。

（4）单击"场景 1"按钮，返回到场景，保存文档。执行菜单"文件"→"保存"或"另存为"命令，打开"另存为"对话框。

在对话框中，选择工作目录，在"文件名"文本框中输入文件名"补间原始文档"，单击"保存"按钮，保存文档。

5.2.1　移动位置的动画

【**例 5-2**】　用补间动画制作移动位置的动画。

动画情景：叉车沿着三角形路径移动并回到原来的位置。

（1）新建文档。打开文档"补间原始文档"，另存为"补间移动位置动画"。

（2）创建实例。选择"图层_1"的第 1 帧，将元件"库"面板中的元件"叉车"拖动到舞台左下方。

（3）创建补间动画。右击"图层_1"的第 1 帧或第 1 帧中的实例，在弹出的快捷菜单中选择"创建补间动画"命令，创建补间动画。

（4）创建属性关键帧。右击第 30 帧，在弹出的快捷菜单中选择"插入关键帧"→"位置"命令，在第 30 帧创建"位置"属性关键帧，如图 5-6 所示。

图 5-6　插入属性关键帧

用同样的方法，分别在第 10 帧和第 20 帧创建"位置"属性关键帧，如图 5-7 所示。

图 5-7　创建 3 个"位置"属性关键帧

（5）调整实例的位置。将第 10 帧中的实例拖动到舞台的右下方，第 20 帧中的实例拖动到舞台的右上方，如图 5-8 所示。

图 5-8　创建三角形路径的补间动画

（6）测试影片。

5.2.2 缩放动画

【例 5-3】 用补间动画制作改变大小的动画。

动画情景：叉车从左侧移动到舞台中心（1～10 帧）放大到原来的 150％（10～20 帧），再缩小到原来大小（20～30 帧）后，移动到舞台右侧（30～40 帧）。

（1）打开文档"补间原始文档"，另存为"补间改变大小动画"。

（2）选择第 1 帧，将元件"库"中的元件"叉车"拖动到舞台左侧。

（3）在第 40 帧处插入帧，并创建第 1～40 帧的补间动画。

（4）单击选择第 10 帧，将实例横向拖动到舞台中心。

（5）右击第 10 帧，在弹出的快捷菜单中选择"插入关键帧"→"缩放"命令，插入"缩放"属性关键帧，如图 5-9 所示。

提示：选择第 10 帧后，移动实例的操作，将在第 10 帧创建"位置"属性关键帧。为设置第 10 帧开始的实例缩放，在第 10 帧插入"缩放"属性关键帧。

（6）在第 20 帧插入"缩放"属性关键帧，第 30 帧分别插入"位置"和"缩放"属性关键帧。选择第 40 帧，将实例拖动到舞台右侧，创建"位置"属性关键帧。

（7）选择第 20 帧或第 20 帧中的实例，执行菜单"修改"→"变形"→"缩放和旋转"命令，打开"缩放和旋转"对话框，将"缩放"设置为 150％，如图 5-10 所示。

图 5-9 插入属性关键帧

图 5-10 "缩放和旋转"对话框

（8）测试影片。完成动画的时间轴，如图 5-11 所示。

图 5-11 完成动画的时间轴

提示：创建属性关键帧时，可以选择添加"全部"属性，也可以指定需要更改实例的某一种属性（位置、缩放、旋转等）。

执行菜单"插入"→"时间轴"→"关键帧"命令或按功能键 F6，可以插入"全部"属性关键帧。

5.2.3 倾斜动画

【例 5-4】 用补间动画制作倾斜变形的动画。

动画情景：叉车从左侧移动到舞台中心（1～10 帧），倾斜变形（10～20 帧），再变形恢复为原始状态（20～30 帧）后，移动到舞台右侧（30～40 帧）。

（1）打开文档"补间原始文档"，另存为"补间倾斜动画"。

（2）选择"图层_1"的第 1 帧，将元件"库"中的元件"叉车"拖动到舞台左侧。

（3）在第 40 帧处插入帧，并创建第 1～40 帧的补间动画。

（4）单击选择"图层_1"的第 10 帧，将实例横向拖动到舞台中心，创建"位置"属性关键帧。

（5）右击第 10 帧，在弹出的快捷菜单中选择"插入关键帧"→"倾斜"命令，在第 10 帧添加"倾斜"属性关键帧。使用同样的方法，分别在第 20 帧和第 30 帧创建"倾斜"属性关键帧。

（6）选择第 20 帧中的实例，执行菜单"窗口"→"变形"命令。在打开的"变形"面板中，"倾斜"设置为水平倾斜 45°，如图 5-12 所示。

图 5-12 设置为水平倾斜 45°

提示：也可以利用"任意变形工具"，将第 20 帧中的实例进行变形。

（7）选择右击第 30 帧，在弹出的快捷菜单中，选择"插入关键帧"→"位置"命令，在属性关键帧添加"位置"属性。

（8）选择第 40 帧，将实例横向拖动到舞台的右侧。

（9）测试影片。

提示：制作一段改变某一属性的动画时，分别在动画片段的起止属性关键帧中添加要改变的属性。

5.2.4 旋转动画

【例 5-5】 用补间动画制作旋转的动画。

动画情景：叉车从左侧移动到舞台中心（1～10 帧），顺时针旋转 180°（10～20 帧），再逆时针旋转 180°(20～30 帧)后,移动到舞台右侧(30～40 帧)。

(1) 打开文档"补间原始文档",另存为"补间旋转动画"。

(2) 选择"图层_1"的第 1 帧,将元件"库"中的元件"叉车"拖动到舞台左侧。

(3) 在第 40 帧处插入帧,并创建第 1～40 帧的补间动画。

(4) 选择"图层_1"的第 10 帧,将实例横向拖动到舞台中心,创建"位置"属性关键帧。

(5) 右击第 10 帧,在弹出的快捷菜单中选择"插入关键帧"→"旋转"命令,在第 10 帧添加"旋转"属性关键帧。同样的方法,分别在第 20 帧和第 30 帧创建"旋转"属性关键帧。

(6) 选择第 20 帧中的实例,执行菜单"窗口"→"变形"命令,在打开的"变形"面板中"旋转"设置为 180°,如图 5-13 所示。

(7) 右击第 30 帧,在弹出的快捷菜单中选择"插入关键帧"→"位置"命令,在属性关键帧添加"位置"属性。

(8) 选择第 40 帧,将实例横向拖动到舞台的右侧。

(9) 测试影片。

提示:选择补间动画帧后,打开"属性"面板,在"旋转"选项组也可以设置旋转,如图 5-14 所示。补间动画"属性"面板中设置的旋转,是从关键帧到动画结束帧的旋转,中间"旋转"属性帧将被清除。如果在中间需要设置旋转"属性"关键帧,则要重新创建"属性"关键帧,并设置旋转。

图 5-13 "变形"面板

图 5-14 在补间动画"属性"面板中设置旋转

5.2.5 变化颜色的动画

【例 5-6】 用补间动画制作变化颜色的动画。

动画情景:叉车从左侧移动到舞台中心(1～10 帧),变化颜色(10～20 帧),再恢复到原颜色(20～30 帧)后,移动到舞台右侧(30～40 帧)。

(1) 打开文档"补间原始文档",另存为"补间变化颜色动画"。

(2) 选择"图层_1"的第 1 帧,将元件"库"中的元件"叉车"拖动到舞台左侧。

(3) 在第 40 帧处插入帧,并创建第 1～40 帧的补间动画。

(4) 单击选择"图层_1"的第 10 帧,将实例横向拖动到舞台中心,创建"位置"属性关键帧。

（5）右击第 30 帧，插入"位置"属性关键帧。选择第 40 帧，将实例横向拖动到舞台右侧。

（6）在舞台上选择实例"叉车"后，打开实例"属性"面板，在"色彩效果"选项组的"样式"列表框中选择"高级"，为实例添加颜色属性。

（7）分别选择第 10 帧、20 帧和 30 帧，插入"颜色"属性关键帧。选择第 20 帧中的实例，打开实例"属性"面板，在"色彩效果"选项组的"样式"列表框中选择"高级"，将"红"和"蓝"设置为 0％、"绿"设置为 100％，如图 5-15 所示。

提示：制作变化颜色的补间动画时，首先要为实例添加颜色属性。

（8）测试影片。

5.2.6 改变透明度的动画

【例 5-7】 用补间动画制作改变透明度的动画。

动画情景：叉车从左侧移动到舞台中心（1～10 帧），逐渐透明（10～20 帧），再逐渐恢复透明度（20～30 帧）后，移动到舞台右侧（30～40 帧）。

（1）打开文档"补间原始文档"，另存为"补间改变透明度动画"。

（2）选择"图层_1"的第 1 帧，将元件"库"中的元件"叉车"拖动到舞台左侧。

（3）在第 40 帧处插入帧，并创建第 1～40 帧的补间动画。

（4）单击选择"图层_1"的第 10 帧，将实例横向拖动到舞台中心，创建"位置"属性关键帧。

（5）右击第 30 帧，插入"位置"属性关键帧。选择第 40 帧，将实例横向拖动到舞台右侧，创建"位置"属性关键帧。

（6）在舞台上选择实例"叉车"后，打开实例"属性"面板，在"色彩效果"选项组的"样式"列表框中选择"高级"，为实例添加颜色属性。

（7）分别选择第 10 帧、20 帧和 30 帧，插入"颜色"属性关键帧。选择第 20 帧中的实例，打开实例"属性"面板，在"色彩效果"选项组的"样式"列表框中选择"高级"，将 Alpha 设置为 0％，如图 5-16 所示。

图 5-15 设置实例的颜色

图 5-16 设置实例的透明度

提示：制作改变透明度的补间动画时，首先要为实例添加颜色属性。

（8）测试影片。

5.2.7　使用滤镜

使用滤镜，可以为文本、按钮和影片剪辑增添丰富的视觉效果。

【例5-8】　为补间动画添加模糊效果。

动画情景：叉车从左侧移动到舞台中心（1～10帧），逐渐模糊（10～20帧），再逐渐恢复清晰（20～30帧）后，移动到舞台右侧（30～40帧）。

（1）打开文档"补间原始文档"，另存为"添加模糊效果的动画"。

（2）选择"图层_1"的第1帧，将元件"库"中的元件"叉车"拖动到舞台左侧。

（3）在第40帧处插入帧，并创建第1～40帧的补间动画。

（4）单击选择"图层_1"的第10帧，将实例横向拖动到舞台中心，创建"位置"属性关键帧。

（5）右击第30帧，插入"位置"属性关键帧。选择第40帧，将实例横向拖动到舞台右侧，创建"位置"属性关键帧。

（6）在舞台上选择实例"叉车"后，打开实例"属性"面板，在"滤镜"选项组中单击"添加滤镜"按钮列表框选择"模糊"，为实例添加模糊滤镜，并将"模糊X""模糊Y"设置为0像素。

（7）分别选择第10帧、20帧和30帧，插入"滤镜"属性关键帧。选择第20帧中的实例，打开实例"属性"面板，在"滤镜"选项组的"模糊"列表框中"模糊X""模糊Y"设置为40像素，如图5-17所示。

提示：为补间动画添加滤镜效果时，首先要为实例添加滤镜属性。为实例添加滤镜时，先不添加效果，将参数设置为0，创建属性帧时，再设置参数。

（8）测试影片。

图5-17　设置实例的模糊滤镜

5.2.8　3D旋转动画

3D旋转动画除了可以在XY平面转动外，还可以绕Y轴或X轴或任何方向旋转。3D旋转动画需要ActionScript 3.0的支持。

【例5-9】　3D旋转动画。

动画情景：卡通图片绕中心竖直轴（Y轴）旋转。

（1）新建ActionScript 3.0文档。

（2）新建"影片剪辑"类型元件，命名为"卡通"，在元件编辑窗口中导入图片（素材\图片\PNG\男孩_01.png），并将图片中心对齐编辑窗口中心。

提示：选择对象，执行菜单"窗口"→"对齐"命令，打开"对齐"面板，选中"与舞台对齐"复选框，并单击"水平中齐"和"垂直中齐"按钮，可以将对象对齐编辑窗口中心，如图 5-18 所示。

菜单"修改"→"对齐"的子菜单中，也可以找到相应的对齐命令。

（3）返回到场景。将"库"中的"卡通"元件拖动到舞台，并将该实例对齐舞台中心。

提示：此时，场景只有一个图层"图层_1"，该图层中只有一个关键帧第 1 帧。

（4）在第 30 帧插入帧，并创建补间动画。

（5）单击第 30 帧或该帧中的实例，执行菜单"窗口"→"变形"命令，打开"变形"面板，将"3D 旋转"选项组中的 Y 设置为 359°，如图 5-19 所示。

图 5-18　"对齐"面板　　　　　　　　图 5-19　"变形"面板

提示：因为若 Y 值输入 360°，自动变更为 0°，因此，用 359°来表示旋转一周。

（6）测试影片。完成动画的场景，如图 5-20 所示。

5.2.9　对补间动画应用缓动

为了产生更逼真的动画效果，可对补间动画应用缓动。

选择补间动画帧后，打开"属性"面板，在"缓动"选项组中设置"缓动值"，如图 5-21 所示。

图 5-20　完成动画的场景　　　　　　图 5-21　设置缓动强度

"缓动值"可以选择 −100~100 中的一个值。正值是动画由快逐渐减速变化，负值是动画由慢逐渐加速变化。

5.2.10 显示路径的补间动画

补间动画有自己的运动路径,通过编辑修改运动路径,制作出不同的移动动画效果。

【例5-10】 显示并沿着路径方向旋转的补间动画。

动画情景:叉车沿着路径行驶中,根据路径起伏改变叉车运行角度为切线方向。

(1)打开文档"补间原始文档",另存为"显示路径的补间动画"。

(2)单击"场景1"按钮,返回到场景。将图层"图层_1"更名为"弧线",在第1帧绘制弧线,并在第30帧插入帧,锁定该图层,如图5-22所示。

图5-22 在图层"弧线"绘制曲线

(3)插入新图层,命名为"叉车",并将元件"叉车"拖动到该图层的第1帧。

(4)在舞台中,选择叉车实例后,执行菜单"修改"→"变形"→"任意变形"命令,使实例处于变形编辑状态。将实例变形中心移动到叉车的两个轮子下端连接线的中间位置,如图5-23所示。

图5-23 调整实例中心位置

提示:在"工具箱"中选择"任意变形工具"后,单击实例也能使实例处于变形状态。

补间动画中实例沿着路径移动时,是以实例变形中心"〇"为基准的。将中心移动到两个轮子下端中间,实现叉车走在路径上面的效果。

(5)在图层"叉车"上创建第1~30帧的补间动画。选择第1帧,将实例"叉车"的变形中心对齐到弧线的左端。选择第30帧,将实例"叉车"的变形中心对齐到弧线的右端,如图5-24所示。

(6)在图层"叉车"上用"选择工具"拖动动画路径,使其接近图层"弧线"中的弧线,如

图 5-24　动画起止帧中的实例变形中心分别对齐到弧线两端

图 5-25 所示。

图 5-25　调整补间动画路径

（7）在图层"叉车"上选择补间动画中的任意一帧，打开"属性"面板，在"旋转"选项组中选中"调整到路径"复选框，用"任意变形工具"调整实例的方向，如图 5-26 所示。

图 5-26　调整实例的方向

（8）测试影片。

提示：如果要调整补间动画的运动路径，插入"位置"属性关键帧后，在该帧可以利用"部分选取工具"调整路径。

5.3 动画编辑器

利用"动画编辑器"可以查看和更改所有补间属性及其属性关键帧。它还提供了向补间添加特效的功能,从而制作出多种多样的补间动画效果。"动画编辑器"允许以多种不同的方式来控制补间。

注意:对于多种常见类型的简单补间动画,动画编辑器的使用是可以选择的。动画编辑器旨在轻松创建比较复杂的补间动画,不适用于传统补间动画。

5.3.1 动画编辑器面板

在时间轴中创建补间动画后,双击要调整的补间动画范围,或者右击该补间范围,在弹出的快捷菜单中,选择"调整补间"命令,打开"动画编辑器"面板,如图 5-27 所示。

图 5-27 "动画编辑器"面板

1. 属性曲线

动画编辑器使用二维图形(称为属性曲线)表示补间的属性,这些图形合成在动画编辑器的一个网格中,每个属性有其自己的属性曲线,横轴(从左至右)为时间,纵轴为属性值的改变,如图 5-28 所示。

可以通过在动画编辑器中编辑属性曲线来操作补间动画,从而对补间进行精确控制,还可以通过添加属性关键帧或锚点来操作属性曲线。

提示:动画编辑器只允许编辑那些在补间范围中可以改变的属性。例如,"渐变斜角"滤镜的品质属性在补间范围中只能被指定一个值,因此不能使用动画编辑器来编辑它。

2. 锚点

通过锚点可以对属性曲线的关键部分进行修改,更好地控制属性曲线,从而控制对

图 5-28　属性曲线

补间的行为。锚点在网格中显示为一个正方形,如图 5-29 所示。

3. 控制点

通过控制点可以平滑或修改锚点任一端的属性曲线,使用切线手柄可以修改控制点,如图 5-30 所示。

图 5-29　锚点

图 5-30　控制点

提示:按住 Alt 键单击控制点,将控制点更改为锚点。按住 Alt 键用鼠标左键向左或向右拖动锚点,将锚点更改为控制点。

4. 编辑属性曲线

在"动画编辑器"面板,选择要编辑的属性,可执行以下操作。

(1)使用锚点编辑属性曲线。

添加锚点:单击选择"添加锚点"按钮,然后单击属性曲线上所需帧添加锚点,或者双击曲线来添加一个锚点。

移动锚点:选择一个锚点,将其移动到网格中需要的位置,向左或向右水平拖动,可将属性关键帧移动到补间内的其他位置;向上或向下垂直拖动(或按上下箭头键),可改变实例的属性值。

删除锚点:选择一个锚点,然后按住 Ctrl 键单击鼠标。

(2)使用控制点编辑属性曲线。

选中锚点后,按住 Alt 键垂直拖动启用控制点。可以使用切线手柄修改曲线的形状,从而平滑角线段。

提示:按住 Alt 键垂直拖动锚点拉出手柄后,可以向右侧移动手柄;之后按住 Alt 键向左拖动锚点可以拉出手柄。

5.3.2 对属性曲线应用缓动

通过对补间动画应用缓动,可以改变属性值的变化速率,从而使动画效果更为自然。

在"动画编辑器"面板中,选择要应用缓动的属性,单击"添加缓动"按钮,打开"缓动"面板,如图 5-31 所示。

图 5-31 "缓动"面板

在"缓动"面板中,从左窗格选择一个预设,以应用预设缓动。在"缓动"中输入一个值,指定缓动强度。

在左窗格中,选择"自定义缓动"后,修改缓动曲线创建一个自定义的缓动。

单击"缓动"面板之外的任意位置关闭该面板。关闭面板后,"添加缓动"按钮将显示应用到属性的缓动的名称。

5.3.3 使用动画编辑器制作动画

【例 5-11】 利用动画编辑器制作旋转补间动画。

动画情景:叉车从左侧移动到舞台中心(1~10 帧),顺时针旋转 360°(10~20 帧)后,移动到舞台右侧(20~30 帧)。

(1) 打开文档"补间原始文档",另存为"使用动画编辑器制作旋转动画"。

(2) 选择"图层_1"的第 1 帧,将元件"库"中的"叉车"元件拖动到舞台左侧。

(3) 在第 30 帧处插入帧,并创建第 1~30 帧的补间动画。

(4) 选择"图层_1"的第 10 帧,将实例横向拖动到舞台中心,创建"位置"属性关键帧。

(5) 在第 20 帧插入"位置"属性关键帧后,选择第 30 帧,将实例横向拖动到舞台右侧。

(6) 选择"图层_1"中补间动画帧后,打开补间动画"属性"面板。在"旋转"选项组中的"旋转"设置为"1"次,"方向"设置为"顺时针",如图 5-32 所示。

提示:此时动画是叉车从舞台左侧移动到右侧,同时顺时针旋转一周。其中,第 10~20 帧部分,只做旋转不移动。

图 5-32 "补间动画"属性面板

（7）双击补间动画帧，打开"动画编辑器"面板。在左侧窗格中，选择属性"变换"→"旋转"→Z。在属性曲线的第10帧处添加锚点，按住Alt键单击锚点转换为角点（禁用控制点）。同样的方法，在第20帧添加锚点后转换为角点，如图5-33所示。

图5-33 "旋转"属性曲线添加锚点

提示：此时，旋转属性曲线，在第1帧的值是0（角度），在第30帧的值是360（角度）。

（8）将"旋转"属性曲线第10帧的锚点向下拖放到0；第20帧的锚点向上拖放到360，如图5-34所示。

图5-34 调整属性曲线的锚点

（9）测试影片。

5.4 动画实例

【**例5-12**】 基本动画的组合。

动画情景：叉车从舞台左侧移动到舞台中央后（1～10帧），顺时针旋转同时逐渐放大（10～25帧），然后透明度逐渐减小到0（25～40帧），再逐渐增加到100（40～55帧），之后逆时针旋转同时逐渐缩小到原来状态（55～70帧），最后移动到舞台的右侧（70～80帧）。

（1）打开文档"补间原始文档"，另存为"基本动画的组合"。

（2）在"场景1"，将"叉车"元件拖动到"图层_1"第1帧舞台的左侧，在第80帧处插入帧，并创建补间动画。

（3）选择"图层_1"的第10帧，将实例横向拖动到舞台中心，创建"位置"属性关键帧。

（4）选择第70帧插入"位置"属性关键帧后，选择第80帧将实例横向拖动到舞台右侧。

（5）分别在第 10 帧、第 25 帧、第 55 帧和第 70 帧插入"旋转"属性关键帧。

（6）在"图层_1"，双击补间动画帧打开"动画编辑器"面板后，选择"变换"→"旋转"→
Z 属性，如图 5-35 所示。

图 5-35　"动画编辑器"面板

（7）在"动画编辑器"面板，将第 25 帧处的锚点垂直向上拖动到 360 处。

提示：按住 Shift 键拖动锚点，可以垂直拖动。

为了准确拖动到 360 处，可以将属性曲线放大显示（如 400%）后拖动。

（8）用同样的方法，将第 55 帧处的锚点垂直向上拖动到 360 处，如图 5-36 所示。

图 5-36　调整旋转属性曲线

（9）分别在第 10 帧、第 25 帧、第 55 帧和第 70 帧插入"缩放"属性关键帧。

（10）分别选择第 25 帧和第 55 帧中的实例放大 150%。

（11）选择第 40 帧，选择实例打开"属性"面板。在"色彩效果"选项组中的"样式"列
表框中选择 Alpha，并设置为 0，如图 5-37 所示。

图 5-37　设置实例的透明度

（12）分别选择第 25 帧和第 55 帧中的实例，在"属性"面板中将 Alpha 设置为 100%。

（13）测试影片。最终场景如图 5-38 所示。

图 5-38　完成动画的场景

提示：在"属性"关键帧中，设置实例属性的方法有两种：第一种方法是，在"动画编辑器"面板中，调整相应属性曲线的锚点位置；第二种方法是，选择"属性"关键帧中的实例后，在"属性"面板或用其他方法设置实例的属性。

图 5-39　查看关键帧

属性关键帧中，属性的变化是彼此独立的。在补间动画范围内，可以选择查看特定属性的关键帧。在时间轴中右击补间动画帧，在快捷菜单中选择"查看关键帧"，从列表中选择要查看的属性。也可以选择"全部"或"无"，以查看所有的属性或不查看任何属性，如图 5-39 所示。

5.5　补间动画中帧的操作

补间动画和传统补间动画中有关帧的概念和操作是有区别的。补间动画中帧的类别，如图 5-40 所示。

图 5-40　补间动画帧的类别

1. 关键帧

补间动画中，只有动画的第一帧是关键帧，在帧格中用黑色实心圆点表示。关键帧用于存放实例及其属性。

2. 属性关键帧

在补间动画中记录实例属性及其值的帧称为属性关键帧,在帧格中用菱形的小黑块表示。属性关键帧用于存储动画实例的属性及其值。

3. 创建属性关键帧

更改选择帧中实例的属性,可以创建属性关键帧。创建属性关键帧有以下几种方法。

(1) 右击补间动画片段指定的帧,在弹出的快捷菜单中选择"插入关键帧"子菜单中的一个属性。

(2) 选择补间动画片段指定帧中的实例后,更改该实例的属性(如在"属性"面板)。

(3) 打开"动画编辑器"面板,选择属性曲线,在指定帧添加锚点。

(4) 选择补间动画片段指定帧中的实例后,执行菜单"插入"→"时间轴"→"关键帧"命令或按 F6 功能键,可以插入全部属性关键帧。

提示:只有创建补间动画帧才能创建属性关键帧。

4. 选择帧

单击帧可以选择一个帧。有时单击补间动画帧选择的是动画片段所有帧,而不是选择的帧,此时,按住 Ctrl 键单击帧,或单击其他位置后再单击帧,可以选择一个帧。

5. 清除属性关键帧

选择属性关键帧后,单击鼠标右键,在打开的快捷菜单中选择"清除属性关键帧"子菜单中的"全部"或者一种属性(如位置)命令,可以清除属性关键帧或者此属性;选择"删除帧"命令也可清除属性关键帧。如果选择"清除帧"命令,将属性关键帧转换为空白关键帧,同时在左侧帧创建新的属性关键帧,右侧帧创建关键帧。

6. 选择/移动补间动画片段

单击或双击动画帧,选择补间动画片段所有帧后,按住鼠标拖动,可以移动动画帧。

7. 调整补间动画的起止帧

将鼠标指向补间动画片段的起始帧(关键帧)(见图 5-41(a))或指向结束帧(见图 5-41(b)),指针变为双箭头时,按住鼠标拖动,可以调整补间动画的起止帧的位置(见图 5-41(c)),从而调整补间动画的长短。

(a)　　　　　　　　　　(b)　　　　　　　　　　(c)

图 5-41　调整补间动画的起止帧

思考题

1. 如何创建补间动画?如何调整补间动画的补间范围?

2. 关键帧与属性关键帧的主要区别有哪些?属性关键帧会记录实例的哪些属性

及值？

3. 在什么情况下才可以插入或创建属性关键帧？

4. 如何编辑修改补间动画中路径的形状、宽高等？

5. 创建补间动画与创建传统补间动画有何主要区别？

6. 用动画编辑器可以制作哪些补间动画效果？提示：位置、变换色彩效果和缓动。

7. 用动画编辑器中的基本动画可以制作实例的哪几种属性动画？提示：与实例属性面板相比较。

8. 如何在动画编辑器中将缓动效果添加到动画中来？

9. 在动画编辑器中无论制作哪种动画效果是否都可通过编辑曲线来达成？

10. 只有在哪种动画类型才可用动画编辑器制作动画效果？

操作题

1. 制作乒乓球斜射到墙上反射回弹的动画。

提示：在元件库创建两个影片剪辑元件，一个元件中绘制乒乓球，另一个元件中绘制垂直的墙面。在场景的"图层_1"的第1帧拖动元件"墙"，在第40帧插入帧。在场景中创建新图层"图层_2"，将乒乓球元件拖动到第1帧，并创建补间动画。分别在第20帧、第40帧插入"位置"属性关键帧，将第20帧的乒乓球拖动到墙面，调整第1帧和第40帧乒乓球的位置。

2. 制作图片从左侧快速移入舞台中央，稍停片刻的同时，转动360°，然后再由慢到快逐渐消失从右侧退出舞台。

提示：导入一张图片到舞台，调整大小，制作为影片剪辑元件。将元件拖动到舞台中，制作动画。利用帧属性面板或实例设置旋转，用实例的透明度（Alpha值）设置逐渐消失。选择补间动画帧，在"属性"面板中设置"缓动"。

3. 用补间动画制作乒乓球落地弹起、又落地又弹起的动画效果。

提示：创建一个元件，在元件中绘制乒乓球。在场景的"图层_1"的第1帧，拖放乒乓球元件，并创建乒乓球实例的补间动画。添加若干个属性帧，调整属性帧中乒乓球的位置，制作乒乓球的弹跳。根据需要适当延长动画帧。

4. 用动画编辑器制作第3题中乒乓球弹起降落的缓动动画效果。

提示：删除第3题中的补间动画，制作球从左下角移动到右上角的补间动画。双击补间动画帧打开动画编辑器，选择"位置"Y后，单击"添加缓动"按钮，添加"回弹"缓动效果。

5. 用动画编辑器制作第4题中乒乓球落地弹起的动画效果，落地时球压扁。

提示：参照第4题，选择"位置"Y后，单击"添加缓动"按钮，打开"缓动"面板，选择"自定义"制作缓动曲线。舞台中，Y轴的正向向下，"缓动"面板中Y轴正向向上。

制作完弹跳动画后，在落地、弹回顶帧添加"缩放"属性关键帧，制作乒乓球落地Y方向压扁的动画效果。

第6章 补间形状、遮罩和逐帧动画

内容提要

本章介绍补间形状动画和遮罩动画的原理,制作补间形状动画和遮罩动画的方法;介绍逐帧动画的制作方法及其在动画设计中的应用。

学习建议

从制作补间形状动画、遮罩动画和逐帧动画的基本方法入手,理解补间形状动画、遮罩动画和逐帧动画的基本原理和制作方法。在动画制作中,常用到遮罩动画技术,制作出非常多的动画效果;在动画制作中逐步掌握应用遮罩动画效果的方法。

6.1 补间形状动画

补间形状动画(也叫变形动画)是 Animate 动画中非常重要的表现手法之一,运用它可以变化出各种奇妙的、不可思议的变形效果。

6.1.1 补间形状动画的制作

制作补间形状动画的三个要素如下。

(1)创建两个关键帧。在两个关键帧中分别绘制图形,或从元件"库"中拖动,还可以从外部导入图片,即两个关键帧中放置不同的对象。

(2)分离起止关键帧对应的对象。补间形状动画的两个关键帧中的对象要求是形状(分离状态)。

(3)创建补间形状动画。单击选择起始帧或起始帧与结束帧之间的任意帧,执行菜单"插入"→"补间形状"命令,创建补间形状动画。

【例 6-1】 简单的补间形状动画。

动画情景:一个圆逐渐变化为矩形。

(1)新建 ActionScript 3.0 文档。

(2)选择"图层_1"的第 1 帧,在舞台上绘制一个圆,如图 6-1 所示。

(3)在第 10 帧插入空白关键帧,并在该帧的舞台上绘制一个正方形,如图 6-2 所示。

(4)用鼠标选择"图层_1"的第 1 帧(动画片段的起始帧),执行菜单"插入"→"补间形状"命令,创建补间形状动画,如图 6-3 所示。

图6-1　在第1帧绘制一个圆

图6-2　在第10帧绘制一个正方形

提示：补间形状动画片段帧的背景色为淡绿色，并显示一个实线箭头。

右击起始帧或起始帧与结束帧之间的任意帧，在弹出的快捷菜单中，选择"创建补间形状"命令，也可以创建补间形状动画。

选择动画开始的形状对象后，执行菜单"插入"→"补间形状"命令，或右击开始的形状对象，在弹出的快捷菜单中选择"创建补间形状"命令，也可以创建补间形状动画。

（5）测试影片。

补间形状动画的"属性"面板中的"补间"选项组有以下两个参数（见图6-4）。

图6-3　创建的补间形状动画

图6-4　形状动画帧"属性"面板

① 缓动：在"缓动效果"列表框中可以选择预置的缓动类型，单击"编辑缓动"按钮，打开"自定义缓动"对话框编辑缓动曲线。

缓动变化速度范围为-100～100。正数表示对象变化由快到慢，负数表示对象变化由慢到快，默认值为0，表示对象做匀速变化。

② 混合：有以下两个选项。

分布式：用于将中间帧的形状过渡得更加随意。

角形：用于将中间帧的形状保持关键帧上图形的棱角。此模式适用于有尖锐棱角的图形变换，否则自动地将此模式变回分布式。

提示：也可以利用插入关键帧来创建补间形状动画片段的结束帧，再对该关键帧中的对象进行修改形状。但要记住，起止帧中的实例必须是分离状态的。

6.1.2　对补间形状应用缓动

选择补间形状动画中的一个帧，打开帧"属性"面板，在"补间"选项组的"缓动"中输入一个值设置缓动。若要在补间开始处缓动,输入负值;若要在补间结束处缓动,输入正值。

也可以在"缓动效果"列表框中选择预设,双击将其应用于补间形状,还可以将自定义缓动应用于形状补间。

6.1.3　使用形状提示

补间形状动画除两个关键帧外,其他过渡帧由 Animate 软件"计算"生成。当两个关键帧中的对象形状差异较大时,变形过程会显得很乱。在动画片段起止帧中的形状添加"形状提示",可以使动画的变形过渡按一定的规则进行,从而有效地控制变形过程。

1. 添加形状提示的方法

【例 6-2】　添加"形状提示"的补间形状动画。

动画情景:补间形状动画按照提示点有规律地变形。

(1)按照例 6-1 的方法制作补间形状动画,如图 6-5 所示。

图 6-5　添加形状提示前的起止帧

(2)单击补间形状动画起始帧,选择舞台中的形状,执行菜单"修改"→"形状"→"添加形状提示"命令,将在该帧对应的形状图形上添加一个带圆圈的红色字母"形状提示"。同时,在结束帧的形状图形上也会添加一个"形状提示",用鼠标分别拖动这两个"形状提示"到形状图形边线的适当位置,拖动成功后起始帧上的"形状提示"变为黄色,结束帧上的"形状提示"变为绿色,如图 6-6 所示。

(a) 调整形状提示点前的起止帧　　　　(b) 调整形状提示点后的起止帧

图 6-6　调整形状提示点前后的起止帧

(3)测试影片。

提示：拖动不成功或不在一条曲线上时，"形状提示"的颜色不变。

选中"选择工具"的选项"贴紧至对象"功能，能够方便地调整提示点。

同样的方法可以添加多个形状提示点，形状提示点标志按照 a、b、c、…的顺序编号。

打开有形状提示的动画文档时，可能不显示"形状提示"，执行菜单"视图"→"显示形状提示"命令，显示"形状提示"。

在舞台上单击形状图形对象时，将自动隐藏"形状提示"。

2．删除形状提示的方法

用鼠标单击补间形状动画的开始帧，执行菜单"修改"→"形状"→"删除所有提示"命令，即可删除所有的"形状提示"。

提示：右击起始帧中"形状提示"标志(鼠标指针显示"＋"时)，在弹出的快捷菜单中选择"删除提示"命令，可以删除该"形状提示"；选择"删除所有提示"命令，可以删除所有"形状提示"。

3．添加形状提示的技巧

(1)"形状提示"可以连续添加，最多可添加 26 个(a～z)。

(2)"形状提示"从形状的左上角开始按逆时针摆放时，形状提示会更有效。

(3)"形状提示"的摆放位置也要符合逻辑顺序。例如，起始帧和结束帧上各有一个三角形，添加 3 个"形状提示"。如果在起始帧的三角形上的顺序为 a、b、c，那么在结束帧的三角形上的顺序也应为 a、b、c，不应是 a、c、b 顺序。

(4)"形状提示"只有在形状的边缘才能起作用。在调整形状提示位置时，如果已打开"选择工具"的选项"贴紧至对象"功能，则会自动将"形状提示"吸附到边缘上。如果"形状提示"仍然无效，则可以放大舞台的显示比例，以确保"形状提示"位于形状的边缘上。

(5)执行菜单"视图"→"显示形状提示"命令，可以显示或隐藏"形状提示"。

提示：在制作复杂的变形动画时，形状提示点的添加和拖动要多方位尝试。每添加一个形状提示点，最好测试变形效果，然后进一步调整形状提示点的位置。

6.1.4　形状提示举例

【例 6-3】 添加形状提示举例。

动画情景：两个英文大写字母"A"分别变为英文大写字母"B"。其中，一个添加形状提示，另一个不添加形状提示，了解这两种变形的区别。

(1)新建 ActionScript 3.0 文档。

(2)创建变形对象。选择"图层_1"的第 1 帧，用"文本工具"在舞台的左侧输入英文字母"A"，字体设置为：Arial Black，150 磅，蓝色。

添加新图层"图层_2"，选择第 1 帧，在舞台的右侧输入英文字母"A"，参数同上，如图 6-7 所示。

(3)分别在两个图层的第 20 帧插入空白关键帧，并分别输入英文字母"B"，参数同上。位置分别与第 1 帧中的字母位置相同(可以利用辅助线)，如图 6-8 所示。分别在两个图层的第 30 帧插入帧，使变形后的文字停留。

图 6-7 两个图层的第 1 帧

图 6-8 两个图层的第 20 帧

（4）文本分离为形状。分别选择两个图层的第 1 帧和第 20 帧的字母，执行菜单"修改"→"分离"命令，将字母分离为形状。

（5）创建形状补间动画。分别在"图层_1"和"图层_2"创建补间形状动画。

（6）添加形状提示。选择"图层_2"的第 1 帧，执行菜单"修改"→"形状"→"添加形状提示"命令两次，在"图层_2"第 1 帧中的形状添加两个提示点。确认"选择工具"的选项"贴近至对象"按钮已打开，调整第 1、20 帧处的形状提示点，如图 6-9 所示。

（7）测试影片。可以看到形状提示点的作用，如图 6-10 所示。

图 6-9 添加形状提示的第 1 帧和第 20 帧

图 6-10 添加形状提示的变形过程

提示：形状提示点越多，动画效果就越细腻、越逼真。

6.2 遮罩动画

6.2.1 遮罩的制作方法

制作遮罩动画的三个要素如下。

（1）准备两个元件。

（2）将两个元件分别拖动到两个相邻图层。

（3）将上面图层转换为遮罩层。

【例6-4】 制作圆角图片。

动画情景：显示圆角矩形图片。

（1）新建 ActionScript 3.0 文档，舞台宽高设为 500×500px。

（2）创建两个元件，分别命名为"图片"和"矩形"。

在"图片"元件中，导入一张图片（素材\图片\JPG\风景_01.jpg）。

在"矩形"元件中，绘制一个圆角矩形，宽高为比舞台尺寸小。这里绘制 200×200px、边线为 5px 的红色、填充色设为灰色的圆角正方形。

提示：选择"矩形工具"后，打开"属性"面板，在"填充和笔触"选项组中，笔触颜色设置为红色，填充颜色设置为灰色，笔触大小设置为5；在"矩形选项"选项组中，"矩形边角半径"设置为20，在舞台上绘制圆角矩形。用"选择工具"拖动选择矩形（或用鼠标双击矩形）后，在"属性"面板中设置矩形宽高为 200×200px。

（3）返回场景。创建两个图层，上面图层命名为"遮罩"，下面图层命名为"图片"。

将两个元件"矩形"和"图片"，分别拖动到"遮罩"和"图片"图层的第 1 帧，并将两个实例相对舞台居中，如图 6-11 所示。

（4）将"遮罩"图层转换为遮罩层。右击"遮罩"图层，在弹出的菜单中选择"遮罩层"命令，将该图层转换为遮罩层，如图 6-12 所示。

图 6-11　两个元件分别拖动到两个图层

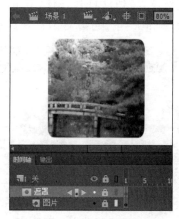

图 6-12　上面图层转换为遮罩层

提示：也可以右击"遮罩"图层，在快捷菜单中选择"属性"命令，在打开的"图层属性"对话框中选择"遮罩层"，将图层转换为遮罩层。

（5）测试影片。看到圆角的图片。

提示：遮罩效果是将上面图层（遮罩层）中的填充颜色（与具体颜色值无关）的区域变为透明，无填充颜色的区域变为非透明。

将图层转换为遮罩层后，遮罩层和被遮罩层的图标起了变化，而且被遮罩层的名称缩进。这表示该图层与遮罩层建立了连接。

一个图层拖动到遮罩层下方，可以使该图层与遮罩层建立连接而成为被遮罩层。

创建遮罩层后，遮罩层和被遮罩层将自动被锁定。如果解锁图层，则场景中看不到遮罩效果，但测试影片或发布的影片，遮罩还有效。解锁图层，可以调整舞台中遮罩区域和被遮罩对象的位置。

笔触(边线)色(如线条工具、铅笔工具、墨水瓶工具产生的对象)不能成为遮罩。如例 6-4 中,边线不起遮罩作用。但将线条或笔触对象转换成填充对象后可以做遮罩。选择要转换的笔触对象后,执行菜单"修改"→"形状"→"将线条转换为填充"命令,可以将笔触色转换为填充色。

6.2.2 几种常用的遮罩动画

在遮罩层或被遮罩层中创建移动、旋转、变形等动画,可以得到丰富多彩的动画效果。

1. 移动遮罩层的动画

【**例 6-5**】 移动遮罩层的动画。

动画情景:移动的圆中显示图片的各部分内容。

(1) 新建 ActionScript 3.0 文档,舞台宽高设为 800×600px,背景为白色。

(2) 创建两个元件,分别命名为"图片"和"圆"。

在元件"图片"中,导入图片(素材\图片\JPG\风景_03.jpg),并调整宽高为 800×600px。

提示:用"选择工具"选择图片后,在"属性"面板设置"宽"800px,"高"600px。

在元件"圆"中绘制一个无边框的圆(200×200px)。

(3) 返回到场景。创建两个图层,分别命名为"图片"和"圆"(图层"圆"在上面)。将"图片"和"圆"元件分别拖动到"图片"和"圆"图层的第 1 帧。

(4) 分别调整两个图层中实例的位置。在"图片"图层,将实例(图片)对齐舞台。在"圆"图层,将实例(圆)调整到舞台的一角。这里放置在舞台的左上角,如图 6-13 所示。

(5) 将"圆"图层转换为遮罩层,如图 6-14 所示。

图 6-13 调整实例在舞台的位置　　　　图 6-14 设置遮罩层

(6) 在"图片"图层(被遮罩层),第 40 帧插入帧(图片静止不动)。

(7) 将"圆"图层(遮罩层)解锁,并在第 40 帧插入帧,创建补间动画。分别在第 10 帧、第 20 帧、第 30 帧和第 40 帧插入"位置"属性关键帧,并调整各关键帧中圆的位置,如图 6-15 所示。

(8) 测试影片。锁定"圆"图层后的场景,如图 6-16 所示。

图 6-15　制作遮罩层的动画

图 6-16　完成动画的场景

提示：此例也可以用传统补间动画制作。

2. 移动被遮罩层的动画

【例 6-6】　移动被遮罩层的动画。

动画情景：固定的圆中显示图片的各部分内容。

（1）新建 ActionScript 3.0 文档，舞台宽高设为 800×600px。

（2）创建两个元件，分别命名为"图片"和"圆"。

在"图片"元件中，导入图片（素材\图片\JPG\风景_03.jpg）。

在"圆"元件中，绘制一个无边框的圆（200×200px）。

（3）返回到场景。创建两个图层，分别命名为"图片"和"圆"（"圆"图层在上面），分别将"图片"和"圆"元件拖动到"图片"和"圆"图层的第 1 帧。

（4）分别调整两个图层中实例的位置。在"圆"图层，将实例放置在舞台的中央；在"图片"图层，将图片中首先要显示的部分调整到圆的下方，如图 6-17 所示。

（5）将"圆"图层转换为遮罩层，如图 6-18 所示。

（6）在"圆"图层（遮罩层），第 40 帧插入帧（圆静止不动）。

（7）将"图片"图层（被遮罩层）解锁，在第 40 帧插入帧，并创建补间动画。分别在第 10 帧、第 20 帧、第 30 帧和 40 帧插入"位置"属性关键帧，并在各关键帧中将实例（图片）要显示的部分调整到圆的下方，如图 6-19 所示。

图 6-17 调整实例在舞台的位置

图 6-18 设置遮罩层

图 6-19 制作被遮罩层的动画

（8）测试影片。锁定"图片"图层后的场景，如图 6-20 所示。

图 6-20 完成动画的场景

3. 遮罩动画在图像显示中的应用

【例 6-7】 遮罩动画在图像显示中的应用。

动画情景：一个圆在一幅不清晰的图片上移动，圆所到之处能够看到清晰的图片内容。圆在移动过程中改变大小。

（1）新建 ActionScript 3.0 文档，舞台宽高设为 800×600px。

（2）创建 3 个元件，分别命名为"圆""图片""模糊"。

在"圆"元件中,绘制一个直径为150px的无边框填充色为任意单色的圆,相对舞台居中。

在"图片"元件中,导入图片(素材\图片\JPG\风景_03.jpg),宽高调整为800×600px,相对舞台居中。

制作"模糊"元件。在元件"库"面板中,右击"图片"元件,在弹出的快捷菜单中选择"直接复制"命令,打开"直接复制元件"对话框。在"名称"文本框中输入"模糊",单击"确定"按钮,创建"模糊"元件。

打开"模糊"元件的编辑窗口。插入新图层"图层_2",并在"图层_2"的第1帧绘制一个800×600px的无边线的灰色矩形。选择矩形并右击,在打开的快捷菜单中选择"转换为元件"命令,将矩形形状转换为实例,并将实例对齐舞台,选择矩形实例,打开"属性"面板,在"色彩效果"选项组的"样式"列表框中选择Alpha,并设置为50%。

提示:对元件的实例才能设置透明度。在舞台上绘制的图形是形状,形状转换为元件后,才能变成元件的实例。

"模糊"元件中的图片也可以用其他图片处理软件处理后导入,如"素材\图片\JPG\风景_07.jpg"。

(3)返回到场景,创建3个图层,从上到下分别命名为"圆""图片""模糊"。

选择"圆"图层的第1帧,将"圆"元件拖动到舞台。选择"图片"图层的第1帧,将"图片"元件拖动到舞台。选择"模糊"图层的第1帧,将"模糊"元件拖动到舞台。

(4)分别将"图片"和"模糊"图层中的实例对齐舞台,并分别在两个图层的第30帧插入帧(延长时间)。锁定"图片"和"模糊"图层。将"圆"图层中的实例拖动到舞台左上角,如图6-21所示。

图6-21　在"图片""模糊"图层插入帧后的场景

(5)在"圆"图层中,第30帧插入帧,并创建补间动画。选择第5帧,将实例(圆)移动到舞台的左下角;选择第10帧,将实例(圆)移动到要重点浏览的位置,并插入"缩放"属性关键帧;在第15帧插入"缩放"属性关键帧;在第20帧插入"缩放"属性关键帧;在第25帧分别插入"位置"和"缩放"属性关键帧;选择第30帧,将实例(圆)拖动到舞台的右下角。将第15、20帧中的实例(圆)放大200%,如图6-22所示。

提示:第5、10、25、30帧有移动动画,第10、15、20、25帧有缩放动画。其中,第15~20帧放大后不变化。因此相应的帧插入了相关的属性关键帧。也可以用动画编辑器处

图 6-22 在"圆"图层创建补间动画后的场景

理缩放动画。

（6）将"圆"图层转换为遮罩层。

（7）测试影片。为了在后面例子中使用此文档，保存文档。

提示：如果延长动画的帧，并增加关键帧，效果会更好。

此例也可以用传统补间动画制作。

4. 有边框线的遮罩动画

【例 6-8】 有边框线的遮罩动画。

动画情景：例 6-7 动画中遮罩层是一个圆，圆所到之处能清楚地显示图片。如果这个圆带边框，会得到更好的效果。

（1）打开例 6-7 中的文档。

（2）创建新元件。在元件"库"面板中右击"圆"元件，在快捷菜单中选择"直接复制"命令，创建新元件"圆框"。打开"圆框"元件的编辑窗口，用"墨水瓶工具"添加圆的边色（添加自己喜欢的颜色和粗细），用"选择工具"选择填充色，并清除填充色。

（3）单击"场景 1"按钮，返回到场景。在"圆"图层上方创建新图层，命名为"圆框"。

（4）在"圆"图层，拖动鼠标选择所有动画帧（1～30 帧），并复制所选择的帧。选择右击图层"圆框"的第 1 帧，在快捷菜单中选择"粘贴并覆盖帧"命令粘贴帧。

提示：也可以用"粘贴帧"命令粘贴帧。因为粘贴帧是插入帧，所以粘贴帧将增加图层中的帧，需要删除第 30 帧以后的多余帧。

此时，"圆框"图层的图标变换为"遮罩层"图标，这是因为粘贴帧时，除了粘贴帧的内容外，还粘贴了"遮罩层"的属性。

右击"圆框"图层，在快捷菜单中选择"遮罩层"命令，去掉其前面的对钩，或在此图层的"图层属性"对话框中选择"一般"类型，将遮罩层转换为一般图层。

提示：因为图层"圆框"中的圆覆盖了遮罩层中的圆，因此测试影片看不到遮罩效果。

（5）交换元件。将"圆框"图层中实例（圆）交换为"圆框"元件。

选择"圆框"图层中的一个关键帧（如第 1 帧），选择此帧中的实例，打开"属性"面版，单击"交换"按钮，打开"交换元件"对话框。在对话框中选择"圆框"元件，单击"确定"按钮，交换元件，如图 6-23 所示。

图 6-23　"交换元件"对话框

（6）测试影片。圆框跟随着遮罩圆移动，而且也跟着缩放大小，如图 6-24 所示。

图 6-24　最终场景

提示：制作有多个实例做相同动作的动画时，使用"交换元件"功能，可以节省时间。只要设置一个实例的动画，其他动画只要插入新图层后，复制帧、交换元件即可。

右击图层，在弹出的快捷菜单中选择"复制图层"命令，可以复制创建新图层。

传统补间动画也可以做同样的处理，但必须将所有关键帧中的实例逐个交换。

5. 矢量图做遮罩

【例 6-9】 矢量图做遮罩。

动画情景：显示矢量图轮廓内的图片内容。

（1）新建 ActionScript 3.0 文档。

（2）新建两个元件，分别命名为"图片""飞机"。

在"图片"元件中，导入图片（素材\图片\JPG\风景_01.jpg）。

在"飞机"元件中，导入矢量图（素材\图片\矢量图\飞机.ai）。

（3）打开"飞机"元件的编辑窗口，单击第 1 帧，选择舞台中的矢量图（也可以拖动鼠标选择矢量图），执行菜单"修改"→"分离"命令，将矢量图分离为形状。在形状被选择状态，用"颜料桶工具"单击形状填充单色，如图 6-25 所示。

（4）返回场景，创建两个图层。分别命名为"图片"和"遮罩"，"遮罩"图层在上，"图片"图层在下。

图 6-25　分离后填充单色

选择"图片"图层的第 1 帧，将"图片"元件拖动到舞台，并调整位置。

选择"遮罩"图层的第 1 帧,将"飞机"元件拖动到舞台,并调整位置,如图 6-26 所示。

(5) 将"遮罩"图层转换为遮罩层,如图 6-27 所示。

图 6-26 元件拖动到场景   图 6-27 遮罩效果

(6) 根据需要,可以制作遮罩层的动画或被遮罩层的动画。

提示:矢量图作为遮罩层中的遮罩区域要用单色填充。本例是将矢量图分离成形状后,填充单色得到填充色区域。

如果要用位图作为遮罩层中的遮罩区域,则要先处理图片(如清除背景等)。

6.3 逐帧动画

逐帧动画中的所有帧都是关键帧,适合于制作每一帧中的图像都在更改的复杂动画。创建逐帧动画时,先创建一个与前一帧内容完全相同的关键帧,再对该帧舞台中的对象按照动画的发展需求进行编辑、修改,使之与相邻帧中的同一对象有变化。如此重复进行,直到完成全部动画的帧。

【例 6-10】 会走的小女孩。

动画情景:小女孩从左侧走到右侧,并逐渐变大。

(1) 新建 ActionScript 3.0 文档。

(2) 新建"影片剪辑"类型元件,命名为"女孩"。打开"女孩"元件的编辑窗口,执行菜单"文件"→"导入"→"导入到舞台"命令,将 3 张女孩的图片分别导入 3 个连续的关键帧(素材\图片\PNG\女孩\女孩_01.png、女孩_02.png、女孩_03.png),如图 6-28 所示。

图 6-28 第 1 帧中的小女孩图片

提示：导入时，选择图片"女孩_01"后，可以直接导入文件名连续的图片，也可以将3张图片直接导入库，再将3张图片分别拖动到元件"女孩"的3个关键帧。

（3）单击"场景1"按钮，返回到场景，并将"女孩"元件拖动到舞台。在第40帧插入帧，并创建补间动画。将第1帧中的实例放置在舞台的左侧，并适当缩小，第40帧中的实例放置在舞台的右侧，并适当放大。

（4）测试影片。

提示：如果导入的位图有背景。可以在"女孩"元件的编辑窗口，逐帧清除背景色。将图片分离后，选择"魔术棒"工具（按住"套索工具"后，选择"魔术棒"），单击背景色选择背景色区域，按下 Delete 键清除背景色。

如果帧速率设置为 12fps，播放效果会更佳。

6.4　动画举例

6.4.1　导入动画为逐帧动画

【例 6-11】　导入 GIF 动画为逐帧动画。

动画情景：动态中的老鼠沿着曲线移动。

（1）新建 ActionScript 3.0 文档。

（2）新建"影片剪辑"类型元件，命名为"GIF"。在 GIF 元件编辑窗口，执行菜单"文件"→"导入"→"导入到舞台"命令，打开"导入"对话框。在对话框中，选择要导入的动画文件（素材\图片\动画\老鼠.gif），将动画导入 GIF 元件窗口，如图 6-29 所示。

提示：导入 GIF 动画后，在"图层_1"中添加了若干个关键帧，按照动画顺序每个关键帧保存 GIF 动画中的一幅图像。并将动画中的每一帧图像以"位图"类型存放到元件"库"，如图 6-30 所示。

图 6-29　在元件中导入动画　　　　　　图 6-30　元件"库"

如果要同时调整动画中所有帧中的图像位置(例如,在舞台居中),选择"洋葱皮工具"中的"编辑多个帧"按钮,并将绘图纸标记的起止点手柄分别拖动到逐帧动画的起止帧(见图 6-31),单击图层名称或拖动鼠标选择动画片段的所有帧(见图 6-32)后,用"选择工具"按住图像拖动(或在"属性"面板中设置坐标),统一调整所有帧中的图像位置,如图 6-33 所示。

图 6-31　调整起止位置　　　图 6-32　选择所有帧　　　图 6-33　调整图像的位置

(3) 返回场景。将 GIF 元件拖动到舞台中制作动画。在第 40 帧插入帧,并创建补间动画。将第 1 帧中的实例拖动到舞台左侧,第 40 帧中的实例拖动到舞台右侧,并调整动画路径为曲线。

(4) 测试影片。

提示:也可以将 Animate 动画文件(SWF)导入为逐帧动画。

6.4.2　透明度在遮罩动画中的应用

【例 6-12】　透明度在遮罩动画中的应用。

动画情景:一条光柱条在树叶上左右移动。

(1) 新建 ActionScript 3.0 文档,舞台背景设置为灰色。

(2) 新建元件,命名为"树叶",并导入树叶图片(素材\图片\PNG\树叶.png)。

(3) 清除树叶图片的背景。在"树叶"元件窗口,选择舞台中的图片,执行菜单"修改"→"分离"命令,将图片分离为形状。在"工具"面板,选择"魔术棒"工具(按住"套索工具"后,选择"魔术棒")后,单击树叶的背景色部分选择背景区域,按下 Delete 键或执行菜单"编辑"→"清除"命令清除背景色。个别没清除的区域,可以用"橡皮擦工具"等其他工具清除,如图 6-34 所示。

图 6-34　清除树叶的背景色

提示:导入 PNG 格式的图片时,Animate 将保留 PNG 格式图片的透明度。这里只保留树叶部分,清除背景部分区域。将图片分离后,用"魔术棒"工具单击背景部分,可以选择背景区域。

用"魔术棒"选择图片的颜色区域时,在魔术棒"属性"面板,将"阈值"设置为较大的值(如 70),选择要清除的背景色,如图 6-35 所示。

（4）新建树叶形状元件。在元件"库"面板，右击元件"树叶"，在弹出的快捷菜单中选择"直接复制"命令，新建元件"树叶填充"。打开"树叶填充"元件窗口，将树叶填充为单色，如图6-36所示。

图6-35　魔术棒"属性"面板

图6-36　用单色填充树叶

（5）新建元件，命名为"光柱"。在"光柱"元件窗口，绘制一个高度长于树叶高度的白色长条矩形。选择矩形后，打开"颜色"面板，在"颜色类型"列表框中选择"线性渐变"，在颜色样本框中间位置单击鼠标添加一个色块。分别选择左右两侧的色块，设置Alpha值为0％，中间色块Alpha值为100％，如图6-37所示。

（6）返回场景。创建3个图层，从上到下分别命名为"填充""光柱"和"树叶"，并将"树叶填充""光柱"和"树叶"元件分别拖动到"填充""光柱"和"树叶"图层的第1帧，如图6-38所示。

图6-37　制作透明度渐变的光柱条

图6-38　场景中的图层与实例

提示：分别调整三个图层中的实例。对齐图层"填充"和"树叶"中的实例，将图层"光柱"中的实例调整到树叶的左侧，并适当旋转光柱条使方向与树叶一致。

（7）创建补间动画。在"填充"和"树叶"图层的第20帧插入帧。在"光柱"图层的第20帧插入帧，并创建补间动画；在第20帧插入"位置"属性关键帧，选择第10帧将实例移动到舞台右侧创建"位置"属性关键帧，如图6-39所示。

（8）创建遮罩层。右击"填充"图层，在快捷菜单中选择"遮罩层"，将"填充"图层转换为遮罩层。

（9）测试影片。为了在后面例子中使用此文档，保存文档。最终场景如图6-40所示。

图 6-39 创建补间动画

图 6-40 影片的最终场景

6.4.3 笔触作为遮罩的应用

【**例 6-13**】 笔触(线条)作为遮罩。

动画情景：一条光柱条在树叶的边线左右移动。

(1) 打开例 6-12 中的动画文档,删除"填充"图层。

(2) 新建树叶轮廓元件。在元件"库"面板,右击"树叶填充"元件,在快捷菜单中选择"直接复制"命令,创建新元件,命名为"树叶轮廓"。

打开"树叶轮廓"元件窗口,用"墨水瓶工具"为树叶形状添加 5px 的笔触颜色,并清除填充色。单击第 1 帧选择树叶的轮廓线,执行菜单"修改"→"形状"→"将线条转换为填充"命令,将轮廓线(笔触线)转换为填充色,如图 6-41 所示。

图 6-41 树叶的轮廓

(3) 单击"场景 1"按钮,返回场景。在"光柱"图层上方创建新图层,命名为"轮廓",并将"树叶轮廓"元件拖动到第 1 帧。调整树叶轮廓与"树叶"图层中的树叶实例对齐,如图 6-42 所示。

(4) 创建遮罩层。右击"轮廓"图层,在快捷菜单中选择"遮罩层"命令,将"轮廓"图层转换为遮罩层,如图 6-43 所示。

图 6-42 在场景中将树叶轮廓对齐树叶

图 6-43 创建遮罩层

（5）测试影片。

提示：在遮罩层中，只有填充色区域才能作为透明区域。如果要将线条（笔触）作为遮罩层中的透明区域，则必须将线条转换为填充。线条转换为填充后，只能用"颜料桶工具"更改颜色。图 6-44（a）中是线条，图 6-44（b）中是转换的填充。请注意观察"属性"面板的"填充和笔触"选项组中"笔触颜色"和"填充颜色"。

（a）　　　　　　　　　　　　　　（b）

图 6-44　线条转换为填充色前后的属性

也可以将树叶的轮廓拖动到舞台分离实例后，将线条转换为填充。

6.4.4　形状补间动画的应用

【例 6-14】 弹跳的球。

动画情景：一个球从上方落到有弹性的横条，再弹回到上方。

（1）新建 ActionScript 3.0 文档。

（2）新建元件，命名为"球"，并打开"球"元件的编辑窗口。在元件中绘制一个径向渐变的圆（直径为 60px），如图 6-45 所示。

（3）新建元件，命名为"横条"，并打开"横条"元件的编辑窗口。在元件中绘制一个长度短于舞台宽度（宽 450px），3px 的横线，如图 6-46 所示。

图 6-45　"球"元件

图 6-46　"横条"元件

（4）单击"场景 1"按钮，返回到场景，将"图层_1"更名为"横条"。从元件"库"面板中将"横条"元件拖动到"横条"图层的第 1 帧舞台的下方，在第 10 帧、第 15 帧、第 20 帧、第 25 帧分别插入关键帧，并分别将 4 个关键帧中的实例分离为形状。

提示：在舞台上选择实例，执行菜单"修改"→"分离"命令，将实例分离为形状。

（5）将第 15 帧中的线条形状向下弯曲，将第 20 帧中的线条形状向上弯曲，并分别在第 10 帧与第 15 帧、第 15 帧与第 20 帧、第 20 帧与第 25 帧之间创建"形状补间"动画，在第 30 帧插入帧，按 Enter 键测试线条的动作。线条将上下颤动，如图 6-47 所示。

图 6-47　弯曲第 15 帧和第 20 帧中的线条

提示：选择"选择工具"，在舞台空白处单击鼠标取消线条的选中状态，将鼠标指向线条需要弯曲的位置，当鼠标指针右下角出现小曲线标志时，按住鼠标左键拖动弯曲线条。

（6）新建图层，命名为"球"。从元件"库"面板，将"球"元件拖动到"球"图层第 1 帧舞台的线条上方中央的位置，创建补间动画。分别在第 10 帧、第 15 帧、第 20 帧、第 25 帧、第 30 帧插入"位置"属性关键帧，将第 10 帧、第 15 帧、第 20 帧中的实例（球）拖动到线条上方，如图 6-48 所示。

图 6-48　制作球的弹跳动作

（7）测试影片。

6.4.5 用毛笔绘制图片边框的动画

【例 6-15】 用毛笔画出图片的边框。

动画情景： 移动毛笔给梅花图片绘制出边框。

（1）新建 ActionScript 3.0 文档。

（2）执行菜单"文件"→"导入"→"导入到库"命令，分别将梅花、毛笔、相框图片导入库(素材\图片\PNG\梅花.png、毛笔.png、相框.png)。

（3）新建元件，命名为"毛笔"，并打开元件编辑窗口。从元件"库"面板中，将"毛笔.png"图片拖动到元件窗口中。

（4）新建元件，命名为"相框"，并打开元件编辑窗口。从元件"库"面板中，将"相框.png"图片拖动到元件窗口。执行菜单"修改"→"分离"命令，将图片分离成形状。用"魔术棒"工具单击分离后的相框内部区域，按下 Delete 键清除内部区域，留下黑色边框。

（5）返回场景。"图层_1"图层更名为"图片"。选择第 1 帧，将元件"库"中的"梅花.png"图片拖动到舞台，并将图片对齐舞台中心。在第 40 帧插入帧延长时间。

（6）在"图片"图层上方插入新图层，命名为"相框"。选择第 1 帧，将"相框"元件拖动到舞台，对齐舞台中心，并将相框分离为形状；在第 40 帧插入帧，单击"相框"图层名称（或在第 1 帧未被选择的状态，拖动鼠标选择第 1～40 帧)选择第 1～40 帧，右击所选择的帧，在打开的快捷菜单中选择"转换为逐帧动画"→"每帧设为关键帧"命令，将所选择的帧均转换为关键帧，即逐帧动画。

（7）在"相框"图层上方插入新图层，命名为"毛笔"。选择第 1 帧，将"毛笔"元件拖动到相框左上角，将实例"毛笔"缩小到 50%，并将实例中心移动到毛笔头部。

提示： 用"任意变形工具"单击实例(毛笔)，可以移动实例中心"○"。

创建第 1～40 帧的补间动画，并在第 40 帧插入位置属性关键帧。分别选择第 10、20、30 帧，按顺时针将实例(毛笔)拖动到相框的其他 3 个角。

提示： 单击"绘图纸外观"，将绘图纸标记的起止点手柄分别拖动到动画的起止帧，可以显示出所有帧中毛笔的位置，如图 6-49 所示。查看后单击关闭"绘图纸外观"。

图 6-49 用"洋葱皮工具"查看毛笔的动画效果

（8）锁定"图片"和"毛笔"图层。在"相框"图层制作绘制相框的逐帧动画。依次选择"相框"每一个关键帧，沿毛笔移动方向，将毛笔前方的相框用"橡皮擦工具"擦除，如图 6-50 所示。

图 6-50　绘制相框的逐帧动画

（9）测试影片。

提示：右击"毛笔"图层的补间动画帧，在弹出的快捷菜单中选择"转换为逐帧动画"→"每帧设为关键帧"命令，将补间动画转换为逐帧动画后，可以更细致地调整毛笔的动画，如图 6-51 所示。

图 6-51　补间动画转换为逐帧动画

当毛笔绘制右、下和左侧框时，毛笔的位置及方向不合理。可以插入 4 个图层，分别制作绘制 4 个边框的动画，更改毛笔的方向和位置，如图 6-52 所示。也可以将毛笔绘制 4 个边框的 4 个图层合并为一个图层，如图 6-53 所示。

图 6-52　调整绘制不同边框的毛笔位置及方向

图 6-53　4 个图层可以合并为一个图层

6.4.6　从上向下展开图片的动画

【例 6-16】　从上向下粘贴的风景画。

动画情景：从上向下展开图片。

（1）新建 ActionScript 3.0 文档，舞台设置为 600×600px。

（2）创建两个元件"图片 1"和"图片 2"。

"图片 1"元件中导入图片（素材＼图片＼JPG＼风景_03.jpg），将图片调整为 400×400px，并顺时针旋转 45°，如图 6-54 所示。

在元件"库"，右击"图片 1"元件，在弹出的快捷菜单中执行"直接复制"命令，创建元件，命名为"图片 2"。在"图片 2"元件，插入新图层"图层_2"。在第 1 帧绘制 400×400px、透明度 70％的白色图形，旋转 45°并与"图层_1"中的图片对齐，如图 6-55 所示。

图 6-54　"图片 1"元件

图 6-55　"图片 2"元件

提示：选择图形后，执行菜单"窗口"→"颜色"命令，打开"颜色"面板，设置填充颜色和透明度（Alpha）。

（3）返回场景。将"图片 1"元件拖动到"图层_1"的第 1 帧，并对齐舞台中心。在第 50 帧插入帧。

（4）新建图层"图层_2"。在第 1 帧绘制能覆盖"图层_1"中"图片 1"实例的任意颜色的矩形。在第 40 帧插入关键帧，并创建第 1～40 帧补间形状动画。在"图层_2"的第 1 帧选择矩形后，打开"属性"面板，将矩形高度设置为 1px，对齐到"图层_2"实例的上端。

提示：400×400px 的图片旋转 45°后，宽和高为 565.70×565.70px。

（5）右击"图层_2"，在弹出的快捷菜单中执行"遮罩层"命令，创建遮罩动画，如图 6-56

所示。

图 6-56 创建遮罩动画

（6）新建图层"图层_3"。将"图片2"元件拖动到"图层_3"的第1帧，垂直翻转"图片2"实例，并将其下端对齐"图层_1"中"图片1"实例的上端，如图6-57(a)所示。在"图层_3"创建补间动画，并选择第40帧，将"图片2"实例的上端对齐"图层_1"中"图片1"实例的下端，如图6-57(b)所示。

(a)　　　　　　　　　　　(b)

图 6-57 调整动画起止帧中实例的位置

（7）新建图层"图层_4"。在第1帧绘制能覆盖"图层_3"中"图片2"实例的任意颜色的矩形。在第40帧插入关键帧，并创建第1～40帧的补间形状动画。在"图层_4"的第40帧选择矩形后，打开"属性"面板，将矩形高度设置为1px，对齐到"图层_3"中"图片2"实例的上端。

（8）右击"图层_4"，在弹出的快捷菜单中执行"遮罩层"命令，创建遮罩动画，如图6-58所示。

（9）保存文档，测试影片。

提示：遮罩层中的矩形形状补间动画，也可以用补间动画或传统补间动画制作。

6.4.7 卷页动画的制作

【例6-17】 卷页动画效果。

动画情景：用卷页方式从左到右展开下一幅图片。

图 6-58　完成动画的场景

（1）新建 ActionScript 3.0 文档，舞台宽高为 640×480px。

（2）新建 3 个"影片剪辑"类型元件，分别命名为"图片 1""图片 2""图片 3"。将 3 张图片（素材\图片\JPG\风景_01.jpg、风景_02.jpg、风景_03. jpg）分别导入元件"图片 1""图片 2""图片 3"中，并调整图片大小为 640×480px，对齐到舞台中心。

（3）新建"影片剪辑"类型元件，命名为"光柱"。在元件"光柱"中，绘制 30×480px 的无笔触的浅灰色（♯999999）矩形。选择矩形后，执行菜单"窗口"→"颜色"命令，打开"颜色"面板，"颜色类型"列表框中选择"线性渐变"。在颜色样本框中间位置单击鼠标添加一个色块，分别选择左右两侧的色块，设置 Alpha 值为 100%，中间色块 Alpha 值为 0%，如图 6-59 所示。

图 6-59　制作渐变矩形

（4）新建"影片剪辑"类型元件，命名为"遮罩"。在"遮罩"元件中，绘制 640×480px 的无笔触的纯色矩形，并对齐到舞台中心。

（5）返回场景。将"图层_1"图层更名为"图片 1"，将"图片 1"元件拖动到"图片 1"图层的第 1 帧，对齐舞台。在第 50 帧插入帧。

（6）新建图层，命名为"图片 2"。将"图片 2"元件拖动到"图片 2"图层的第 1 帧，对齐舞台，锁定图层。

（7）新建图层，命名为"遮罩"。将"遮罩"元件拖动到"遮罩"图层的第 1 帧，对齐舞台。创建第 1～50 帧的补间动画，并在第 50 帧插入"缩放"属性关键帧。

选择"遮罩"图层的第 1 帧，将实例设置为 1×480px，与舞台左侧对齐。将"遮罩"图层转换为遮罩层。

（8）在图层控制区，右击"图片 2"图层，在弹出的快捷菜单中选择"复制图层"命令复制图层，命名为"图片 2-C"。在"图片 2-C"图层的第 1 帧，将实例水平翻转，并将实例右侧对齐舞台左侧（−320,240）。在"图片 2- C"图层创建第 1～50 帧的补间动画。选择第 50 帧，将实例左侧对齐舞台右侧（960,240）。将"图片 2"图层拖动到"遮罩"图层的上方，锁定图层。

（9）新建图层，命名为"光柱"。将"光柱"元件拖动到"光柱"图层的第 1 帧，将实例右侧对齐舞台左侧$(-15,240)$。在"光柱"图层创建第 $1\sim50$ 帧的补间动画。选择第 50 帧，将实例左侧对齐舞台右侧$(655,240)$，锁定图层。

（10）在图层控制区，右击"光柱"图层，在弹出的快捷菜单中选择"复制图层"命令复制图层，命名为"光柱-C"。将"光柱"图层转换为遮罩层。

（11）测试影片。制作的场景如图 6-60 所示。

图 6-60　卷页动画场景

（12）添加画面。

右击图层的任意帧，在弹出的快捷菜单中选择"选择所有帧"命令，选择所有图层的所有帧。右击选择帧，在弹出的快捷菜单中选择"复制帧"命令复制所选择的图层和帧。

在最上方新建图层，并右击第 50 帧，在弹出的快捷菜单中选择"粘贴帧"命令，粘贴复制的帧。

命名粘贴创建的图层，并交换元件。"图片 1"图层更名为"图片 2"，并将第 50 帧中的实例交换为"图片 2"元件。"图片 2"图层更名为"图片 3"，并将第 50 帧中的实例交换为"图片 3"元件。"图片 2-C"图层更名为"图片 3-C"，并将第 50 帧中的实例交换为"图片 3"元件。

提示：交换关键帧中的元件时，隐藏其他图层，并解锁该图层。右击关键帧中的实例，在弹出的快捷菜单中选择"交换元件"命令，打开"交换元件"对话框，选择交换元件。

（13）测试影片。完成动画的场景，如图 6-61 所示。

图 6-61　完成动画的场景

145

6.4.8　融合过渡切换图片

【例 6-18】　以融合过渡方式切换图片。

动画情景：用 Alpha 和图层混合模式制作动画。切换图片时，以融合过渡方式展开下一幅图片。

（1）新建 ActionScript 3.0 文档，文档宽高设置为 640×480px。

（2）新建"影片剪辑"类型元件"图片 1"和"图片 2"。将两张图片（素材\图片\JPG\风景_01.jpg、风景_02.jpg）分别导入"图片 1"和"图片 2"元件中，调整图片宽高为 640×480px，坐标为（0,0）。

（3）新建"影片剪辑"类型元件，命名为"遮罩"。在元件编辑窗口中，绘制宽高为 1920×480px 的无笔触矩形，坐标为（0,0）。用由白色到黑色的线性渐变填充矩形，在渐变色谱条中间添加两个颜色滑块。将左侧两个颜色滑块的透明度 Alpha(A) 设置为 0%，右侧两个颜色滑块的透明度 Alpha(A) 设置为 100%，如图 6-62 所示。

（4）新建"影片剪辑"类型元件"图片 1-A"，并将"图片 1"元件拖动到"图层_1"的第 1 帧，坐标设置为（0,0）。在第 50 帧插入帧，锁定图层。

在"图片 1-A"元件中，新建图层"图层_2"，将"遮罩"元件拖动到第 1 帧。打开实例"遮罩"的"属性"面板，设置坐标为（0,0），在"显示"选项组中"混合"选择 Alpha，如图 6-63 所示。

图 6-62　设置渐变填充

图 6-63　设置实例的属性

在"图层_2"创建补间动画，选择第 40 帧中"遮罩"实例，坐标设置为（−1280,0），如图 6-64 所示。

（5）新建"影片剪辑"类型元件"图片 2-A"，并将"图片 2"元件拖动到"图层_1"的第 1 帧，坐标设置为（0,0）。在第 50 帧插入帧，锁定图层。

在"图片 2-A"元件中，新建图层"图层_2"，将"遮罩"元件拖动到第 1 帧。打开实例遮罩的"属性"面板，设置坐标为（0,0），在"显示"选项组中"混合"选择 Alpha。在"图层_2"创建补间动画，选择第 40 帧中的"遮罩"实例，坐标位置为（−1280,0）。

图 6-64　"图片 1-A"元件编辑窗口

（6）返回到场景。创建 4 个图层，从上到下分别命名为"图片 1-A""图片 2""图片 2-A""图片 1"。

（7）在图层"图片 1"的第 1 帧，拖动"图片 1"元件，坐标设置为（0，0），第 50 帧插入帧，锁定图层。

（8）在"图片 2-A"图层的第 10 帧插入关键帧，并将"图片 2-A"元件拖动到第 10 帧。打开实例的"属性"面板，设置位置为（0，0），在"显示"选项组中"混合"选择"图层"。在第 50 帧插入帧，锁定图层。

（9）在"图片 2"图层的第 50 帧插入关键帧，将"图片 2"元件拖动到第 50 帧，坐标设置为（0，0），在第 100 帧插入帧，锁定图层。

（10）在"图片 1-A"图层的第 60 帧插入关键帧，并将"图片 1-A"元件拖动到第 60 帧。打开实例的"属性"面板，设置位置为（0，0），在"显示"选项组中"混合"选择"图层"。在第 100 帧插入帧，锁定图层。

（11）测试影片。完成动画的场景如图 6-65 所示。

图 6-65　完成动画的场景

提示：利用此例中的方法，可以制作有多张图片循环切换的动画。

设置实例属性时，隐藏和锁定其他图层后，打开"属性"面板设置参数。

思考题

1. 如何制作形状补间动画？
2. 如何制作遮罩动画？制作遮罩动画至少需要几个图层？
3. 如何将 GIF 动画或 SWF 动画导入 Animate 文档中？
4. 如何将多张序列图片制作为逐帧动画？

操作题

1. 制作一个字符变成另一个字符的形状补间动画。
2. 制作字符变成花瓣四散飞去的形状补间动画。
3. 用遮罩动画制作在电视屏幕(素材\图片\JPG\电视机.jpg)中播放风景画的动画。
4. 用遮罩动画制作在电视屏幕中由下向上滚动的字幕。
5. 导入一张图片作为动画的背景(素材\图片\JPG\风景_05.jpg)，并在此背景上老鼠(素材\图片\动画\老鼠.gif)动态地从舞台的左下角移动到舞台右下角。

   提示：将 GIF 动画导入一个元件制作逐帧动画,将此元件拖动到舞台制作动画。
6. 用遮罩层制作翻页字幕。

第7章 骨骼动画、3D 动画和摄像头

内容提要

本章介绍了 Animate 骨骼动画、3D 动画的原理、摄像头和图层深度,使用骨骼工具和 3D 旋转、3D 平移工具的方法,制作骨骼动画和 3D 动画的方法,摄像头、图层深度在动画中的应用。

学习建议

从骨骼动画、3D 动画制作的基本方法入手,理解和掌握骨骼动画、3D 动画的基本原理和制作方法。学会使用骨骼工具和 3D 工具、摄像头、图层深度等制作出简单的动画效果,如人的奔跑、鸟的飞翔、绕 X 轴或 Y 轴的旋转动画等效果。

7.1 骨骼动画

骨骼动画是基于反向运动(Inverse Kinematics,IK)原理的一种动画技术。用"骨骼工具"在实例之间或形状内部创建骨骼时,实例之间或形状内部建立骨骼的层级关系,叫作父子关系。这些骨骼可连接成线性或枝状骨架,各骨骼间的连接点叫作关节。反向运动原理要求运动动作的传递既可由父传递给子,也可以由子传递给父,即父对象的各种运动会影响到子对象;反之,子对象的各种运动也会影响到父对象。

7.1.1 骨骼动画类型

Animate 提供了用于制作骨骼(反向运动)动画的"骨骼工具"和"绑定工具"。制作骨骼动画中,常用的技术为添加骨骼、选择骨骼、删除骨骼、调整骨骼等操作。

1. 在实例之间创建骨骼

(1)添加骨骼。

【例 7-1】 在实例之间添加骨骼。

① 新建 ActionScript 3.0 文档。

② 新建两个"影片剪辑"类型元件,分别命名为"圆"和"矩形"。分别在元件中绘制圆和矩形,如图 7-1 所示。

③ 返回到场景。分别将"圆"和"矩形"元件拖动到"图层_1"的第 1 帧。圆在上矩形在下,水平对齐,如图 7-2 所示。

④ 在"工具"面板中选择"骨骼工具",在矩形中心按住鼠标拖动到圆的中心释放鼠标创建连接两个实例的骨骼,并创建图层"骨架_1",如图7-3所示。

图 7-1　制作两个元件

图 7-2　调整实例的位置

提示：用"骨骼工具"从一个实例拖向另一个实例创建骨骼,同时创建骨架图层"骨架_x"。被骨骼连接的对象,都从普通图层移动到骨架图层;每个骨骼有头部和尾部。骨骼的头部与尾部相连,形成父子关系骨骼;多个骨骼连接在一起称为骨架,骨骼连接处称为关节。

⑤ 拖动两次"圆"元件到"图层_1"的第1帧,分别放置在矩形实例下方的左右两侧。用"骨骼工具"从矩形实例中心分别拖动到两个圆实例中心创建骨骼,如图7-4所示。

图 7-3　创建骨骼

图 7-4　创建骨骼

提示：在实例间添加骨骼后,骨骼颜色与其所在骨架图层的轮廓颜色相同,可用图层属性对话框更改颜色。

（2）选择骨骼。

用"选择工具"或"部分选取工具"选择骨骼时,该骨骼将变成另一种颜色,表示被选择;按住Shift键单击骨骼,可以选择多个骨骼。用"选择工具"双击一个骨骼,可选择整个骨架上的所有骨骼。

（3）删除骨骼。

选择骨骼后按Delete键,可以删除该骨骼及其下级骨骼。在"骨架_1"图层中,右击骨骼所在的帧,在打开的快捷菜单中选择"删除骨架"命令,可以删除所有骨骼,并将实例恢复到添加骨骼之前的状态。

提示: 选择骨骼或实例后,执行菜单"修改"→"分离"命令,也可以删除所有骨骼。

(4)调整骨骼的位置。

用"选择工具"选择骨骼,并按住鼠标左键拖动,可以将骨骼以关节为轴转动,同时与骨骼连接的实例以骨骼长度为半径移动。按住 Shift 键拖动骨骼不会移动父级骨骼,如图 7-5 所示。

(5)调整实例的位置。

用"选择工具"选择并拖动与骨骼连接的实例,可以移动实例,并将骨骼以关节为轴转动。按住 Shift 键拖动实例不会移动父级骨骼,如图 7-6 所示。

图 7-5 拖动骨骼

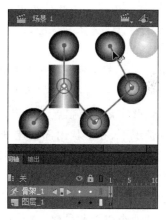

图 7-6 拖动实例

(6)调整骨骼长度。

按住 Alt 键用"选择工具"拖动实例,可以更改与该实例连接的骨骼长度。用"任意变形工具"拖动实例,也可以更改与该实例连接的骨骼的长度。

2. 在形状内部创建骨骼

(1)添加骨骼。

【例 7-2】 在形状内部添加骨骼。

① 新建 ActionScript 3.0 文档。

② 新建"影片剪辑"类型元件"飞行物",并在"图层_1"的第 1 帧中,绘制一个形状,如图 7-7 所示。

③ 在"工具"面板中选择"骨骼工具",在形状内部创建骨骼,如图 7-8 所示。

图 7-7 绘制矩形形状

图 7-8 在形状内部创建骨骼

④ 将文档命名为"形状内部添加骨骼"后保存。

提示：用"骨骼工具"在形状内部拖动创建骨骼时，将创建骨架图层，并将创建的骨骼形状从普通图层移动到骨架图层，形状四周用青色路径框线表示。每个骨骼有头部和尾部。

（2）选择与删除形状内部骨骼。

与实例之间骨骼的相关操作类似。

（3）调整形状内部骨骼的位置和长度。

用"部分选取工具"拖动骨骼的任一端，可改变骨骼在形状内部的位置和长度。

（4）绑定骨骼与控制点。

在"工具"面板中选择"绑定工具"后，单击已添加骨骼的形状时，在形状四周显示蓝色的边线，并在边线上用蓝色小方块显示形状控制点（锚点）。

用"绑定工具"选择一个控制点变为红色后，按住鼠标拖动到骨骼，将控制点绑定到骨骼。

提示：可以将多个控制点绑定到一个骨骼，也可以将多个骨骼绑定到一个控制点。

"绑定工具"与"骨骼工具"在"工具"面板的同一个按钮组。

（5）编辑骨骼与控制点的绑定。

默认情况下，在形状内部创建骨架后，形状的控制点都绑定到离它们最近的骨骼。

① 用"绑定工具"单击骨骼时，骨骼中显示一条红色线，并将绑定到该骨骼的控制点以黄色小方框或黄色小三角形显示。

提示：用黄色方框显示的控制点表示仅绑定到该骨骼，用黄色三角形显示的控制点表示绑定到两个以上的骨骼，用蓝色方框显示的控制点表示没有绑定到该骨骼。

② 用"绑定工具"单击控制点时，控制点以红色方框或红色三角形显示，并与此控制点绑定的骨骼显示为一条黄色线。

提示：用红色方框显示控制点表示仅与一个骨骼有连接，用红色三角形显示控制点表示与两个以上的骨骼有连接。

③ 按住 Shift（或 Ctrl）键，同时用"绑定工具"按住红色控制点拖动到没有与该控制点绑定的骨骼，可以保留原来骨骼的绑定，同时创建新的骨骼绑定。

提示：用"绑定工具"选择骨骼，按住 Shift（或 Ctrl）键，单击蓝色小方块的控制点，将绑定骨骼与控制点；用"绑定工具"选择控制点，按住 Shift（或 Ctrl）键，单击骨骼，将绑定控制点与骨骼。

④ 在形状内部创建骨架时，默认建立的控制点与骨骼的绑定中，有些控制点与骨骼的绑定是错误的。对错误的绑定，要用"绑定工具"绑定到正确的骨骼。

提示：用"绑定工具"按住红色控制点拖动到一个没有与该控制点绑定的骨骼时，将取消原来的骨骼绑定，绑定到新的骨骼。

【例 7-3】 检查调整骨骼绑定。

① 打开例 7-2 中的文档"形状内部添加骨骼"。

② 打开"飞行物"元件。用"绑定工具"单击每个骨骼，查看绑定到该骨骼的黄色控制点是否有误。所有绑定有误的黄色控制点要逐个绑定到正确的骨骼，如图 7-9 所示。

③ 保存文档，以便后面例子中用到。

(a) 检查绑定到骨骼的控制点　　　　　(b) 有误的控制点绑定到正确的骨骼

图 7-9　检查并修改绑定到骨骼的控制点

（6）删除控制点与骨骼的绑定。

用"绑定工具"拖动控制点不指向任何骨骼，可以删除控制点与骨骼的绑定；用"绑定工具"选中控制点，按住 Ctrl 键单击有黄色线条的骨骼，或选中骨骼，按住 Ctrl 键单击黄色显示的控制点，也可以删除控制点与骨骼的绑定。

（7）添加和删除控制点。

在形状内部添加骨骼后，可以用"添加锚点工具"和"删除锚点工具"在形状边线上添加控制点和删除控制点。还可以用"部分选取工具"拖动控制手柄对控制点进行调整，改变形状轮廓外形。

7.1.2　制作骨骼动画

1. 基于实例的骨骼动画

【例 7-4】　行走的木偶。

动画情景：木偶在原地行走。

（1）新建 ActionScript 3.0 文档。

（2）新建 8 个"影片剪辑"类型元件，分别命名为"头""躯干""臀部""大手臂""小手臂""大腿""小腿""脚"，并在元件中分别绘制木偶身体的各部位。这里在元件中分别导入相应的素材（素材\图片\PNG\木偶\头.png、躯干.png、臀部.png、大手臂.png、小手臂.png、大腿.png、小腿.png 和脚.png）。

（3）新建"影片剪辑"类型元件，命名为"木偶"。打开"木偶"元件编辑窗口，选择"图层_1"的第 1 帧，将 8 个元件分别拖放到元件编辑窗口，将 8 个元件实例按照身体结构摆放，如图 7-10 所示。

提示：大小手臂、大小腿和脚元件要分别创建两个实例。

（4）在实例之间添加骨骼。选择"骨骼工具"，在臀部实例按住鼠标向上拖动到躯干实例的上部，添加臀部和躯干的骨骼。这个骨骼相当于身体的脊椎骨。从躯干骨骼尾部拖向到大手臂上端添加骨骼，从大手臂骨骼尾部拖向到小手臂上端添加骨骼，从臀部骨骼头部拖向到大腿上端添加骨骼，从大腿骨骼尾部拖向到小腿上端添加骨骼，从小腿骨骼尾部拖向到脚的上端添加骨骼，从躯干骨骼尾部拖向到头部下端添加骨骼。

图 7-10　摆放实例

（5）在"骨架_1"图层的第 1 帧，用"任意变形工具"分别选择每个元件实例(头部实例和臀部实例除外),调整实例的变形中心位置到实例的顶端,如图 7-11 所示。

图 7-11　在实例之间添加骨骼,并调整注册中心

提示:在两个实例之间添加骨骼时,实例的变形中心移动到骨骼头部和尾部位置。做骨骼动作时,实例以变形中心为轴转动。

为了方便调整实例的变形中心位置,可以适当放大舞台后再调整。

(6)调整每个实例的位置,拼接为行走姿势,并调整实例的显示次序,如图 7-12 所示。

提示:用"任意变形工具"选择实例后,可以调整实例的位置。利用 4 个方向键可以微调实例的位置。

执行菜单"修改"→"排列"命令,在子菜单中可以设置实例的显示顺序。

(7)在"骨架_1"图层的第 1 帧,用"选择工具"拖动骨骼,调整木偶姿势的姿态。

提示:调整木偶姿势时,可按住 Shift 键,使骨骼转动不影响父骨骼。

(8)在图层"骨架_1",分别右击第 10 帧和第 20 帧,在弹出的快捷菜单中选择"插入姿势"命令,在第 10 帧和第 20 帧处插入姿势帧。

(9)在第 10 帧,调整四肢的动作姿态。这里第 1~10 帧走一步,第 10~20 帧走一步。第 1 帧和第 20 帧中的姿势保持相同,在第 10 帧中需要调整左右手臂和腿的位置,如图 7-13 所示。

提示:按住 Ctrl 键,用"选择工具"选择第 1 帧,并右击打开快捷菜单,选择"复制姿势"命令,在第 20 帧(姿势帧)右击打开快捷菜单,选择"粘贴姿势"命令,可以将第 1 帧的姿势复制到第 20 帧。

(10)返回到场景,"图层_1"更名为"行走",将"木偶"元件拖动到"行走"图层的第 1 帧。

(11)测试影片。可看到木偶在原地走动。

图 7-12 调整为行走姿势

图 7-13 调整姿势帧中四肢的位置

（12）将文档命名为"行走的木偶"保存到工作目录，在后面的例子中使用。

【例 7-5】 在草地行走的木偶。

动画情景：木偶在草地行走。

（1）打开例 7-4 中的文档，另存为"草地上行走的木偶"。

（2）新建图层，命名为"背景"。在第 1 帧导入草地图片（素材\图片\JPG\草地.jpg），并对齐舞台。将"背景"图层移动到"行走"图层的下方，并锁定"背景"图层。

（3）分别在两个图层的第 80 帧插入帧。

（4）在"行走"图层的第 1～80 帧创建补间动画。

（5）在"行走"图层的第 1 帧，将实例"木偶"拖动到舞台左下方外侧，适当缩小（50％）实例。

（6）在"行走"图层的第 80 帧，将实例拖动到舞台右侧外合适位置，并将实例适当缩小（50％）实例。调整补间动画的路径为曲线，如图 7-14 所示。

图 7-14 完成动画的场景

（7）测试影片。

155

2. 骨架"属性"面板

在实例之间或形状内部添加骨骼时,自动创建骨架图层,并将相关的实例或形状移动到该骨架图层的第 1 帧,并创建姿势关键帧。用实心黑色的菱形块表示姿势关键帧。选择骨架图层或该图层中的帧,打开"属性"面板,可以设置与骨架相关的属性,如图 7-15 所示。

(1)IK 骨架:文本框中默认添加骨架图层名称,可以更改为有含义的骨架名称。

(2)缓动:用于设置姿势帧上的动画速度,实现动画的加速或减速效果。

"强度"用于设置缓动的程度,其范围为 $-100 \sim 100$。当为正值时,做减速运动;当为负值时,做加速运动。

"类型"列表框中有 9 种预设缓动类型。

提示:"强度"和"类型"两者配合设置缓动效果。当"强度"设置为 0 时,"类型"中选择的缓动,将无效;当"类型"中选择为"无"时,"强度"值,将无效。

(3)选项:用来设置骨骼动画类型和骨骼的样式。

"类型"中选择"创作时",在骨架图层可以插入多个姿势帧;选择"运行时",在骨架图层只能有一个姿势帧,其姿势动作由 ActionScript(脚本)命令来控制。

"样式"用于设置骨骼的显示方式,有实线、线框、线和无显示 4 种显示方式。

(4)弹簧:用于设置骨骼动画的弹性效果。选中"启用"复选框,可以启用骨骼属性中"弹簧"属性。

3. 用骨骼"属性"面板

选择骨骼,打开"属性"面板,可以查看和设置骨骼的属性,如图 7-16 所示。

图 7-15　"IK 骨架"面板

图 7-16　"IK 骨骼"面板

(1)IK 骨骼:按钮用于选择与当前骨骼相邻的骨骼。单击"上一个同级""下一个同级""父级"或"子级"按钮,快速选择不同的骨骼。

文本框中显示所选择的骨骼名称,可以更改为有含义的骨骼名称。

(2)位置:用于显示和设置骨骼的属性。

X、Y、"长度""角度",用于显示所选骨骼的坐标、骨骼长度、骨骼角度。

"速度"用来设置骨骼在关节处启动反应的速度,取值范围为 0%～100%。设置为 0%时,骨骼将不能绕骨骼头部转动。此项设置将影响同级的所有骨骼。

"固定"用来固定所选骨骼的尾部。

(3)"联接:旋转":用于设置骨骼旋转及旋转范围。

"启用"设置骨骼绕骨骼头部或与父连接的骨关节在 XY 平面内绕 Z 轴转动。

"约束"设置骨骼转动的范围。

(4)"联接:X 平移"和"联接:Y 平移":用于设置骨骼在 X 轴或 Y 轴上的移动及移动范围。

"启用"用于设置骨骼沿 X 轴或 Y 轴平移。

"约束"用于设置平移的范围。

(5)弹簧:用于设置弹簧的弹性强度和弹簧效果的衰减速度。

"强度"数值越大,弹簧效果越强。取值为 0 时,骨骼失去弹性。

"阻尼"数值越大,弹簧的弹性衰减的越快,弹簧弹性结束的越快。

提示:设置"弹簧"选项,需要在"IK 骨架"属性面板中启用弹簧功能。

4. 基于形状的骨骼动画

【例 7-6】 飞行的动画。

(1)打开例 7-3 中的文档。

(2)打开"飞行物"元件。在"骨架_1"图层,分别右击第 10 帧、第 20 帧,在弹出的快捷菜单中选择"插入姿势"命令,在第 10 帧、第 20 帧处插入姿势帧。

(3)选择第 10 帧,调整形状的骨骼,如图 7-17 所示。

提示:如果要固定一个骨骼关节,可以用"选择工具"单击骨骼后,单击关节可以锁定该关节,如图 7-18 所示。再单击关节可以解除锁定关节。

图 7-17 插入姿势帧,调整骨骼

图 7-18 锁定骨骼关节

(4)返回到场景。将"飞行物"元件拖放到"图层_1"的第 1 帧舞台左下角,实例缩小 50%。在第 40 帧插入帧,创建第 1～40 帧的补间动画。

(5)选择第 40 帧,将实例拖动到舞台右上角,适当缩小实例。

(6)测试影片。

【例7-7】 爬行的虫子。

动画情景：一只虫子在爬行。

（1）新建ActionScript 3.0文档。

（2）新建"影片剪辑"类型元件，命名为"爬虫"。在元件中绘制一条虫子，如图7-19所示。

绘制方法如下。

绘制一个细长的无笔触浅绿色（♯009900）椭圆，并截取一半作为虫子的身体。绘制无笔触的圆作为头部，黑色小圆作为眼睛。

图7-19　绘制的虫子

（3）选择"骨骼工具"，从虫子头部开始向尾部添加首尾连接的骨骼，骨骼数酌情而定，如图7-20所示。

提示：在虫子形状上添加第1个骨骼时，自动创建骨架图层，并将虫子形状图形移动到骨架图层的第1帧。

（4）在"骨架_1"图层，分别选择右击第10帧和第20帧，在弹出的快捷菜单中选择"插入姿势"命令，在第10帧和第20帧处插入姿势帧。

（5）在"骨架_1"图层的第10帧，用"选择工具"选择虫子尾部向上向右拖动，然后再向下向左拖动，使虫子身体变形，如图7-21所示。

图7-20　添加骨骼

图7-21　调整骨骼的位置

（6）返回到场景。将"爬虫"元件拖动到"图层_1"的第1帧舞台左侧。

（7）在"图层_1"的第60帧插入帧，并创建补间动画。将第60帧中的爬虫实例拖动到舞台右侧，如图7-22所示。

图7-22　创建补间动画

（8）测试影片。

7.2　3D 动画

"3D旋转工具"和"3D平移工具"用于制作3D旋转动画和3D平移动画。

提示："3D旋转工具"和"3D平移工具"要求 ActionScript 3.0 类型文档,操作对象为影片剪辑实例,并且只能使用在补间动画上。

7.2.1　3D 旋转工具和 3D 平移工具

1. 3D 旋转工具

使用"3D旋转工具"可以在3D空间中旋转影片剪辑实例,使之看起来与观察者之间形成某一角度,呈现立体效果。

在"工具"面板中选择"3D旋转工具"单击影片剪辑实例,将在该实例上显示3D旋转控件。控件由红色的X线、绿色的Y线、蓝色的Z圆环、橙色的自由环和控件中心(X线与Y线交叉处小圆圈)组成。

(1) 使用"3D旋转工具"旋转对象。

用"3D旋转工具"选择影片剪辑实例后,用鼠标指向控件的线或圆环,指针变为黑色、右下角显示坐标轴符号时,按住鼠标拖动,可将实例相应地旋转。用鼠标按住控件中心拖动,可以更改控件中心。"3D旋转工具"是以控件中心为轴旋转实例,更改控件中心的位置,可以得到不同旋转效果。

"3D旋转工具"有全局和局部两种模式。选择"3D旋转工具"后,在"工具"面板"选项"中,单击"全局转换"按钮转换模式。

"3D旋转工具"的默认模式为全局模式(选中"全局转换"按钮)。在全局模式下旋转对象是相对于舞台进行旋转,如图7-23所示。旋转实例对象后,3D旋转控件的Z轴始终与屏幕平面垂直,X轴、Y轴的线及方位也不变,始终在屏幕平面内。在局部模式(取消选择"全局转换"按钮)下旋转对象是相对于影片剪辑实例本身进行旋转,如图7-24所示。旋转实例对象后,3D旋转控件的Z轴、X轴和Y轴可与屏幕平面成任意角度。

图 7-23　全局模式下旋转实例　　　　图 7-24　局部模式下旋转实例

(2) 使用"变形"面板进行 3D 旋转。

使用"3D旋转工具"对影片剪辑实例进行任意的3D旋转。如果需要精确地控制影片剪辑实例的3D旋转,则需要使用"变形"面板进行设置和控制。在舞台上选择影片剪辑实例后,打开"变形"面板,可以设置 3D 旋转与 3D 中心点相关参数,如图 7-25 所示。

图 7-25　实例的"变形"面板

提示:执行菜单"窗口"→"变形"命令,可以打开"变形"面板。

① 3D 旋转:用于设置 X、Y、Z 参数值(以度为单位)改变影片剪辑实例对象绕三个轴旋转的角度。

② 3D 中心点:用于设置 X、Y、Z 参数值(以像素为单位)来改变 3D 旋转控件中心的位置。

(3) 用实例的"属性"面板设置 3D 属性。

用"选择工具"或"3D 旋转工具"选择影片剪辑实例后,打开"属性"面板。在实例的"属性"面板的"3D 定位和视图"选项组中,可以设置影片剪辑实例的 3D 位置、透视角度和消失点等,如图 7-26 所示。

图 7-26　实例的"3D 定位和视图"选项

① X、Y、Z:设置影片剪辑实例在 X、Y、Z 轴方向上的坐标值。

② 宽、高:显示 3D 对象在 3D 轴上的宽度和高度,是只读的。

③ 透视角度:设置 3D 影片剪辑实例在舞台中的外观视角,参数范围为 1°~179°,增大或减小透视角度将影响 3D 影片剪辑实例的外观尺寸及其相对于舞台的位置。当实例对象的 Z 坐标大于 0 时,增大透视角度值可使 3D 实例对象看起来远离查看者;减小透视角度值可使 3D 实例对象看起来接近查看者;当实例对象的 Z 坐标小于 0 时,增大透视角度值可使 3D 实例对象看起来接近查看者;减小透视角度值可使 3D 实例对象看起来远离查看者;当实例对象的 Z 坐标为 0 时,透视角度值对实例对象没有影响。

④ 消失点：用于设置舞台上 3D 影片剪辑实例对象 3D 透视消失点的位置和方向。在 Animate 中所有 3D 影片剪辑实例对象都会朝着消失点远离查看者，或者背离消失点接近查看者。通过重新定位消失点位置，可以改变沿 Z 轴移动实例对象时的移动方向。设置 X 和 Y 参数值，改变 3D 影片剪辑实例对象沿 Z 轴移动消失点的位置。当实例对象的 Z 坐标为 0 时，"消失点"位置对实例对象没有作用。

配合使用"透视角度"和"消失点"，可制作出不同的动画效果。

⑤ 重置：单击该按钮，可以将消失点参数恢复为默认的参数。

2. 3D 平移工具

使用"3D 平移工具"可以在 3D 空间中移动影片剪辑实例的位置，使之看起来离观察者更近或更远。

提示："3D 平移工具"和"3D 旋转工具"在"工具"面板中的同一组按钮。

在"工具"面板中选择"3D 平移工具"单击影片剪辑实例，将在该实例的中心显示 3D 移动控件。

"3D 平移工具"有全局和局部两种模式。选择"3D 平移工具"后，在"工具"面板"选项"中，单击"全局转换"按钮转换模式。

"3D 平移工具"的默认模式是全局模式（选中"全局转换"按钮）。在全局模式下移动对象是相对舞台移动，在局部模式（取消选择"全局转换"按钮）下移动对象是相对影片剪辑实例本身移动。

（1）全局模式。

在全局模式下，"3D 平移工具"的控件由红色箭头 X 轴、绿色箭头 Y 轴和黑色实心 Z 轴组成。用鼠标指向 X 轴、Y 轴箭头或黑色实心，指针变为黑色、右下角显示坐标符号时，按住鼠标拖动，将实例沿着数轴方向移动，如图 7-27 所示。

（2）局部模式。

在局部模式下，"3D 平移工具"的控件由红色箭头 X 轴、绿色箭头 Y 轴、蓝色箭头 Z 轴和控件中心（坐标中心）组成。用鼠标指向 X 轴、Y 轴、Z 轴箭头，指针变为黑色、右下角显示坐标符号时，按住鼠标拖动，将实例沿着数轴方向移动，如图 7-28 所示。鼠标指向控件中心，指针变为黑色时，按住鼠标拖动控件中心，可以更改控件中心的位置。

图 7-27 全局模式下移动实例

图 7-28 局部模式下移动实例

提示：只有影片剪辑实例为 3D 对象（如用"3D 旋转工具"旋转的实例）时，"3D 平移工具"局部模式才有效。

用"3D 平移工具"选择实例后，可以在"属性"面板的"3D 定位和视图"选项组中精确设置相关参数。

7.2.2　制作3D动画

【例7-8】　荡秋千的女孩。

动画情景：荡秋千的女孩。

（1）新建ActionScript 3.0文档。

（2）新建"影片剪辑"类型元件，命名为"女孩"。在"女孩"元件中导入荡秋千图片（素材\图片\PNG\荡秋千女孩.png），左上角对齐舞台中心（坐标为(0,0)）。

（3）返回到场景。将"图层_1"更名为"背景"。在第1帧导入背景图片（素材\图片\JPG\背景_02.jpg），对齐舞台。在第40帧插入帧，锁定该图层。

（4）在场景中，新建图层命名为"秋千"。将"女孩"元件拖动到该图层的第1帧，左上角对齐舞台的左上角（坐标为(0,0)）。

（5）在"秋千"图层的第1～40帧创建补间动画。分别在第10帧、第20帧、第30帧和第40帧插入"旋转"属性关键帧。

（6）在"工具"面板中选择"3D旋转工具"，单击"秋千"图层第1帧中的"女孩"实例，将在实例上显示"3D旋转工具"控件。用鼠标向上拖动控件中心与实例上端对齐。

（7）选择"秋千"图层的第10帧，打开"变形"面板。在"3D旋转"选项组中X设置为-40；在第20帧，X设置为0；在第30帧，X设置为40；在第40帧，X设置为0，如图7-29所示。

图7-29　控件中心对齐实例上端，在属性关键帧设置旋转

提示：选择实例，执行菜单"窗口"→"变形"命令，可以打开"变形"面板。

为了显示清楚，此处隐藏了"背景"图层。

（8）测试影片。为了在后面的例子中使用，保存文档。

【例7-9】　有阴影的荡秋千女孩。

动画情景：女孩荡秋千，有阴影和缓动效果。

（1）打开例7-8中的文档，另存为"有阴影的荡秋千女孩"。

（2）在元件"库"面板中，右击"女孩"元件，在弹出的快捷菜单中选择"直接复制"命令，创建"影片剪辑"类型元件，命名为"女孩阴影"。

（3）打开"女孩阴影"元件编辑窗口。选择舞台中的图片，执行菜单"修改"→"变形"→"垂直翻转"命令，垂直翻转图片，如图 7-30 所示。

图 7-30　垂直翻转实例

（4）返回场景。右击"秋千"图层的图标，在弹出的快捷菜单中选择"复制图层"命令，创建新图层，命名为"阴影"。锁定"秋千"图层。

（5）在"阴影"图层的第 1 帧选择实例，打开"属性"面板，单击"交换"按钮，打开"交换元件"对话框。在对话框中，选择"女孩阴影"元件，单击"确定"按钮交换元件。

（6）在"阴影"图层的第 1 帧，将"女孩阴影"实例向下移动，使该实例与"秋千"图层中的"女孩"实例上下衔接，如图 7-31 所示。

（7）在"阴影"图层的第 1 帧选择实例，打开"属性"面板。在"滤镜"选项组中，单击"添加滤镜"按钮，在打开的列表中选择"投影"命令，添加"投影"滤镜。在"投影"列表中，选中"隐藏对象"，隐藏原图片显示阴影。

单击"添加滤镜"按钮，选择"模糊"命令，添加"模糊"滤镜。在"模糊"列表中，"模糊 X"和"模糊 Y"均设置为 15px。

在"色彩效果"选项组中，Alpha 设置为 30％，如图 7-32 所示。

图 7-31　衔接两个图层中的实例

图 7-32　添加滤镜

（8）在"阴影"图层的第 1 帧选择实例，将控件中心移动到实例的下端。选择第 10 帧，打开"变形"面板，在"3D 旋转"选项组中 X 设置为 16°；在第 20 帧，X 设置为 0°；在第 30 帧，X 设置为 −16°；在第 40 帧，X 设置为 0°。

（9）测试影片。

【例 7-10】 打开大门。

动画情景：推开庭院大门。

（1）新建 ActionScript 3.0 文档。

（2）新建 4 个"影片剪辑"类型元件，分别命名为"大门""左扇门""右扇门"和"背景"。

在元件中分别导入图片(素材\图片\PNG\大门.png、左扇门.png、右扇门.png 和素材\图片\JPG\背景_01.jpg)。在元件中图片的左上角对齐舞台中心(坐标设置为(0,0))。

(3) 返回场景,将"图层_1"更名为"背景"。将"背景"元件拖动到第 1 帧,相对舞台水平中齐、底对齐。锁定图层。

(4) 新建图层,命名为"大门"。将"大门"元件拖动到第 1 帧,相对舞台水平中齐、底对齐。锁定图层。

(5) 新建两个图层,分别命名为"左扇门"和"右扇门"。分别将"左扇门"元件和"右扇门"元件拖动到相应图层的第 1 帧。将两个图层移动到"大门"图层下一层,调整两扇门对齐到大门,如图 7-33 所示。

(6) 分别在 4 个图层的第 40 帧插入帧。

(7) 在"左扇门"和"右扇门"图层创建补间动画,并分别在第 10 帧和第 40 帧插入"旋转"属性关键帧。

(8) 选择"左扇门"图层的第 40 帧,用"3D 旋转工具"单击"左扇门"实例,将控件中心拖动到实例左侧。打开"变形"面板,在"3D 旋转"选项组 Y 设置为 $-90°$。

(9) 选择"右扇门"图层的第 40 帧,用"3D 旋转工具"单击"右扇门"实例,将控件中心拖动到实例右侧。打开"变形"面板,在"3D 旋转"选项组 Y 设置为 $100°$。

(10) 分别在 4 个图层的第 60 帧插入帧,延长动画时间。

(11) 测试影片。完成动画的场景,如图 7-34 所示。保存文档,在后面例子中使用。

图 7-33　调整实例的位置

图 7-34　制作完成的动画场景

【例 7-11】　打开大门进入庭院。

动画情景:推开大门进入庭院赏风景。

(1) 打开例 7-10 中的文档,另存为"打开大门进入庭院"。锁定 4 个图层。

(2) 分别在"背景"和"大门"图层的第 61 帧插入关键帧。

(3) 解锁"背景"图层,在第 80 帧插入帧,并创建第 61~80 帧的补间动画。

在"工具"面板中选择"3D 平移工具",单击第 80 帧中的实例,打开实例的"属性"面板。在"3D 定位和视图"选项组中,X 设置为 -80、Y 设置为 -10、Z 设置为 -200;"透视角度"为55；"消失点"X设置为275、Y设置为200。锁定图层。

（4）解锁"大门"图层，在第80帧插入帧，并创建第61～80帧的补间动画。

在"工具"面板中选择"3D平移工具"，单击第80帧中的实例，打开实例的"属性"面板。在"3D定位和视图"选项组中，X设置为－50、Y设置为10、Z设置为－250；"透视角度"设置为55；"消失点"X设置为275、Y设置为200。锁定图层。

提示："3D定位和视图"选项中，可以设置画面由远而近或由近而远的镜头推拉效果。

也可以拖动"3D平移工具"的控件坐标轴设置镜头推拉效果。此时设置辅助线作为舞台范围参考线。

（5）分别在"背景"和"大门"图层的第90帧插入帧，延长动画时间。

（6）测试动画。完成动画的场景，如图7-35所示。

图7-35　制作完成的动画场景

7.3　摄像头

利用Animate中的摄像头，可以模拟真实的摄像机，控制摄像头指向的位置来拍摄动作。对摄像头进行缩放、平移、旋转等特殊效果，可将人们的注意力集中到动画中。

7.3.1　摄像头工具

【例7-12】　摄像头工具。

动画情景：说明摄像头工具的使用方法。

创建新文档"摄像头工具"。舞台大小设置为800×600px；将"图层_1"更名为"图片"，并在第1帧导入图片（素材\图片\JPG\城市街道.jpg），相对舞台居中；单击"剪切掉舞台范围以外的内容"按钮,隐藏舞台外的部分。

1. 启用摄像头

使用"工具"面板中的"摄像头"工具,或者使用时间轴下方的"添加摄像头"按钮,可以启动摄像头。

启动摄像头后,将在时间轴顶部添加图层 Camera,并设置为当前图层。在舞台上出现摄像头控件,如图 7-36 所示。

图 7-36　启用摄像头

提示:单击"删除摄像头"按钮,将隐藏 Camera 图层,再次单击该按钮恢复 Camera 图层。删除 Camera 图层,将删除摄像头。

Camera 图层的特点如下。

(1) 舞台的大小将成为摄像头视图的取景框。

(2) 只能有一个 Camera 图层,且不能重命名,而且总是位于其他所有图层的顶部。

(3) 不在 Camera 图层中添加对象,但是可以在 Camera 图层中添加补间动画。

(4) 在选择了"摄像机"工具时,无法移动或编辑其他图层中的对象。可选择"选取工具"或者单击时间轴底部的"删除摄像机"按钮,禁用摄像机。

2. 平移动画

平移是摄像头左右和上下运动。在摄像头工具激活状态,按住鼠标拖动可以平移摄像头。

(1) 在"图片"图层的第 20 帧插入帧。

(2) 在 Camera 图层的第 10 帧和第 20 帧插入关键帧。选择第 10 帧后,在舞台上按住鼠标向右侧拖动到图片的右边界不超过舞台。分别在两个关键帧之间创建传统补间动画,如图 7-37 所示。

(3) 测试影片。

提示:因为拖动鼠标是在移动摄像头,所以舞台上对象的移动方向与拖动方向相反。也可以在摄像头"属性"面板的"摄像头属性"选项组中,调整 X、Y 的值移动摄像头,

图 7-37　拖动平移摄像头

负值为对象向左移动。

3. 放大动画

放大动画可以查看感兴趣的对象细节。将舞台上的摄像头控件中的滑块向右拖动，进行放大，查看所关心的细节内容。

（1）在"图片"图层的第 45 帧插入帧。

（2）在 Camera 图层的第 25 帧和第 45 帧插入关键帧。选择第 45 帧，将滑块向右拖动，如图 7-38 所示。在第 25～45 帧创建传统补间动画。

图 7-38　摄像头放大对象

（3）测试影片。

4. 缩小动画

缩小动画可以看到更大范围的图片。将舞台上的摄像头控件中的滑块向左拖动，进行缩小，查看到更多的内容。

（1）在"图片"图层的第 70 帧插入帧。

（2）在 Camera 图层的第 50 帧和第 70 帧插入关键帧。选择第 70 帧，将滑块向左拖动，如图 7-39 所示。在第 50～70 帧创建传统补间动画。

图 7-39　摄像头缩小对象

（3）测试影片。

5. 旋转动画

旋转是通过摄像头的旋转运动得到特殊效果。将舞台上的摄像头控件中选择"旋转"按钮后，将滑块向右侧或向左侧拖动，按逆时针方向或顺时针方向旋转内容。

（1）在"图片"图层的第95帧插入帧。

（2）在Camera图层的第75帧、第85帧和第95帧插入关键帧。在摄像头控件中选择"旋转"按钮后，在Camera图层选择第85帧，将滑块向左拖动，如图7-40所示。分别在第75～85帧、第85～95帧创建传统补间动画。

图7-40　摄像头旋转对象

（3）测试影片。

6. 色彩效果动画

色彩效果是为摄像头添加色调和调整颜色得到特殊效果。在摄像头工具激活状态，用摄像头工具单击舞台后，打开"属性"面板，在"摄像头色彩效果"选项组中，设置"色调"和"调整颜色"。

（1）在"图片"图层的第120帧插入帧。

（2）在Camera图层的第100帧和第120帧插入关键帧。选择第120帧，在摄像头工具激活状态，用摄像头工具单击舞台后，打开"属性"面板。

（3）在"摄像头色彩效果"选项组的"调整颜色"中，设置亮度为50、对比度为100，如图7-41所示。在第100～120帧创建传统补间动画。

图7-41　摄像头调整颜色

提示：亮度、对比度、饱和度的可接受范围为－100％～100％，色相范围为－180°～180°。

（4）测试影片。

7. 图层附加到摄像头

图层附加到摄像头是将图层上的对象固定到摄像头并且总是和摄像头一起移动，不受摄像头移动的影响。

（1）在"图片"图层上方插入新图层"文本"，在第1帧输入文本"附加到图层的文本"，放置在舞台右下角。

（2）单击"文本"图层的"附加摄像头"图标，将图层附加到摄像头，如图7-42所示。这里需要打开"高级图层"。

（3）测试影片。舞台右下角的文本随着摄像头移动。

7.3.2　控制摄像头

【**例 7-13**】　控制摄像头。

动画情景：用摄像头跟踪公鸡在大街散步。

（1）新建文档，舞台大小为1100×650px。

（2）将"图层_1"更名为"街道"，在第1帧舞台导入图片（素材\图片\JPG\城市街道.jpg）。调整图片相对舞台居中后，将图片向上移动，街道显示在舞台上，锁定图层。单击"剪切掉舞台范围以外的内容"按钮，隐藏舞台外的部分，如图7-43所示。

图 7-42　图层附加到摄像头

图 7-43　调整图片的位置

（3）新建"影片剪辑"类型元件"公鸡"，并在元件中导入GIF动画（素材\图片\动画\公鸡.gif）。

（4）新建"影片剪辑"类型元件"鸟"，并在元件中导入GIF动画（素材\图片\动画\鸟.gif）。

（5）返回场景。新建"公鸡"和"鸟"图层，分别在第1帧拖放"公鸡"和"鸟"元件。将"公鸡"实例调整到舞台底部道路右端中央位置，将"鸟"实例调整到舞台上部位置，如图7-44所示。

（6）分别在"街道""公鸡"和"鸟"图层的第100帧插入帧，并在"公鸡"图层和"鸟"图层创建补间动画。

（7）选择"公鸡"图层的第 100 帧，将"公鸡"实例拖动到道路的左端舞台外，锁定图层。

（8）选择"鸟"图层的第 100 帧，将"鸟"实例拖动到左端上方，锁定图层，如图 7-45 所示。

图 7-44　调整实例位置　　　　　　　　图 7-45　创建补间动画

（9）单击时间轴下方的"添加摄像头"按钮，启用摄像头。

（10）在 Camera 图层的第 20 帧插入关键帧。选择第 20 帧后，将摄像头放大到 500%，并移动摄像头，将公鸡显示在窗口，如图 7-46 所示。在第 1～20 帧创建传统补间。

提示：启用摄像头后，在"属性"面板的"摄像头属性"选项组中，设置"缩放"为 500%，如图 7-47 所示。也可以在"摄像头属性"选项组中，设置 X、Y 的值移动摄像头。

图 7-46　在 Camera 图层插入关键帧　　　图 7-47　在"属性"面板设置参数

（11）在 Camera 图层的第 50 帧插入关键帧，并在第 50 帧移动摄像头，将公鸡显示在窗口，如图 7-48 所示。第 20～50 帧创建传统补间动画。

（12）在 Camera 图层的第 70 帧插入关键帧，在第 70 帧将摄像头缩小到 300%，并移动摄像头，将公鸡显示在窗口。第 50～70 帧创建传统补间动画。

（13）在 Camera 图层的第 100 帧插入关键帧，在第 100 帧将摄像头缩小到 100%，

"位置"X 和 Y 设置为 0。

（14）设置缓动。在 Camera 图层，选择第 50～70 帧，打开"属性"面板。在"补间"选项组的"缓动效果"中，双击 Ease In→Quad 添加缓动；选择第 70～100 帧，打开"属性"面板。在"补间"选项组的"缓动效果"中，双击 Ease Out→Quad 添加缓动。

（15）在 Camera 图层下方，新建"标识"图层，并在第 1 帧输入文本"控制摄像头练习"，放置在舞台右下角。将"标识"图层附加到摄像头。

（16）在所有图层的第 110 帧插入帧，测试影片。

图 7-48　将公鸡移动到窗口

7.4　图层 Z 深度

用摄像机拍摄景色时，拍摄对象有一种深度感，这是因为前景元素在镜头中的移动速度要比背景元素快一些，这称为视差效应。Animate 提供的图层 Z 深度是用于创建这种深度感。

默认情况下，"图层深度"面板是关闭的，所有图层的 Z 深度值都是 0。

7.4.1　"图层深度"面板

"图层深度"面板管理每一个图层到 Camera 图层的距离。

（1）在"时间轴"面板，单击"高级图层"按钮，如图 7-49 所示。将显示与高级图层相关的通知，如图 7-50 所示。单击"使用高级图层"按钮，打开"高级图层"模式。

图 7-49　"高级图层"按钮

图 7-50　打开"高级图层"通知

提示：打开"高级图层"模式后，"高级图层"按钮由"关"切换为"开"。

（2）打开"高级图层"模式后，单击"高级图层"按钮旁边的"图层深度"按钮，如图 7-51

所示。也可以用菜单命令"窗口"→"图层深度",打开"图层深度"面板,如图 7-52 所示。

图 7-51 "图层深度"按钮

图 7-52 "图层深度"面板

在"图层深度"面板中,显示所有的图层,其图层顺序与时间轴中的顺序相同。在每一个图层旁边有一个 0,用来表示它当前的 Z 深度值。在 Z 深度值旁边的颜色、面板右侧的深度图中的颜色和时间轴中的图层颜色是相同的。

摄像头用一个带有辐射虚线的实心圆来表示。与辐射虚线相连接的水平线段显示了摄像头的视野。

提示:因为没有启用摄像头,图 7-52 中的摄像头和辐射虚线、水平线段都是黑色的。

7.4.2 应用图层深度

【例 7-14】 利用图层深度控制对象的显示与消失。

动画情景:女孩从舞台左侧移动到右侧过程中,到舞台中间部分消失一段时间;男孩从舞台右侧移动到左侧过程中,在舞台的右侧和左侧消失,到舞台的中部显示。

(1) 新建文档,舞台大小设置为 800×600px。将"图层_1"更名为"背景",在第 1 帧导入图片(素材\图片\JPG\城市街景.jpg),相对舞台水平中齐、底对齐。单击"剪切掉舞台范围以外的内容"按钮,隐藏舞台外的部分,锁定图层。

(2) 新建两个"影片剪辑"类型元件,分别命名为"男孩"和"女孩"。分别在两个元件中导入男孩和女孩图片(素材\图片\PNG\男孩_01.png、女孩.png)。

(3) 返回到场景。新建两个图层,分别命名为"男孩"和"女孩"。分别在第 1 帧拖放元件"男孩"和"女孩",如图 7-53 所示。

(4) 分别在第 60 帧插入帧,并在"男孩"和"女孩"图层创建补间动画。

(5) 在"男孩"图层,选择第 15 帧,将"男孩"实例水平拖放到舞台中心创建"位置"属性关键帧。在第 45 帧插入"位置"属性关键帧。选择第 60 帧,将"男孩"实例水平拖放到舞台左侧。

图 7-53 导入元件后的场景

（6）在"女孩"图层，选择第 30 帧，将"女孩"实例向右拖放到舞台中心上方，选择第 60 帧，将"女孩"实例拖放到舞台右下角。

（7）启用"高级图层"模式，并打开"图层深度"面板。

（8）选择第 1 帧，在"图层深度"面板中，"女孩"图层 Z 深度设置为 -100；"男孩"图层 Z 深度设置为 100，如图 7-54 所示。

选择第 15 帧，将"男孩"图层 Z 深度设置为 -100。

选择第 30 帧，将"女孩"图层 Z 深度设置为 200；"男孩"图层 Z 深度设置为 -200。

选择第 45 帧，将"男孩"图层 Z 深度设置为 -100。

选择第 60 帧，将"女孩"图层 Z 深度设置为 -100；"男孩"图层 Z 深度设置为 100。

（9）测试影片。

提示：不启用"摄像头"工具，可以采用不同深度级别的图层中放置对象，也可以看到三维场景，这是摄像头与处于不同 Z 深度的图层联合运动的结果。

【例 7-15】 利用摄像头和图层深度控制对象。

动画情景：随着摄像头移动，离摄像头距离近（Z 深度负值绝对值较大）的对象移动快，距离远（Z 深度负值绝对值较小或正值）的移动慢。

（1）新建文档，舞台大小设置为 $800 \times 600 \mathrm{px}$。将"图层_1"更名为"背景"，在第 1 帧导入图片（素材\图片\JPG\城市街景.jpg），相对舞台水平中齐、底对齐。单击"剪切掉舞台范围以外的内容"按钮，隐藏舞台外的部分，锁定图层。

（2）新建 3 个"影片剪辑"类型元件，分别命名为"男孩""女孩"和"鸟"。分别在 3 个元件中导入男孩图片、女孩图片和 GIF 动画（素材\图片\PNG\男孩_01.png、女孩.png、素材\图片\动画\鸟.gif）。

（3）返回到场景。在"背景"图层上方新建三个图层，从上到下分别命名为"女孩""男孩""鸟"。分别在第 1 帧拖放元件"女孩""男孩""鸟"。"女孩"实例相对舞台居中，"男孩"实例放置在"女孩"实例和舞台左边界中间，"鸟"实例放置在舞台右上角，如图 7-55 所示。

图 7-54　设置第 1 帧图层 Z 深度　　　　图 7-55　导入元件后的场景

（4）在四个图层的第 100 帧处插入帧。

（5）在"鸟"图层创建补间动画。将第 100 帧处的"鸟"实例拖放到舞台左侧,并将补间动画移动路径向下弯曲。

（6）单击"添加摄像头"按钮启用摄像头。

提示：启用"摄像头"后,在"图层深度"面板中,添加了 Camera 图层,并且摄像头和辐射虚线、水平线段都是蓝色的。

（7）打开"高级图层"模式,再打开"图层深度"面板。将"女孩""鸟"和"背景"图层的图层 Z 深度分别设置为－200、－150 和 50,如图 7-56 所示。

提示：设置图层 Z 深度时,锁定的图层要解锁。

（8）在 Camera 图层中,选择第 1 帧,移动摄像头将背景图右下角对齐舞台右下角;选择第 100 帧,移动摄像头将背景图左下角对齐舞台左下角。

提示：在第 1 帧和第 100 帧移动摄像头时,不要显示白色背景。为方便调整位置,可以单击"剪切掉舞台范围以外的内容"按钮,显示舞台外的部分。

图 7-56 设置图层 Z 深度

（9）在"工具"面板中选择"选择工具"后。单击选择"鸟"图层,将补间动画移动路径向下弯曲到"男孩"实例前。

（10）测试影片。

思考题

1．如何显示骨架属性面板和骨骼属性面板,在这两种情况下,其属性面板的差别表现在哪些方面?

2．在骨骼属性面板通过哪些按钮来选择同级骨骼或上级下级骨骼?

3．骨骼创建后,其颜色由谁来确定? 如何更改其颜色?

4．如何编辑修改骨骼与形状的绑定?

5．骨骼可在什么对象间或内部添加,形成骨架? 如何添加骨骼? 添加骨骼后如何调整骨骼的长短?

6．按骨骼的连接关系,可把骨骼连接成哪几种类型骨架?

7．对影片剪辑实例实现 3D 动画时,要用到的工具会在实例上表现出控件,其控件构成有几部分?

8．制作 3D 旋转动画,如何调整控件中心的位置? 控件中心的位置有何作用?

9．制作 3D 旋转动画时,在哪个面板中可进行精确控制,输入旋转角度?

10．利用摄像头工具进行动画处理的 3 种运动是什么?

11．如何激活摄像头图层?

12．将图层附加到摄像头的两种方法是什么?

13．什么是 Z 深度? 如何更改 Z 深度?

操作题

1. 用"3D 旋转工具"制作图片人物（素材\图片\PNG\男孩_01.png）快速旋转的
动画。

提示：注意 3D 旋转控件中心位置的调整。

2. 用"骨骼工具"制作鹰展翅飞翔的动画效果。

提示：以"素材\图片\JPG\风景_06.jpg"为背景制作动画。创建影片剪辑类型元件
"鹰"，参照"风景_06.jpg"中的鹰，在"鹰"元件中绘制鹰的形状。在鹰的图形内部添加骨
骼（注意在翅膀处添加骨骼与身体骨骼间的连接关系），并在骨架图层第 5、10 帧插入姿
势帧，向下调整第 5 帧中鹰的翅膀骨骼。将"鹰"元件拖放到舞台，用补间动画制作鹰在
天空飞翔的动画。调整补间动画的路径形状，并将补间动画调整到路径。动画帧速率设
置为 12fps。

3. 用骨骼工具制作鱼在水中游动摆尾的动画效果，要求有池塘、水草和荷花等场景。

提示：可按照第 2 题的方法制作。

4. 利用摄像头制作动画：风景画（素材\图片\JPG\风景_03.jpg）逐渐放大到显示路，
男孩（素材\图片\PNG\男孩_01.png）沿着路从远处向前走来（最终场景参考图 7-57）。

图 7-57　调整"男孩"的位置

提示：风景画右下角对齐舞台的右下角，在第 30 帧插入帧。男孩站在舞台的右上角
路上，在第 30 帧插入关键帧。启用摄像头，并在 Camera 图层的第 30 帧插入关键帧。将
播放头移动到第 1 帧，向左拖动摄像头控制手柄将风景画缩小为舞台大小（不需要精
确），移动摄像头使风景画覆盖舞台。在 Camera 图层创建传统补间动画。用"选择工具"
调整男孩在第 30 帧的位置后，创建传统补间动画。

第 8 章　文本的使用

内容提要

本章介绍了创建和编辑文本的方法，修饰文本和设置文本属性的方法，文本特效的制作方法，常用的文本动画制作方法，滤镜的应用。

学习建议

首先掌握在动画中添加文本、设置文本属性的方法。掌握利用分离文本制作文字特效的方法及常用的文本动画的制作方法。

8.1　输入文本

Animate 动画设计中很多时候要用到文字信息。Animate 中的文本有静态文本、动态文本、输入文本三种文本类型。利用静态文本可制作各种文字动画效果，利用动态文本可动态显示文字信息，利用输入文本可动态输入文字信息。

在制作动画中，需要文本时，可以用"文本工具"输入文本。

在"工具"面板中选择"文本工具"，并在文本工具"属性"面板中选择文本类型。默认选择"静态文本"类型，如图 8-1 所示。

图 8-1　选择文本类型

输入文本有以下两种方法。

（1）选择"文本工具"后，在舞台中单击确定输入文本的位置，如图 8-2 所示。随着输入文本，文本框会向右加宽，不会自动换行，如图 8-3 所示。

图 8-2　用"文本工具"单击　　　　图 8-3　输入文本时自动加宽文本框

提示：单击创建的文本框右上角将出现小圆圈句柄。

（2）选择"文本工具"后，在舞台中拖动鼠标创建文本框，如图 8-4 所示。输入的文本遇到文本框的右边线时，会自动换行，如图 8-5 所示。

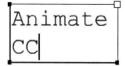

图 8-4 用"文本工具"拖动鼠标　　　　　　图 8-5 输入文本时自动换行

提示：拖动鼠标创建的文本框右上角将出现小方块。用鼠标指向小方块，当鼠标变为双箭头时，按住鼠标拖动，可以改变文本框的宽度。

两种输入方式是可以相互转换的。用鼠标指向小圆圈，当鼠标变为双箭头时，按住鼠标拖动，会变成小方块；用鼠标指向小方块，当鼠标变为双箭头时，双击鼠标将变成小圆圈。

8.2　设置文本属性

在"工具"面板中选择"文本工具"后，在文本框内选择文本，或选择"选择工具"单击文本框后，打开"属性"面板，可以设置字体、字号、颜色、样式、字符间距，还可以设置文本框大小、相对舞台位置等，如图 8-6 所示。

图 8-6　文本"属性"面板

1. 位置和大小

"位置和大小"选项组用于设置文本框的位置和大小。

2. 字符

"字符"选项组用于设置文本的字体及字体样式、文本字符的大小、字符间距、文本字符的颜色、字符的上下标等。

3. 段落

"段落"选项组用于设置文本的对齐方式、行缩进、行间距、文本左右边距。

4. 选项

选择文本框后，在"链接"文本框中输入网址（URL），可以建立文本的超链接，如图 8-7 所示。"目标"列表中指定在浏览器打开网页的位置。

测试效果,如图 8-8 所示。

图 8-7　建立文本超链接

图 8-8　测试超链接效果

提示: 也可以用"文本工具"选择文本字符后,对选择的文本字符建立超级链接。编辑文本时,有超链接的文本字符下方将显示点。

5. 文本的方向

选择文本框或选择文本后,单击"改变文本方向"按钮,可以设置文本方向。文本方向有"水平""垂直"和"垂直,从左向右"三种排列方式,如图 8-9 所示。

提示: 选择"垂直"或"垂直,从左向右"排列方式后,在"字符"项中显示"旋转"按钮,如图 8-10 所示。选择或取消选择"旋转"按钮,可以改变字母字符的方向。

图 8-9　设置文本方向

图 8-10　"旋转"按钮

不同的文本方向排列方式效果,如图 8-11 所示。

图 8-11　不同的文本方向排列效果

提示: "垂直"或"垂直,从左向右"排列方式下,汉字只支持默认字体。

【例 8-1】 文字动画。

动画情景: 文字"文字动画设计"从小逐渐变大后,一线条从左侧逐渐变长,最后文字

"Animate CC"从舞台右侧出现并移动到舞台右下角。

（1）新建文档。设置舞台为800×400px，白色背景。

（2）创建3个元件，分别命名为"主题""落款"和"线条"。

在"主题"元件，输入文本"文字动画设计"，80磅，隶书，字间距10，相对舞台居中。

在"落款"元件，输入文本"Animate CC"。40磅，Courier New系列、Bold样式，字间距5，相对舞台居中。

在"线条"元件绘制一个水平方向的线条，宽600px，相对舞台居中。

（3）单击"场景1"按钮，返回场景。创建3个图层，分别命名为"主题""线条"和"落款"。将3个元件分别拖放到相应图层的第1帧，并调整实例的位置，如图8-12所示。

（4）在"主题"图层中，右击第1帧，在弹出的快捷菜单中选择"创建补间动画"命令，创建补间动画，并在第10帧插入"缩放"属性关键帧。单击选择第1帧中的"主题"实例后，选择"任意变形工具"，用鼠标拖动句柄缩小"主题"实例。

（5）在"线条"图层中选择第1帧，用鼠标拖动到第15帧。右击第15帧，在弹出的快捷菜单中选择"创建补间动画"命令，创建补间动画。在第20帧插入"缩放"属性关键帧。用"任意变形工具"选择第15帧中的"线条"实例后，用鼠标拖动实例中心"○"到线条的左端，并将线条右端的句柄向左侧拖动缩短线条的长度。

提示：将第1帧移动到其他目标帧后，第1帧变为空白关键帧，目标帧变为关键帧。在目标帧创建补间动画时，补间动画只有1个关键帧，可以通过插入帧增加动画帧（增加补间范围）。

实例是以实例中心"○"为基准缩放的。

（6）在"落款"图层中，选择第1帧拖动到第25帧，并创建补间动画。在第30帧插入"位置"属性关键帧。将第25帧中的实例拖动到舞台右侧外。

（7）在3个图层的第35帧分别插入帧，延长各图层的动画帧，如图8-13所示。

图8-12 舞台中实例的布局

图8-13 完成动画的场景

（8）测试影片。

提示：此例中的补间动画也可以用传统补间动画制作。

8.3 常用于文本的特效

8.3.1 分离文本

用"文本工具"输入的文本是组合状态。制作动画(如形状补间动画)时,往往需要进行分离文本操作。分离文本有两种:一种是从输入的文本分离出文字,这时还是文本状态;另一种是文字分离状态,这时不再是文本状态,已经变成形状。

选择文本框后,执行菜单"修改"→"分离"命令,将文本分离出文字,即每个文字可独立编辑;再执行一次分离命令,将分离出的文字分离成形状,可以按形状进行各种编辑,如图 8-14 所示。

(a)   (b)   (c)

图 8-14　分离操作前后的文本变化

提示:请注意观察"属性"面板中对象类别的区别。

8.3.2 文字特效

1. 分离为文字后,分别修饰文字

对文本进行一次分离操作,分离出文字后,可以将文字分别进行修饰,如图 8-15 所示。

图 8-15　分离出文字后,分别修饰

2. 文字分离为形状后,制作彩色字

文本连续分离两次后,文本处于分离(形状)状态,可以像分离的形状一样填充。

(1)用"选择工具"选择全部或部分文字形状后,可以用"颜料桶工具"填充被选择部分,如图 8-16 所示。

Animate　Animate

图 8-16　文字分离后,用"颜料桶工具"填充

(2)在"工具"面板中,单击"填充颜色"按钮选择渐变颜色后,用"选择工具"选择文本

形状,再选择"颜料桶工具"单击文本形状,可以将文本形状填充为渐变颜色,如图 8-17 所示。文本形状未被选择状态,用"颜料桶工具"单击一个文字形状,可以填充一个文字的形状,如图 8-18 所示。

图 8-17　彩色文本　　　　　　　　　　　图 8-18　彩色文字

提示:用"选择工具"选择文本形状后,在"工具"面板,单击"填充颜色"按钮选择渐变色,或在"属性"面板,单击"填充颜色"按钮选择渐变颜色,可以为选择的文本形状填充渐变色。

(3)选择"渐变变形工具",单击渐变色填充的文本形状,或单击渐变色填充的文字形状后,可以调整文本形状或文字形状的渐变色填充效果,如图 8-19 所示。

图 8-19　用"渐变变形工具"调整填充效果

3. 文本的形状补间动画

形状补间动画起止帧中的动画对象必须是形状。因此,制作文本变形补间动画时,首先要将文本分离为形状。

【例 8-2】 文字变形动画。

动画情景:英文"Animate"逐渐地变形为中文"动画制作"。

(1)新建 ActionScript 3.0 文档。

(2)在"图层_1"的第 1 帧,输入文本"Animate",并修饰(字体 Arial 系列 Black 样式,60 点,黑色)。在第 15 帧插入空白关键帧,输入文本"动画制作",并修饰(字体隶书系列,60 点,黑色)。分别调整两个关键帧中的文本位置,如图 8-20 所示。

图 8-20　两个关键帧分别输入文本

提示:为了使两个关键帧中的文本中心对齐,可以使用相对舞台对齐,也可以使用辅助线作参照。执行菜单"视图"→"标尺"命令显示标尺后,分别从横向和纵向标尺拖动鼠标拖出辅助线。

（3）分别将两个关键帧中的文本分离为形状（两次分离操作）。

（4）在第 1～15 帧创建形状补间动画，如图 8-21 所示。

图 8-21　创建形状补间动画

（5）测试动画。

8.3.3　文字分布到各图层

从文本分离出文字后，将文字分布到不同的图层，可以制作每个文字独立的动画。

【例 8-3】　文字分布到各图层的动画。

动画情景：文本"Animate"按照字母书写顺序分别出现。

（1）新建文档。

（2）在"图层_1"的第 1 帧，输入文本"Animate"，并将文本分离一次，如图 8-22 所示。

（3）拖动鼠标选择分离后的所有文字（或部分文字），执行菜单"修改"→"时间轴"→"分散到图层"命令，或右击被选文字，在弹出的快捷菜单中选择"分散到图层"命令，将插入与选择文字个数相同数目的新图层，并将选择的文字分散到新建的各图层，如图 8-23所示。

图 8-22　分离文本为文字

图 8-23　文字分散到图层

提示：将文本分离后，分散被选文字到图层时，将为每个文字创建一个以该文字为名的新图层，并分别移动到第 1 帧。如果选择全部文字分散到图层，则源图层中源文本所在的帧，将变成空白关键帧。如果没有其他内容，可以删除该图层。

（4）删除"图层_1"。文本分散到图层后，该图层的第1帧是空白关键帧。

（5）分别在所有文字所在图层的第10帧插入帧，如图8-24所示。

提示：用鼠标拖动选择文字所在所有图层的第10帧后，执行"插入帧"命令，可以在所选帧插入帧。

（6）在每个图层分别创建补间动画，如图8-25所示。

图8-24　每个图层第10帧分别插入帧　　　图8-25　每个图层分别创建补间动画

（7）在第一个字母所在的图层"A"，选择所有补间动画帧（第1～10帧）后，用鼠标拖动被选部分，向后移动2帧（拖动到第3～12帧）。同样的方法，上一图层"n"的所有动画帧，向后移动4帧。以此类推，越往上一个图层多移动两个帧，如图8-26所示。

（8）在所有图层的第25帧插入帧，延长时间。利用拖动鼠标的方法，选择所有文字所在图层的第25帧插入帧，如图8-27所示。

图8-26　调整各图层中的动画　　　　　图8-27　完成动画的时间轴

（9）测试影片。

提示：分别调整每个图层动画片段起止帧中的文字位置以及文字变形等操作，可以制作其他的文字动画效果。

8.3.4　文本添加滤镜效果

用"选择工具"选择文本框后，打开"属性"面板中的"滤镜"选项组。单击"添加滤镜"按钮，打开"滤镜"菜单，如图8-28所示。在打开的菜单中选择滤镜效果，并设置所选择的滤镜效果参数。这里选择"投影"效果，如图8-29所示。

提示：添加到文本框的滤镜效果将在列表框中列出相应的项目。如果要删除已添加的滤镜效果，则在列表框中选择项目，单击"删除滤镜"按钮，可以删除滤镜效果。

【例8-4】　滤镜效果的动画。

动画情景：一名武士从左侧进入舞台后，在舞台左侧文字"舞剑的勇士"从模糊状态出现。

图 8-28　"滤镜"菜单　　　　　　　　　图 8-29　文本添加投影滤镜效果

（1）新建 ActionScript 3.0 文档。

（2）创建两个元件，分别命名为"武士"和"文本"。

在元件"武士"中导入武士图片（素材\图片\PNG\武士.png）。在元件"文本"中输入文本"舞剑的勇士"。

（3）单击"场景 1"按钮，返回到场景。创建两个图层，分别命名为"武士"和"文本"。

（4）在"武士"图层，将"武士"元件拖动到第 1 帧舞台的左侧，并创建补间动画。在第 10 帧插入"位置"属性关键帧后，将第 1 帧中的实例拖动到舞台左侧外。

（5）在"文本"图层，在第 11 帧插入空白关键帧。将"文本"元件拖动到第 11 帧舞台的右侧，并创建补间动画。在第 20 帧插入帧，并选择该帧中的实例后，打开"属性"面板中的"滤镜"选项组，添加"模糊"滤镜，并将"模糊 X"和"模糊 Y"均设置为 0。选择第 11 帧中的实例，在"滤镜"选项组，设置"模糊 X"为 50，"模糊 Y"为 0。

（6）分别在两个图层的第 25 帧插入帧。

（7）测试影片。完成动画的场景，如图 8-30 所示。

图 8-30　完成动画的场景

8.4 图形文字的应用

在 Windows 字体中，Webdings、Wingdings、Wingdings 2、Wingdings 3 是图形文字体，这些图形文字体对应英文字母 A～Z 和 a～z。对应英文字母"A、B、C"大小写所对应的图形文字，如图 8-31 所示。在制作动画时，可以利用这些图形文字。

图 8-31　图形文字

提示：在网址 http://www.flashkit.com/fonts/Dingbats/，可以下载其他图形文字。将下载的字体文件复制到 Windows 系统目录下的 windows\fonts 文件夹内即可使用。

8.5 动画举例

8.5.1 文字片头动画

【例 8-5】 文字片头动画。

动画情景：一行文字"文字片头动画"，从窗口上方移动到窗口中央位置后，保持不动。出现两个同样的文字分别向两侧移动。移动过程中放大，并颜色变淡。落款文字"Animate 练习"，一直显示在右下角。

（1）新建 ActionScript 3.0 文档，设置舞台为 800×400px，白色背景。

（2）创建两个元件，分别命名为"主题"和"落款"。

在"主题"元件窗口，输入文本"文字片头动画"，80 磅，华文行楷。

在"落款"元件窗口，输入文本"Animate 练习"，40 磅，华文彩云。

（3）单击"场景 1"按钮，返回到场景。创建三个图层，分别命名为"主题""向左""向右"。将"主题"元件分别拖动到三个图层的第 1 帧。拖动鼠标选择三个图层的第 1 帧，选择三个图层中的实例，打开"对齐"面板，设置相对舞台水平居中和垂直居中（这时三个图层中的实例叠加在一起，并将实例放置在舞台中央）。锁定所有图层，如图 8-32 所示。

图 8-32　将各图层中的实例对齐

提示：这里也可以将"主题"元件拖动到"主题"图层的第 1 帧，并将实例调整到合适的位置。再复制"主题"图层的第 1 帧，分别粘贴到其他两个图层的第 1 帧。

还可以利用"复制图层"或"拷贝图层"命令，创建"向左"和"向右"图层。

（4）解锁"主题"图层。在第 1 帧创建补间动画后，选择第 10 帧插入"位置"属性关键帧。调整第 1 帧中的实例到舞台的上方。锁定图层。

（5）解锁"向右"图层。将第 1 帧移动到第 11 帧，并创建补间动画，在第 25 帧插入帧。将第 25 帧中的实例拖动到舞台的右侧（部分文字可以在舞台外），并放大到 150%（执行菜单"修改"→"变形"→"缩放与旋转"命令），将实例设置为透明（在实例"属性"面板的"色彩效果"选项组中，"样式"选择 Alpha，并设置为 0）。锁定图层。

（6）解锁"向左"图层。将第 1 帧移动到第 11 帧，并创建补间动画，在第 25 帧插入帧。调整第 25 帧中的实例拖动到舞台的左侧（部分文字可以在舞台外），并放大到 150%，将实例设置为透明。锁定图层。

（7）插入新图层，命名为"落款"，并将该图层移动到最下层。将"落款"元件拖动到第 1 帧舞台的右下角。

（8）在所有图层的第 30 帧插入帧，延长动画。

（9）测试动画。完成动画的场景，如图 8-33 所示。

【例 8-6】　动画片头效果。

动画情景：一线条从中心向两边变长后，从这条线的底部上升一行文字"Animate CC"。

（1）新建 ActionScript 3.0 文档。

（2）新建两个元件"线条"和"文字"。在"线条"元件绘制一条水平线条，长度略短于舞台宽度。在"文字"元件输入文本"Animate CC"。

（3）单击"场景 1"按钮，返回场景。创建两个图层"线条"和"文字"。

（4）将"线条"和"文字"元件，分别拖放到相应图层的第 1 帧，并调整实例的位置。如图 8-34 所示。

图 8-33 完成动画的场景

（5）在"线条"图层，选择第 1 帧创建补间动画，并在第 10 帧插入"缩放"属性关键帧。用"任意变形工具"选择第 1 帧中的"线条"实例，向中心位置拖动句柄缩短线条长度。

提示：也可以选择实例后，执行菜单"修改"→"变形"→"缩放和旋转"命令，在打开的"缩放和旋转"对话框中设置缩小的比例（如 10%）。

（6）在"文字"图层，选择第 1 帧移动到第 15 帧，并创建补间动画。在第 25 帧插入"位置"属性关键帧。将第 15 帧中的"文字"实例拖动到舞台的下半部分。

（7）分别在两个图层的第 35 帧插入帧，延长动画帧。

（8）在"文字"图层上方创建新图层"矩形"。在第 15 帧插入空白关键帧，并绘制任意填充色的矩形。矩形下边线对齐线条，大小为覆盖线条上方出现文字的区域（或舞台）。

（9）将"矩形"图层转换为遮罩层。

提示：也可以在"矩形"图层绘制背景色的矩形，覆盖线条下方的文字，不做遮罩层。

（10）创建新图层，命名为"落款"，在第 1 帧输入文本"Animate 练习"。将图层拖动到最下层，如图 8-35 所示。

图 8-34 舞台中的实例布局

图 8-35 完成动画的场景

（11）测试影片。

8.5.2 文字遮罩动画

【例 8-7】 文字遮罩动画。

动画情景：一个圆在一行灰色文字上移动，圆所到部分的文字显示为蓝色。

（1）新建 ActionScript 3.0 文档。设置舞台为 700×400px，白色背景。

（2）创建 3 个元件，分别命名为"灰色字""蓝色字""圆"。

在元件"灰色字"中，输入"Animate 动画制作竞赛"，70 磅，隶书，浅灰色。

在元件"蓝色字"中，输入"Animate 动画制作竞赛"，70 磅，隶书，蓝色。

提示：也可以在元件"库"面板直接复制"灰色字"元件（右键快捷菜单中）创建"蓝色字"元件后，修改文本的颜色。

在"圆"元件，绘制一个无边框的圆。大小比文字（70 磅）的高度大一些，这里设直径为 100px。

（3）返回场景。创建 3 个图层，从上到下分别命名为"圆""蓝色字""灰色字"。分别将元件拖放到相应的图层，并将图层"灰色字"和"蓝色字"中的文本实例叠加（对齐）；"圆"图层中的实例放置在文字的左侧位置。锁定所有的图层，如图 8-36 所示。

图 8-36 实例在舞台中的位置

（4）分别在"蓝色字"和"灰色字"图层的第 20 帧插入帧。

（5）解锁"圆"图层。选择第 1 帧创建补间动画，在第 20 帧插入"位置"属性关键帧。选择第 10 帧，将实例（圆）移动到文字的右侧。删除第 20 帧后的帧，锁定图层。

（6）将"圆"图层转换为遮罩层。

（7）测试影片。最终的动画场景，如图 8-37 所示。

图 8-37 完成的场景

8.5.3　彩虹文字效果

【例 8-8】　动态的彩虹文字。

动画场景：不断变化色彩的文字。

（1）新建 ActionScript 3.0 文档。设置舞台为 700×400px，白色背景。

（2）创建两个元件，分别命名为"文字""矩形"。

在"文字"元件，输入文本"彩虹文字效果"，80 磅，隶书，字间距 10。

在"矩形"元件，绘制一个矩形，长宽比文本大（这里设置为 650×100px），填充彩虹渐变色效果。

（3）返回场景。创建两个图层"矩形""文字"。"文字"图层在上。

（4）将元件分别拖放到各相应的图层，并调整各实例的位置。文字实例与舞台水平居中，矩形实例与文字实例右对齐（保持覆盖文字）。锁定所有图层，如图 8-38 所示。

图 8-38　各实例在舞台的位置

（5）分别在两个图层"文字"和"矩形"的第 20 帧插入帧。

（6）解锁"矩形"图层，创建第 1～20 帧的补间动画，在第 20 帧插入"位置"属性关键帧。选择第 10 帧，将该帧中的实例（矩形）向右拖动与文本实例左对齐（保持覆盖文字）。锁定图层。

（7）将"文字"图层转换为遮罩层。

（8）测试影片。最终的动画场景，如图 8-39 所示。

图 8-39　完成动画的场景

提示：将"矩形"元件中的矩形换成图片，即可得到文字中变化的图片。

8.5.4 文字广告效果制作

【例 8-9】 文字动画广告。

动画情景：一个矩形框由小变大后,在矩形框内线条从短变长,然后一行文字从线条下方上升起到线条上方。一支铅笔移动到文字处跳动改变文字的颜色与铅笔的颜色相同,最后在直线的下方一行文字从舞台的左边向右移动到中央。

提示：英文惊叹号"!"(英文输入法状态输入)的 Wingdings 字体是铅笔图形。

(1) 新建文档。设置舞台大小为 840×440px,白色背景。

(2) 创建五个元件,分别为"矩形""主题""主题红""线条""落款""铅笔"。

在"矩形"元件,绘制无填充色的黑色矩形框,大小为 800×400px。

在"主题"元件,输入文本"Animate 广告设计",华文彩云、80 磅、字间距 10、蓝色。

在"主题红"元件,输入文本"Animate 广告设计",华文彩云、80 点、字间距 10、红色。

在"线条"元件,绘制黑色的水平线条,长度比矩形框宽度短。这里设置为 750px。

在"落款"元件,输入文本"Animate 练习",华文行楷、40 点、字间距 10、蓝色。

在"铅笔"元件,输入英文符号"!",字体设置为 Wingdings、80 点、红色。分离文字,并垂直翻转。

(3) 返回到场景。创建图层"矩形""线条""铅笔""落款""主题""主题红"。

分别将元件拖动到相应图层的第 1 帧,并调整各实例在舞台中的位置(希望的最终效果),如图 8-40 所示。锁定所有图层。

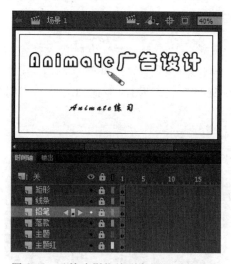

图 8-40 元件分别拖放到各图层后的效果

提示：图层的顺序按照显示效果的要求调整。显示在前面的图层放在上方。

(4) 解锁"矩形"图层,选择第 1 帧创建补间动画,在第 10 帧插入"缩放"属性关键帧。选择第 1 帧,将矩形缩小(用"任意变形工具"单击实例"矩形",将鼠标指向角句柄,按住 Shift 键,同时按住鼠标左键向中心方向拖动)。在第 60 帧插入帧。锁定图层。

(5) 解锁"线条"图层,将第 1 帧移动到第 15 帧,并创建补间动画。在第 20 帧插入"缩放"属性关键帧,选择第 15 帧,将线条向中心方向缩短。在第 60 帧插入帧。锁定图层。

(6) 解锁"主题"图层,将第 1 帧移动到第 23 帧,并创建补间动画。在第 30 帧插入"位置"属性关键帧,选择第 23 帧,将"主题"实例移动到直线段下方。在第 60 帧插入帧。锁定图层。

(7) 解锁"铅笔"图层,将第 1 帧移动到第 32 帧,并创建补间动画。在第 35 帧插入"位置"属性关键帧,选择第 32 帧,将"铅笔"实例移动到舞台右下角位置。在第 35 帧、第 37 帧、第 40 帧分别插入"旋转"属性关键帧。在第 37 帧,将实例逆时针旋转约 45°(动画效果是挑一次铅笔,可以用"任意变形工具"旋转)。在第 60 帧插入帧,锁定图层。

(8) 解锁"主题红"图层,将第 1 帧移动到第 40 帧,在第 60 帧插入帧。锁定图层。

(9) 解锁"主题"图层,删除第 40 帧以后的帧。锁定图层。

(10) 解锁"落款"图层,将第 1 帧移动到第 42 帧,并创建补间动画。在第 50 帧插入"位置"属性关键帧,选择第 42 帧,将实例"落款"向右移动到舞台左侧外。在第 60 帧插入帧。锁定图层。

(11) 测试影片。测试发现有不完善之处。文本"Animate 广告设计"在直线下方不应该显示。铅笔和文本"Animate 练习"不应该在矩形外开始显示。可以利用遮罩层解决。

(12) 选择"主题"图层,单击"新建图层"按钮,在该图层上方创建新图层"遮罩"。在"遮罩"图层的第 1 帧(或在第 23 帧插入空白关键后,在第 23 帧)绘制一个单色的矩形(大小和位置根据显示文本而定,矩形的下边对齐直线)。将该图层转换为遮罩层。

提示:为方便确定矩形的大小和位置,在新建图层的第 30 帧(文本"Animate 广告设计"动画结束)后的某一帧插入空白关键帧。在该帧绘制矩形,再把该帧移动到第 1 帧(或 23 帧)。

(13) 选择"落款"图层,在上方创建新图层"遮罩"。在"遮罩"图层的第 1 帧(或在第 42 帧插入空白关键后,在第 42 帧)绘制一个单色的矩形(大小和位置根据显示文本而定)。将该图层转换为遮罩层。

(14) 测试影片。测试后,发现矩形框的边线太细。在元件"库"双击元件"矩形",打开元件编辑窗口,用"选择工具"双击选择矩形后,在"属性"面板的"填充和笔触"选项组设置"笔触"为 3px。最终的时间轴,如图 8-41 所示。

提示:制作动画时,首先将各元件分别拖动到相应的图层,按照动画最终效果,调整各实例的位置。每个动画片段均调整动画起始帧中实例的位置。这样容易控制动画对象在影片中的位置,能够做到影片中各元素的布局合理,画面美观。

8.5.5 利用动画预设制作文本动画

【**例 8-10**】 利用"烟雾"预设制作文本动画。

动画情景:文字依次从舞台右侧进入,文字以烟雾方式向上散去。

(1) 新建 ActionScript 3.0 文档。舞台大小为 600×200px,白色背景。

(2) 在"图层_1"的第 1 帧舞台输入文本"字幕烟雾散去效果"(华文琥珀、50 点、蓝色、字母间距 10.0),文本相对舞台水平、垂直居中对齐,将文本分离为文字。

（3）用鼠标右击"图层_1"，在弹出的快捷菜单中选择"复制图层"命令，在"图层_1"上方创建新的图层"图层_1 复制"，隐藏和锁定该图层。

选择"图层_1"第 1 帧中的所有文字，执行"分散到图层"命令，将文字分散到新的图层，删除"图层_1"图层，如图 8-42 所示。

图 8-41　完成动画后的时间轴　　　　　图 8-42　将文字分散到图层

（4）选择除"图层 1 复制"外的所有图层的第 10 帧插入帧，并创建补间动画。在所有图层的第 10 帧，插入"位置"属性关键帧。

提示：拖动选择多个图层的帧后，可以在多个图层创建补间动画和插入属性关键帧。

（5）选择除"图层 1 复制"外的所有图层的第 1 帧，选择所有文字实例后，拖动到舞台右侧外（或选择所有实例后，在文本"属性"面板的"位置和大小"选项组中 X 坐标设置为 600）。从下方倒数第 2 个图层"幕"开始，选择每个图层的第 1～10 帧（或单击图层名称），依次向上每一个图层比下面的图层向右多移动 5 帧。分别在这些图层的第 60 帧插入帧，如图 8-43 所示。

图 8-43　各图层补间动画结果

（6）显示和解锁"图层1复制"，隐藏其他所有图层。将"图层1复制"中的文字逐个转换为"影片剪辑"类型元件。将转换后的所有文字实例，分散到图层（"元件1"～"元件8"）。删除"图层1复制"。

（7）选择图层"元件1"～"元件8"的第1帧拖动到第60帧。在第60帧均被选择状态下，执行菜单"窗口"→"动画预设"命令，打开"动画预设"面板。在面板中选择"默认预设"→"烟雾"→"应用"，给每个影片剪辑实例应用"烟雾"动画效果，如图8-44所示。

（8）分别在图层"元件1"～"元件8"中，补间动画结束帧拖动到第80帧。

提示：鼠标指向动画结束帧。指针变为双箭头时拖动，可以改变动画帧数。

图8-44　"动画预设"面板

（9）图层"元件1"～"元件8"中，分别选择每个补间动画的路径，在"属性"面板的"路径"选项组中设置"高"为100。再调整补间动画中间属性关键帧的位置，产生先后散去烟雾的效果。

提示：按住Ctrl键单击帧，可以选择补间动画的1个帧。

（10）测试影片。最终场景效果，如图8-45所示。

图8-45　完成动画的场景

思考题

1. Animate中有几种文本类型？每种文本类型的作用是什么？

2. 如何使用"文本工具"创建静态文本框？两种静态文本框有何不同？它们明显直

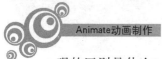

观的区别是什么?

3. 静态文本框右上角的小圆圈和小方块表示什么含义?如何转换两种静态文本框?

4. 利用文本"属性"面板可以设置哪些文本的属性?

5. 如何给输入的文本字符添加滤镜效果?

6. 如何将文本字符分离成单个字符?如何进一步分离成图形字符?

操作题

1. 在舞台上输入自己的名字,并设置字体为隶书,颜色为蓝色,字号为75点。

2. 在舞台上输入自己的名字,将其设置为文本超链接。

3. 在舞台上输入自己的名字,将其分离为形状后,添加蓝色边框,填充由黄色渐变到红色渐变效果。分别设置为文本渐变和单字符渐变。

4. 制作彩虹字动画。

5. 逐渐显示文字(打字)的动画。

第9章 元件、库和实例

内容提要

本章介绍了元件、库和库面板、实例的概念，元件的类型及创建元件的方法，实例与元件的关系，制作按钮元件的方法和按钮的应用技术，动画中实现交互的常用方法。

学习建议

首先掌握创建三种类型元件的方法，注意区分元件的类别及其在动画制作中的作用。掌握按钮的制作方法及按钮元件中各帧的作用，逐渐掌握按钮的应用技巧。

9.1 元件

元件是 Animate 中重要而特别的对象，它包含几乎所有可显示的对象内容，是可反复使用的图形、按钮或动画片段（影片剪辑）。元件中的动画片段能独立于主动画播放。在动画中重复使用元件，除可以减小 Animate 文件的大小外，还可以提高动画的制作效率。对元件进行修改编辑后，应用元件的动画（实例）会自动更改。

9.1.1 元件的类型

Animate 中的元件有三种类型，在元件库中用不同的图标显示，如图 9-1 所示。"元件 1"是"图形"类型，"元件 2"是"影片剪辑"类型，"元件 3"是"按钮"类型。

提示：拖动元件列表标题栏中的项目名称，可以更改项目的显示顺序。

1. "图形"类型

"图形"类型元件用于创建可以重复使用的图形或图像，是制作动画的基本元素之一，主要用来存放静止的图片。"图形"类型元件可以是由多个帧组成的动画，但在影片中既不能独立播放，也不能用动作脚本控制。

2. "影片剪辑"类型

在"影片剪辑"类型元件中，由多个帧组成的动画可以独立播放，是主动画的一个组成部分。当播放主

图 9-1 元件"库"中的元件

动画时，"影片剪辑"类型元件实例也在循环播放，因此，"影片剪辑"类型元件是包含在影片中的影片片段。"影片剪辑"类型元件是 Animate 中应用广泛、功能强大的一种元件类型。

3．"按钮"类型

"按钮"类型元件用于响应鼠标事件，如滑过、单击等操作，可以在影片中创建交互按钮，通过事件来激发它的动作。"按钮"可以添加事件的交互动作，使其具有交互功能，从而实现 Animate 影片的交互性。

9.1.2　创建元件的方法

1．利用"库"面板创建元件

在"库"面板中，单击"新建元件"按钮，打开"创建新元件"对话框，如图 9-2 所示。

图 9-2　"创建新元件"对话框

在对话框中的"名称"文本框中输入元件的名称，单击"类型"按钮，在打开的列表框中选择元件的类型，单击"确定"按钮。这时，在"库"面板中添加了新元件，同时打开新元件的编辑窗口。

提示：执行菜单"插入"→"新建元件"命令，也可以打开"创建新元件"对话框。

2．将舞台中的对象转换为元件

在舞台中选择一个对象（形状图形、绘制对象图形、位图、文本字符或实例等），单击鼠标右键，在弹出的快捷菜单中选择"转换为元件"命令，打开"转换为元件"对话框，如图 9-3 所示。

图 9-3　"转换为元件"对话框

在对话框中的"名称"文本框中输入元件名称，单击"类型"按钮，在打开的列表框中选择元件的类型，"对齐"中选择对齐方式（注册点），单击"确定"按钮。这时，当前窗口还是原来的舞台，但舞台上的对象已成为新元件的实例，并在"库"面板中添加了新元件。

提示：执行菜单"修改"→"转换为元件"命令，也可以打开"转换为元件"对话框。

"转换为元件"对话框中的"对齐"用于设置对象与元件编辑窗口中坐标原点的对齐方式，即指定元件的注册点。

舞台中的任何形状以及实例均可以转换为元件，也可以选择多个对象转换为元件。

在"库"面板中单击元件的图标，可以在"库"面板的预览窗口浏览元件的内容；用鼠标双击元件图标可以打开该元件的编辑窗口，并可以编辑该元件。

在图层上复制一段动画帧后，将其粘贴到其他图形元件或影片剪辑元件指定图层的帧，可以将动画片段插入到该元件中。

9.1.3　更改元件的类型

三种元件的类型可以互相转换。在"库"面板中，右击要更改类型的元件，在打开的快捷菜单中执行"属性"命令，打开"元件属性"对话框。在对话框中，单击"类型"按钮，在打开的列表框中选择要转换的元件类型，单击"确定"按钮，更改元件的类型，如图9-4所示。

图9-4　"元件属性"对话框

提示：单击"库"面板底部的"属性"按钮，也可以打开"元件属性"对话框。在"库"面板中更改元件类型，不影响舞台中该元件实例的类型。

9.1.4　直接复制元件

直接复制元件可以创建新元件(元件的副本)，也可以在保留原来元件的同时更改元件的类型。在"库"面板中右击元件，在弹出的快捷菜单中选择"直接复制"命令，打开"直接复制元件"对话框。在对话框中，输入新元件名称和选择元件的类型，单击"确定"按钮，创建新元件，如图9-5所示。

图9-5　直接复制元件

提示：在舞台中右击实例，在弹出的快捷菜单中选择"直接复制元件"命令，打开"直接复制元件"对话框，如图9-6所示。在对话框中，命名元件的名称，单击"确定"按钮，可以创建直接复制的同类型元件副本。复制新元件后，舞台中的实例更改为新元件的实例。执行菜单"修改"→"元件"→"直接复制元件"命令，也可以打开"直接复制元件"对话框。

图9-6 "直接复制元件"对话框

9.1.5 图形元件和影片剪辑元件的区别

初学者不容易分清楚"影片剪辑"类型元件和"图形"类型元件的区别，下面举例说明。

【例9-1】 "影片剪辑"类型和"图形"类型元件的区别。

动画情景：舞台中有"影片剪辑"类型元件的实例和"图形"类型元件的实例。了解两种类型元件的区别。

(1) 新建ActionScript 3.0文档。

(2) 新建"图形"类型元件，命名为"圆"，并在其中绘制一个圆。

(3) 新建"图形"类型元件，命名为"图形元件"，并打开元件编辑窗口。将元件"库"中的"圆"元件拖动到"图层_1"的第1帧，在第20帧插入帧，创建补间动画。分别在第10帧和第20帧插入"缩放"属性关键帧，并将第10帧中的实例适当地放大，如图9-7所示。

(4) 在"库"面板中，右击"图形元件"，在弹出的快捷菜单中选择"直接复制"命令，在打开的"直接复制元件"对话框中，输入新元件的名称"影片剪辑元件"，选择"影片剪辑"类型，单击"确定"按钮，创建"影片剪辑"类型元件，如图9-8所示。

图9-7 "图形元件"中的动画

图9-8 "影片剪辑元件"中的动画

(5) 单击"场景1"按钮，返回场景。创建两个图层，分别命名为"图形"和"影片剪辑"，并将"图形元件"和"影片剪辑元件"分别拖动到"图形"和"影片剪辑"图层的第1帧。将"图形元件"实例放在左侧，"影片剪辑元件"实例放在右侧。

（6）插入新图层，命名为"文本"。在第1帧输入两个文本"图形元件"和"影片剪辑元件"，分别调整文本位置到相应的实例下方，如图9-9所示。

（7）测试影片。"影片剪辑元件"的实例能够播放动画，而"图形元件"的实例是静态的，不能播放动画。在3个图层的第20帧均插入帧，再测试影片。"图形元件"的实例能够播放动画，如图9-10所示。

图9-9　两个元件的实例

图9-10　延长动画时间

提示："影片剪辑"类型元件作为实例时，即使只有一个帧也会不停地循环播放元件中的动画；而"图形"类型元件就不能播放动画。"图形"类型元件实例只有提供与元件相同的帧数时，才能完整播放元件中的动画。在场景只提供10个帧会怎样？请读者测试。

在动画制作中，一般"图形"类型元件用来存放静态的对象（只有一帧），用来制作动画的元素。因为一个图片或形状转换成元件后，放到别的元件或场景中，可以方便修改色调、透明度等属性。而且，转换成元件的图形，是属于组合状态的，在制作动画的时候就不会轻易被修改。另外，如果在制作动画时发现图形的某个地方绘制的不合适，但已经做了多个帧的动画，此种情况下，如果这个图形是元件，只要修改元件中的内容，则舞台中该元件的实例全部得到修改，不需要一帧一帧去修改。

提示：当一个元件在舞台上有多个实例时，对其中的实例进行修改，不会影响对应"库"中的元件。删除舞台上这个元件的所有实例，"库"中的元件不会被删除。修改"库"中的元件时，舞台上的所有该元件的实例都会与之同步修改；删除"库"中元件，将删除舞台上的所有该元件的实例。

9.2　库

用Animate制作动画时，导入的素材或创建的元件都会放到"库"面板中。

9.2.1　库的概述

"库"是用来存储与当前Animate动画文档有关的符号（或元素）。符号既可以是由Animate生成的，也可以是导入到Animate文档创建的。由设计者创建的符号叫作元件。在制作动画的过程中,利用"库"还可以查看、组织这些库符号。"库"中的符号都按名称列表于"库"面板窗口中,在符号名称左侧用小图标标识该符号的类型。

在"库"面板中选择一个符号时,在"库"面板窗口的顶部显示其预览略图。如果选择的符号是动态的或者是声音文件,则可以单击预览窗口中的"播放"按钮播放。

9.2.2 库的操作

1. 打开"库"面板

如果已经关闭了"库"面板,执行菜单"窗口"→"库"命令,可以打开"库"面板,如图 9-11 所示。"库"面板的各列列出了项目名称、类型、链接状态、修改日期和在文件中使用的次数。

图 9-11 "库"面板

提示:拖动元件列表标题栏中的项目名称,可以更改项目的显示顺序。

(1)面板菜单:用于打开与面板相关的命令菜单。

(2)新建库面板:用于打开的是其他文档"库"时,创建当前文档的"库"面板。

(3)固定当前库:用于固定元件"库"面板。打开或新建其他文档时,保持显示固定的"库"面板。

(4)新建元件:用于新建元件。单击将打开"创建新元件"对话框,设置元件的名称和类型,单击"确定"按钮,进入元件编辑窗口,同时在库中也创建一个新的元件。

(5)新建文件夹:用于新建文件夹,便于管理元件。

(6)属性:用于打开所选择元件的"属性"对话框。

(7)删除:用于删除所选择的元件或文件夹。

提示:在"库"面板中,双击元件名称可对元件名称进行更改;双击元件名称左侧的元件图标,可以打开元件编辑窗口。

2. 新建元件

在"库"面板中,单击"新建元件"按钮,在打开的"创建新元件"对话框中进行相应的设置,单击"确定"按钮,创建新元件。

3. 更改元件的属性

在"库"面板中选取某个元件后,单击"属性"按钮,打开"元件属性"对话框。在对话框中可对元件的名称和类型进行重新设置。

提示:选择"位图"类型,单击"属性"按钮,将打开"位图属性"对话框,如图 9-12 所示。

图 9-12　"位图属性"对话框

单击"导入"按钮,可以选择导入位图并替换原来的位图。

"允许平滑"复选框是用于设置位图的平滑度,避免放大位图时发生严重的失真。

单击"更新"按钮更新设置的参数。

将位图导入到舞台时,除了将位图导入到舞台,还在元件"库"中存放"位图"类型的符号。相当于先将位图以"位图"类型导入到"库"后,再将该位图拖动到当前编辑窗口的舞台。如果直接将位图导入到"库",则将在"库"面板中导入"位图"类型的符号。

4. 删除元件

在"库"面板中选择要删除的元件,单击"删除"按钮或将该元件拖动到"删除"按钮上,可以删除元件"库"中的元件。

提示:选择元件后,按 Delete 键可以直接删除该元件。

5. 用"文件夹"管理元件

在"库"面板中,单击"新建文件夹"按钮,将在"库"面板中创建一个文件夹,同时文件夹名称处于编辑状态(用反显表示),在文本框中输入新文件夹的名称,创建新文件夹。在"库"面板中,用鼠标拖动元件至文件夹,即可将元件放入文件夹中。这样可以把众多元件分类放在不同的文件夹中,便于日后查看和管理。

6. 导入素材到"库"

执行菜单"文件"→"导入"→"导入到库"命令,在打开的"导入到库"对话框中选择需要的素材,单击"打开"按钮,将所选择的素材导入到当前动画文档的"库"中。

Animate除支持导入BMP、GIF、JPEG、PNG等常用文件格式外,还支持导入Illustrator的AI文件和Photoshop的PSD文件格式,也可以导入Animate(Flash)的SWF文件到"库"面板中作为影片剪辑元件。

提示:位图和矢量图导入到"库"时,将在"库"面板中分别存储为"位图"类型和"图形"类型。

7. 调用其他动画文档中的"库"

制作动画中,除了可以调用当前文档"库"中的元件外,还可以将其他动画文档"库"中的元件调用到当前动画中。

(1)执行菜单"文件"→"导入"→"打开外部库"命令,将打开"打开"对话框,如图9-13所示。

图9-13 "打开"对话框

(2)在对话框中选择需要的动画文档(.fla格式),单击"打开"按钮,将打开该动画的元件"库",如图9-14所示。左侧的为外部动画文档的"库"面板,右侧的为当前动画文档的"库"面板。

图9-14 打开的外部库和当前动画库

提示：此时将打开外部动画文档的元件"库"，而不会打开该动画文档。可以调用外部动画文档"库"中的元件，但既不能对元件进行编辑，也不能对外部库进行操作。

（3）在外部动画文档的"库"面板中选择要调用的元件，将其从"库"面板中拖动到当前文档的舞台，则将该元件作为实例放入到舞台，同时将该元件复制并存放到当前动画文档的元件"库"面板。

8．更新或替换元件内容

在"库"面板中，可以将当前 Animate 文档中的元件，更新或替换为另一个 Animate 文档中的元件，方法如下。

（1）在当前 Animate 文档的"库"面板中选择元件，单击"属性"按钮，打开"元件属性"对话框。

（2）在"元件属性"对话框中，展开"高级"选项组，单击"创作时共享"中的"源文件"按钮，打开"查找 FLA 文件"对话框。

（3）在"查找 FLA 文件"对话框中选择包含用于更新元件的 FLA 文件，单击"打开"按钮，打开"选择元件"对话框。在此对话框中选择一个元件，单击"确定"按钮，完成更新或替换元件。

9.3 实例

9.3.1 实例的基本操作

1．创建实例

将元件从"库"面板中拖动到舞台或元件编辑窗口中所形成的对象称为元件的实例。

舞台中的对象并不都是实例。例如，在舞台上用"椭圆工具"绘制一个圆，用"选择工具"选择圆后，在"属性"面板上可以看到是"形状"，如图 9-15 所示。

图 9-15　舞台中的形状对象

用"选择工具"选择舞台中的圆（形状），将其转换为元件后，这个圆就成为元件的"实例"，如图 9-16 所示。

图 9-16　舞台中的实例

2. 更改实例类型

实例的类型有"影片剪辑""按钮"和"图形"。其中,"影片剪辑"和"按钮"类型的实例还能命名"实例名称"(在动作脚本中实例是用"实例名称"识别的)。3 种实例还能相互转换类型,如图 9-17 所示。

(a)　　　　　　　　　　　(b)

(c)　　　　　　　　　　　(d)

图 9-17　实例的类型及其转换

提示:元件拖动到舞台上时,实例的类型是由元件的类型指定的。根据制作动画的需要可以更改实例的类型,更改实例的类型不影响元件的类型。如果将例 9-1 中的"图形元件"实例的类型更改为"影片剪辑"后,只有一个帧也能播放动画。但元件"库"中的元件"图形元件"的类型没有被更改。

3. 为实例交换元件

在制作动画过程中,选择关键帧中的实例,在该实例的"属性"面板中单击"交换"按钮,打开"交换元件"对话框,选择要交换的元件,可以更换为元件"库"中的其他元件。

4. 将实例分离为形状图形

实例是组合的状态。在制作动画(例如,变形动画、引导线动画、文本动画)时,经常需要将实例分离为形状。右击实例,在打开的快捷菜单中选择"分离"命令(或选择实例后,执行菜单"修改"→"分离"命令),可以将所选择的实例分离为形状。

提示:有些实例(如文本实例)需要执行多次"分离"命令,才能分离为形状。

9.3.2　实例属性的设置

在实例"属性"面板中,可以对实例的属性进行设置。不同类型元件的实例属性设置项也不相同,但都可以更改实例的位置和大小(宽和高)、色彩效果等。

提示:在舞台修改实例的属性,不会影响元件"库"中的元件;反之,修改元件的内容会影响到此元件的实例。

1. 位置和大小

"位置和大小"选项组用于查看和编辑实例的位置和大小,如图 9-18 所示。

图 9-18　"位置和大小"选项

提示：宽高比按钮用于修改实例的宽度或高度时，保持宽高比例。

2. 色彩效果

"色彩效果"选项组用于设置实例的亮度、色调、透明度等。"色彩效果"选项组的"样式"列表框，提供了 5 个选项。

（1）无：用默认值。

（2）亮度：用于设置实例的亮度，取值范围为 $-100\%\sim100\%$。0% 为实例原始的亮度，-100% 为亮度最低，100% 为亮度最高，如图 9-19(a)所示。

（3）色调：用于调整实例的色调量和颜色。"色调"值范围为 $0\%\sim100\%$。0% 为保持原来的颜色，100% 为实例颜色为由 3 种颜色混合出的颜色；"红""绿""蓝"值的范围为 $0\sim255$。调整 3 种原色值设置实例颜色。"着色"按钮用于选择颜色，如图 9-19(b)所示。

（4）高级：设置实例的透明度及透明度的偏移量和 3 种原色的百分比和偏移量，如图 9-19(c)所示。

（5）Alpha：用于设置实例透明度，取值范围为 $0\%\sim100\%$。0% 为透明，100% 为不透明，如图 9-19(d)所示。

图 9-19　"色彩效果"选项

【例 9-2】　利用图形实例的"色彩效果"选项组制作红绿灯。

动画情景：按照绿灯(0～15 帧)、黄灯(18～25 帧)、红灯(28～40 帧)顺序亮灯。

（1）新建文档。

（2）新建"图形"类型元件，命名为"圆"。在元件中绘制宽高为 100×100px 的红色圆，对齐舞台中心。

（3）新建"影片剪辑"类型元件，命名为"信号灯"。在元件中创建 3 个图层，分别为"红色""黄色""绿色"。将元件"库"中的"圆"元件分别拖动到 3 个图层的第 1 帧。按"红色"图层中的实例、"黄色"图层中的实例、"绿色"图层中的实例顺序从左到右水平排列为信号灯，相对舞台垂直中齐、水平居中分布，如图 9-20 所示。

图 9-20　"信号灯"元件

（4）在"绿色"图层中，选择第 1 帧中的实例，打开"属性"

面板。在"色彩效果"选项组的"样式"列表框中选择"色调",单击"着色"按钮,打开拾色器,选择绿色(♯00FF00),"色调"设置为100%。

在第15帧插入关键帧,并选择该帧中的实例,在"属性"面板的"色彩效果"选项组的"色调"中,单击"着色"按钮,打开拾色器,选择深灰色(♯666666),"色调"设置为100%。

(5)在"黄色"图层中,选择第1帧中的实例,打开"属性"面板。在"色彩效果"选项组的"色调"中,单击"着色"按钮,打开拾色器,选择深灰色(♯666666),"色调"设置为100%。

在第18帧插入关键帧,将该帧中的实例设置为黄色(♯FFFF00),"色调"设置为100%。

在第25帧插入关键帧,将该帧中的实例设置为深灰色(♯666666),"色调"设置为100%。

(6)在"红色"图层中,选择第1帧中的实例,打开"属性"面板。在"色彩效果"选项组的"色调"中,单击"着色"按钮,打开拾色器,选择深灰色(♯666666),"色调"设置为100%。

在第28帧插入关键帧,将该帧中的实例设置为红色(♯FF0000),"色调"设置为100%。

(7)分别在3个图层的第40帧插入帧,如图9-21所示。

(8)返回场景。创建两个图层,分别命名为"信号灯"和"箱体","信号灯"图层在上层。将"信号灯"元件拖动到"信号灯"图层的第1帧。在"箱体"图层的第1帧绘制浅灰色(♯999999)圆角矩形作为信号灯箱体,如图9-22所示。

图9-21 完成的"信号灯"元件

图9-22 完成动画的场景

(9)测试影片。

提示:利用"色彩效果"选项组中的参数,可以为实例设置不同的颜色。

3. 显示

"显示"选项组用于设置"影片剪辑"类型实例的显示和显示对象层叠时的显示方式。

(1)可见:用于设置实例在动画播放时是否可见。

(2)混合:用于设置两个上下图层中的显示对象层叠时的显示方式,共有14种。

(3)呈现:有"原来的(无更改)""缓存为位图"和"导出为位图"3个选项。

缓存为位图:运行时转换为位图存储在用户的计算机内存中。对于用户的计算机来说,对内存中的对象进行调用。

导出为位图:运行时转换为位图显示,如图9-23所示。

提示：通过设置"混合"和"呈现"，可以得到显示对象层叠的特殊效果。

4. 循环

"循环"选项是"图形"类型实例特有的属性，用于设置"图形"类型实例中动画序列的播放，实现一些特别的效果。"图形"类型实例的"循环"选项组，如图 9-24 所示。

图 9-23 "显示"选项组

图 9-24 "循环"选项组

（1）选项：有"循环""播放一次"和"单帧"3 个选项。

循环："图形"类型实例中循环播放图形元件中的动画。元件中动画帧数多于场景中该元件实例所占的帧数时，循环播放与实例所占帧数相同的动画帧；图形元件实例只占一个帧时，只会循环播放元件中的一个帧（默认为第 1 帧），即静态显示元件的指定帧。

播放一次：图形元件实例只播放一次元件中的动画。元件中动画帧数少于场景中该元件实例所占的帧数时，播放结束元件中的动画，停止动画播放。

单帧：只显示图形实例中动画帧中的 1 个帧。

（2）第一帧：用于设置播放图形元件中动画的开始帧或显示帧。

【例 9-3】 利用图形实例的"循环"选项组制作红绿灯。

动画情景：按照绿灯（0～15 帧）、黄灯（17～23 帧）、红灯（25～35 帧）顺序亮灯。

（1）新建文档。

（2）新建"图形"类型元件，命名为"圆"。在元件中的第 1 帧绘制 100×100px 的绿色圆，分别在第 2 帧、第 3 帧、第 4 帧插入关键帧。第 2 帧中的圆修改为红色，第 3 帧中的圆修改为黄色，第 4 帧中的圆修改为浅灰色（♯999999）。

（3）新建"影片剪辑"类型元件，命名为"信号灯"。在元件中创建 3 个图层，分别命名为"红色""黄色""绿色"。将"圆"元件分别拖动到 3 个图层的第 1 帧。将"红色"图层中的实例、"黄色"图层中的实例、"绿色"图层中的实例按从左到右顺序水平排列为信号灯，相对舞台垂直中齐、水平居中分布。

（4）在"绿色"图层中，选择第 1 帧中的实例，打开"属性"面板。在"循环"选项组中的"选项"选择"单帧"，"第一帧"文本框中输入 1（绿色），如图 9-25 所示。

图 9-25 设置"循环"选项组

在第 15 帧插入关键帧,选择该帧中的实例,"选项"选择"单帧","第一帧"文本框中输入 4(浅灰色)。

(5) 在"黄色"图层中,选择第 1 帧中的实例,打开"属性"面板。在"循环"选项组中的"选项"选择"单帧","第一帧"文本框中输入 4(浅灰色)。

在第 17 帧插入关键帧,选择该帧中的实例,"选项"选择"单帧","第一帧"文本框中输入 3(黄色)。

在第 23 帧插入关键帧,选择该帧中的实例,"选项"选择"单帧","第一帧"文本框中输入 4(浅灰色)。

(6) 在"红色"图层中,选择第 1 帧中的实例,打开"属性"面板。在"循环"选项组中的"选项"选择"单帧","第一帧"文本框中输入 4(浅灰色)。

在第 25 帧插入关键帧,选择该帧中的实例,"选项"选择"单帧","第一帧"文本框中输入 2(红色)。

(7) 分别在"红色""黄色"和"绿色"图层的第 35 帧插入帧。

(8) 返回到场景,创建两个图层,分别命名为"信号灯"和"箱体","箱体"图层在下层。将元件拖动到"信号灯"图层的第 1 帧。在"箱体"图层绘制深灰色(♯666666)圆角矩形作为信号灯的箱体。

(9) 测试影片。播放效果,如图 9-26 所示。

图 9-26 测试影片

提示:在图形元件实例"属性"面板的"循环"选项组中,"选项"选择为"单帧",并指定"第一帧",可以查看图形元件中该帧在舞台中显示的位置,根据需要可以调整实例的位置。"影片剪辑"类型的实例转换为"图形"类型实例后,可以查看指定帧的位置并调整实例的位置。调整后再将实例转换为"影片剪辑"类型。

9.3.3 实例的滤镜设置

Animate 提供了 6 种滤镜用于影片剪辑实例、按钮实例、文本框实例。在实例"属性"面板的"滤镜"选项组中可以添加设置滤镜。

提示:图形元件实例不能应用滤镜。

1. 添加滤镜

选择实例,打开"属性"面板,在"滤镜"选项组,单击"添加滤镜"按钮,在打开菜单中选择滤镜,可以为实例添加滤镜,如图 9-27 所示。

提示:对实例可以添加多个滤镜。

2. 编辑滤镜

编辑对实例添加的滤镜,可以改变滤镜效果。在"滤镜"选项组中,可以选择编辑已添加滤镜的参数,如图 9-28 所示。

3. 面板操作

"滤镜"选项组面板提供了功能按钮,从左到右分别为"添加滤镜""删除滤镜"和"选项"按钮。

图 9-27　添加"滤镜"

图 9-28　编辑滤镜

（1）添加滤镜：用于添加滤镜。菜单中列出 7 个滤镜，还有"删除全部""启用全部""禁用全部""调整颜色"命令。

从菜单中选择滤镜，将滤镜添加到所选择实例，同时在"滤镜"选项组的列表框中列出该滤镜的名称、属性及其默认值，可以修改属性的默认值。

（2）删除滤镜：用于删除已添加的滤镜。

（3）选项：提供了"复制选定的滤镜""复制所有滤镜""粘贴滤镜""重置滤镜""另存为预设""编辑预设"6 种操作。

9.4　制作按钮元件

使用按钮可以实现人与动画的交互。用鼠标操作按钮有"弹起""指针经过""按下""点击"4 个设定的状态。

在"库"面板中单击"新建元件"按钮，在打开的"创建新元件"对话框中，将元件命名为"按钮元件"，选择"按钮"类型后，单击"确定"按钮，创建按钮元件，并打开"按钮元件"的编辑窗口，如图 9-29 所示。

图 9-29　"按钮元件"的编辑窗口

"按钮元件"的编辑窗口的时间轴默认有 4 个帧，每一帧都有特定的功能。

（1）弹起：用于设置鼠标指针没有经过按钮时，该按钮的外观。

（2）指针经过：用于设置当鼠标指针滑过按钮时，该按钮的外观。

（3）按下：用于设置鼠标单击按钮时，该按钮的外观。

（4）点击：用于定义响应鼠标滑过或单击的区域。此区域在播放影片时不显示。

提示：在"点击"帧中定义的区域也叫按钮的"热区"，是按钮对鼠标响应的区域。

【例 9-4】 制作简单的按钮。

动画情景：舞台中的绿色按钮，当鼠标指向按钮时变为蓝色，按下鼠标时为红色，鼠标离开时恢复为绿色。

（1）新建文档。

（2）新建"按钮"类型元件，命名为"开始"，类型为"按钮"，如图 9-30 所示。

（3）单击"确定"按钮，打开按钮元件"开始"的编辑窗口。

（4）在"图层_1"的"弹起"帧舞台，绘制一个圆角矩形，并填充绿色，将矩形中心对齐编辑窗口的中心点"＋"，如图 9-31 所示。

图 9-30　"创建新元件"对话框

图 9-31　在"弹起"帧绘制圆角矩形

（5）在"指针经过"帧和"按下"帧分别插入关键帧，在"点击"帧插入帧。将"指针经过"帧中的矩形填充为蓝色，"按下"帧中的矩形填充为红色，如图 9-32 所示。

（6）返回场景，将"开始"元件拖动到"图层_1"第 1 帧的舞台。

（7）测试影片。按钮显示为绿色，当鼠标指针指向按钮时，鼠标指针变为手指状，同时按钮显示为蓝色；按下鼠标左键时，按钮显示为红色。

提示：在"控制"菜单中，勾选"启用简单按钮"命令，可以在舞台上直接测试按钮效果，如图 9-33 所示。测试完成后要取消勾选。

图 9-32　完成的按钮元件窗口

图 9-33　测试按钮

"点击"帧的作用是指定鼠标的响应区域。如果没有指定一个有效区域，则用鼠标单击按钮操作可能变得不方便。

前 3 个帧中的对象分别对应鼠标的不同操作，不同的帧可以有不同的对象。

9.5 按钮的制作技术

1. 制作形状一致的按钮

在一个动画中可能需要多个按钮。为了画面的美观，需要制作大小和形状一致的按钮。利用复制元件和复制帧的方法可以制作出大小和形状一致的按钮。

【例9-5】 制作两个形状相同的按钮。

动画情景：舞台上有"开始"和"退出"两个形状和颜色及状态一致的按钮。

（1）新建文档。

（2）新建"按钮"类型的元件，命名为"开始"。制作一个圆角矩形按钮（方法见例9-4）。在"开始"按钮元件编辑窗口插入新图层，命名为"文字"，并在其"弹起"帧输入文本"开始"，大小和位置调整为适合按钮，如图9-34所示。

（3）在元件"库"面板中，右击"开始"按钮元件，在弹出的快捷菜单中选择"直接复制"命令，在打开的"直接复制元件"对话框中，命名新元件为"退出"，类型为"按钮"，如图9-35所示。

图9-34 制作文字的按钮

图9-35 "直接复制元件"对话框

（4）单击"确定"按钮，将在元件"库"面板中，创建按钮元件"退出"，如图9-36所示。双击"退出"元件图标，打开"退出"元件的编辑窗口，将文本"开始"修改为"退出"。

（5）返回场景，将两个按钮元件分别拖动到舞台，可以看到两个形状一致的按钮，如图9-37所示。

图9-36 复制元件

图9-37 两个形状一致的按钮

（6）测试按钮。两个按钮形状及鼠标操作状态均一致。

2. 按钮中文字动画效果的制作

【例9-6】 会动文字的按钮。

动画情景：鼠标指针指向按钮和单击按钮时，按钮上的文字颤动。

（1）新建文档。

（2）新建"按钮"类型的元件，命名为"按钮"。

（3）在"按钮"元件编辑窗口中，插入新图层命名为"文字"。在"文字"图层的"弹起"帧输入文本"会动的文字"，并设置文本大小、字体、相对舞台居中等。在"指针经过"帧和"按下"帧分别插入关键帧。锁定该图层。

（4）在"图层_1"的"弹起"帧绘制一个圆角矩形，大小适合文本，相对舞台居中。然后在其他 3 个帧分别插入关键帧（在"点击"帧也可以插入帧），如图 9-38 所示。

提示：根据需要可以将前 3 个帧中的按钮形状分别设置不同的颜色。

（5）解锁"文字"图层。选择"文字"图层中"指针经过"帧，此时该帧中的文本被选中。分别按两次向下和向右光标移动键，移动文本的位置。

提示：按下一次光标移动键可以移动对象 1px。

（6）返回场景，将"按钮"元件拖动到舞台。

（7）测试影片。当鼠标指针移动到按钮上时，文本向下、向右轻移；按下鼠标左键时，文本回到原位置（文本向上、向左轻移）。

提示：在已经制作好的按钮上添加文字时，如果按钮的大小不适合文本，则可以先调整"弹起"帧中的按钮形状，然后复制该帧，粘贴到其他 3 个帧，保持按钮的大小适合文本。

【例 9-7】 切换文字的按钮。

动画情景：鼠标指针指向按钮时，切换按钮中的文字。

（1）新建文档。

（2）新建"按钮"类型的元件，命名为"按钮"。

（3）在"按钮"元件编辑窗口，插入新图层命名为"文字"。选择"文字"图层的"弹起"帧输入文本"开始"，并设置文本大小、字体、相对舞台居中等。在"指针经过"帧和"按下"帧分别插入关键帧。锁定该图层。

（4）选择"图层_1"的"弹起"帧绘制一个圆角矩形，大小适合文本，相对舞台居中。在其他 3 个帧分别插入关键帧（在"点击"帧也可以插入帧）。

（5）解锁"文字"图层。选择"文字"图层的"指针经过"帧，将文本"开始"修改为"START"，如图 9-39 所示。

图 9-38　绘制适合文本大小的矩形

图 9-39　修改"指针经过"帧中的文字

（6）返回场景。将"按钮"元件拖动到舞台。

（7）测试影片。按钮上文字的默认状态为"开始"，当鼠标指针移动到按钮上时，文本切换为"START";按下鼠标左键时,文本又切换为"开始"。

提示:制作动画和编辑元件时,锁定暂时不操作的图层是好习惯。需要编辑修改图层中的帧内容时,先解锁图层后,再编辑修改帧内容。编辑完成后,再及时锁定图层。

9.6 按钮的应用

1. 鼠标指针指向按钮时,在舞台显示图片或播放动画

【例9-8】 能导入图片的按钮。

动画情景:舞台有两个按钮"照相机"和"轿车"。鼠标指针指向"照相机"按钮时,显示照相机图片;鼠标指针指向"轿车"按钮时,显示轿车图片;鼠标指针离开按钮时,图片消失。

(1) 新建文档。

(2) 分别导入照相机、轿车图片(素材\图片\PNG\照相机.png、轿车.png)到元件"库"。

(3) 新建"按钮"类型的元件"照相机",在其中制作有文字的矩形按钮,如图 9-40 所示。

(4) 在"照相机"元件编辑窗口,插入新图层,命名为"图片"。在该图层的"指针经过"帧插入空白关键帧,并将元件"库"中的位图"照相机.png"拖动到该帧,在"按下"帧插入空白关键帧。锁定所有的图层,如图 9-41 所示。

图9-40 按钮元件"照相机"编辑窗口

图9-41 在按钮"照相机"中加入图片

(5) 在元件"库"面板中,右击"照相机"按钮元件,在弹出的快捷菜单中选择"直接复制"命令,创建按钮元件"轿车"。双击打开"轿车"按钮元件编辑窗口,解锁"文字"图层,将"弹起"帧中的文本"照相机"修改为"轿车",锁定图层,如图 9-42 所示。

(6) 解锁"图片"图层,选择"指针经过"帧中的"照相机.png"图片,在"属性"面板中,单击"交换"按钮,在打开的"交换位图"对话框中选择位图"轿车.png",单击"确定"按钮交换图片,如图 9-43 所示。

(7) 返回场景。将元件"库"面板中的"照相机"和"轿车"按钮元件分别拖动到舞台。

(8) 测试影片。当鼠标指向"照相机"按钮时,显示照相机图片;当鼠标指向"轿车"按钮时,显示轿车图片,如图 9-44 所示。

图 9-42　按钮元件"轿车"编辑窗口

图 9-43　在"轿车"按钮中加入图片

图 9-44　测试按钮效果

提示：在图 9-41 和图 9-43 中，"图片"图层的"按下"帧是空白关键帧，"点击"帧是空白帧。因此，当鼠标指向按钮时显示图片，按下鼠标时图片消失。

按钮元件的"点击"帧的内容是鼠标响应区域。在按钮形状外添加内容时，要考虑该内容是否保留在"点击"帧。请看下面制作的按钮。

在"照相机"按钮元件的"图片"图层中，复制"指针经过"帧，粘贴到"按下"帧，如图 9-45 所示。

图 9-45　"图片"图层的"按下"和"点击"帧有内容

测试影片。用鼠标按下按钮时图片不消失，而且鼠标指向照相机图片所在区域时，鼠标也起作用。为了使鼠标只在按钮区域起作用，应该删除或清除"图片"图层"点击"帧的内容，如图 9-46 所示。

(a)

(b)

图 9-46 删除或清除"图片"图层的"点击"帧

希望初学者理解按钮元件编辑窗口中,各帧在鼠标操作中的作用。在各图层中,不需要内容的帧设置为空白关键帧,可以避免在鼠标操作中出现意外的问题。

【例 9-9】 能播放动画的按钮。

动画情景:鼠标指向按钮时,播放一段动画片段。

(1)新建文档。

(2)创建"图形"类型元件,命名为"轿车",并导入轿车图片(素材\图片\PNG\轿车.png)。

(3)创建"影片剪辑"类型元件,命名为"动画"。将"轿车"元件拖动到"图层_1"的第 1 帧,并制作 20 帧由小变大的补间动画,如图 9-47 所示。

(4)创建"按钮"类型元件,命名为"播放"。在"图层_1"的"弹起"帧,绘制矩形,并在"指针经过"帧和"按下"帧插入关键帧,在"点击"帧插入帧。

(5)插入新图层,命名为"文字",并在该图层的"弹起"帧输入文字"播放"。

(6)插入新图层,命名为"动画",在该图层的"指针经过"帧插入空白关键帧,并将元件"库"中的"动画"元件拖动到该帧。删除或清除"点击"帧,如图 9-48 所示。

图 9-47 "动画"元件中制作动画

图 9-48 在"播放"按钮添加影片剪辑

(7)返回场景,将"播放"按钮元件拖动到舞台。

(8)测试影片。当鼠标指向"播放"按钮时,播放该按钮中的动画,如图 9-49 所示。

2. 交互式教学按钮的制作

【例 9-10】 制作交互式按钮。

动画情景:默认状态按钮上显示"?";鼠标指向按钮时,按钮上显示文字"计算机";按下鼠标时,显示计算机说明。

(1)新建文档。

(2)导入计算机图片(素材\图片\PNG\计算机.png)到

图 9-49 测试"播放"按钮

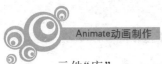

元件"库"。

（3）新建"按钮"类型元件，命名为"按钮"。在"图层_1"的"弹起"帧绘制矩形，并在"点击"帧插入帧。

（4）在"按钮"元件的"图层_1"上方插入新图层，命名为"文字"。在"文字"图层的"弹起"帧，在按钮形状区域输入"？"；在"指针经过"帧，插入空白关键帧，在按钮形状区域输入文本"计算机"。在"点击"帧插入空白关键帧，如图 9-50 所示。

(a)

(b)

图 9-50　在按钮的不同帧输入不同的文字

（5）在"按钮"元件的"文字"图层上方插入新图层，命名为"说明"。在"按下"帧插入空白关键帧，并在该帧的按钮区域下方输入文字"计算机是……"，清除或删除"点击"帧，如图 9-51 所示。

提示：清除或删除"说明"图层中的"点击"帧，以避免输入的说明部分文字也成为鼠标响应区域。

（6）返回场景。选择"图层_1"的第 1 帧，将元件"库"中的位图"计算机.png"拖动到舞台合适的位置；在"图层_1"上方新建图层"图层 2"，并将元件"库"中的按钮元件"按钮"拖动到舞台合适的位置；在"图层 2"上方新建图层"图层 3"，在第 1 帧舞台中，用"线条工具"绘制一条线，把计算机图片和按钮实例连接起来，如图 9-52 所示。

图 9-51　在"说明"图层的"按下"
帧输入文字

图 9-52　场景中的按钮和图片

（7）测试影片。当鼠标指向按钮时，按钮上的"？"变换为"计算机"；当按下鼠标时，在按钮的下方显示文字"计算机是……"。

提示：此方法可用于识别设备部件等认识新事物的学习课件制作中。

3. 动态按钮的制作

【例 9-11】 制作动态变化颜色的按钮。

动画情景：鼠标指向按钮时，按钮的颜色动态变化。

（1）新建 ActionScript 3.0 文档。

（2）新建"按钮"类型元件，命名为"按钮"。在"弹起"帧绘制一个矩形，并将该矩形转换为"图形"类型元件"矩形"，选择"对齐"方式为中心对齐，如图 9-53 所示。

图 9-53 将矩形转换为"图形"元件

提示：将对象转换为元件时，如果选择对齐方式为中心对齐，则新建的元件中，对象的中心对齐元件编辑窗口的坐标原点显示"十"。

（3）将矩形转换为元件后，"弹起"帧中的矩形处于组合状态。为了后面的操作方便，将其分离为形状。

（4）在"点击"帧插入帧，在"指针经过"帧和"按下"帧分别插入关键帧。用"选择工具"单击"弹起"帧中矩形的填充色，按 Delete 键清除填充色。

（5）新建"影片剪辑"类型元件，命名为"动画"。将元件"库"中的"矩形"元件拖动到"图层_1"的第 1 帧，并在第 10 帧插入帧，创建补间动画。将第 1 帧中实例的 Alpha 设置为 10%，第 10 帧中实例的 Alpha 设置为 100%，如图 9-54 所示。

(a)   (b)

图 9-54 在"动画"元件中创建补间动画

提示：选择实例后，在"属性"面板的"色彩效果"选项组的"样式"列表框中选择和设置 Alpha。

（6）打开"按钮"元件编辑窗口，新建图层，命名为"动画"，并在"指针经过"帧插入空白关键帧。将元件"库"面板中的"动画"元件拖动到"动画"图层的"指针经过"帧，在"按下"帧插入空白关键帧。调整"指针经过"帧中的实例与按钮对齐，如图 9-55 所示。

（7）在"按钮"元件编辑窗口，清除"图层_1"的"指针经过"帧（即删除该帧的内容）。

（8）在"按钮"元件编辑窗口，在"动画"图层上方新建图层，命名为"文字"，在"弹起"帧输入文本"动态按钮"，调整位置到按钮上方，并调整字体、字号，使文字适合按钮，如图9-56所示。

图9-55 在"按钮"元件添加图层，并加入"动画"元件

图9-56 添加"文字"图层，并输入文字

（9）返回场景，将"按钮"元件拖动到舞台。

（10）测试影片。当鼠标指向按钮时，反复播放动画。如果想只播放一次动画，则要在"动画"元件的结束帧，设置停止播放动画。

（11）打开"动画"元件编辑窗口，插入新图层"图层_2"。在第10帧插入空白关键帧，并右击第10帧，在快捷菜单中选择"动作"命令，打开"动作"面板，输入"stop()；"（注意：输入英文字符），如图9-57所示。

图9-57 在"动作"面板输入脚本

提示：选择第10帧后，执行菜单"窗口"→"动作"命令，也可以打开"动作"面板。

（12）测试影片。当鼠标指向按钮时，只播放一次动画。

提示：在元件"动画"编辑窗口中，"图层2"的第10帧显示"a"表示该帧有动作脚本。选择该帧后，打开"动作"面板可以查看脚本内容。

4. 隐形按钮的制作

"按钮"类型元件有4个帧，每个帧对鼠标都有特定的作用。其中前3个帧的内容在影片播放时，根据鼠标的操作能够显示内容。"点击"帧是鼠标起作用的区域（也叫热区），在影片播放时是不可见的。如果在按钮元件中，只有"点击"帧有内容，而前3个帧是空白帧时，按钮就成了隐形按钮。在影片播放时看不到按钮，但按钮仍起作用，如图9-58所示。

【例9-12】 隐形按钮的应用。

动画情景：在一张计算机图片中，鼠标指向不同的设备时，显示该设备的名称。

（1）新建文档。

图 9-58 隐形按钮

（2）将一张计算机图片（素材\图片\PNG\计算机.png）导入到元件"库"。

（3）创建若干个"按钮"类型元件。元件的个数由需要显示的设备名称的数量确定。这里只做两个，分别命名为"显示器"和"主机箱"。

分别在"显示器"和"主机箱"按钮元件的"图层_1""点击"帧插入空白关键帧，并在该帧绘制一个矩形，形状大小随意，如图 9-59 所示。

图 9-59 "显示器"和"主机箱"按钮元件

（4）返回场景。创建两个图层，分别命名为"计算机"和"按钮"。将元件"库"中的位图元件"计算机.png"拖动到"计算机"图层的第 1 帧，将两个按钮元件"显示器"和"主机箱"均拖动到"按钮"图层的第 1 帧。将"显示器"元件的实例拖动到计算机图片的显示器位置，"主机箱"元件的实例拖动到计算机图片的主机箱位置，如图 9-60 所示。

提示：隐形按钮拖动到舞台后，用浅蓝色表示按钮的形状，但播放影片时不显示。

（5）修改按钮的作用区域。在场景舞台，用"选择工具"双击"显示器"按钮实例，打开"显示器"按钮元件的"当前位置编辑"窗口，如图 9-61 所示。

图 9-60 将隐形按钮拖动到舞台　　　　图 9-61 "显示器"元件的"当前
　　　　　　　　　　　　　　　　　　　　　　　　位置编辑"窗口

提示：在舞台中，选择按钮实例时，在"属性"面板能够看到是哪个按钮元件。

在元件的"当前位置编辑"窗口中，能够看到舞台中的所有对象，但只能编辑本元件。这对参照舞台中的其他对象编辑元件提供了方便。

（6）选择"点击"帧，删除该帧舞台中的内容。在"点击"帧，用"绘图工具"（如填充"画笔工具"）绘制覆盖显示器部位的形状，如图9-62所示。

（7）返回场景。用"选择工具"双击"主机箱"按钮实例，打开"主机箱"按钮元件的"当前位置编辑"窗口。用同样的方法，删除"点击"帧中的内容，用"绘图工具"绘制覆盖主机箱部位的形状，如图9-63所示。

图9-62　绘制显示器部位　　　　　　　图9-63　绘制主机箱部位

（8）返回场景，测试影片。当鼠标指向显示器部位和主机箱时，鼠标指针变为手指。

（9）为按钮元件添加文字。在场景舞台双击"显示器"实例，打开"显示器"按钮元件的"当前位置编辑"窗口。在"指针经过"帧插入空白关键帧，并在该帧输入文字"显示器"，如图9-64所示。

返回场景，用同样的方法，打开"主机箱"按钮元件的"当前位置编辑"窗口。在"指针经过"帧插入空白关键帧，并在该帧输入文字"主机箱"，如图9-65所示。

图9-64　在"显示器"元件添加文字　　　图9-65　在"主机箱"元件添加文字

（10）返回场景，保存文档（便于后面使用），并测试影片。当鼠标指向显示器部位时，显示文字"显示器"，鼠标离开显示器部位时，文字消失；当鼠标指向主机箱部位时，显示文字"主机箱"，鼠标离开主机箱部位时，文字消失。

5. 按钮中的文字或图片在同一位置显示

【例9-13】 在同一位置显示说明的隐形按钮。

动画情景：在例 9-12 中，鼠标指向显示器或主机箱时，文字没在同一位置显示。为了影片画面的美观，在同一个位置显示文字。

（1）打开例 9-12 的文档。

（2）在场景插入新图层，命名为"位置"。在该图层的第 1 帧绘制一个矩形，如图 9-66 所示。

提示："位置"图层和该图层中绘制的矩形是用于标记显示文字或图片的位置，完成动画制作后可以删除该图层。

（3）在场景的舞台中，双击"显示器"实例，打开"显示器"按钮元件的"当前位置编辑"窗口，将"指针经过"帧中的文字拖动到矩形框的位置，如图 9-67 所示。

图 9-66 绘制用于定位显示对象的位置

图 9-67 "显示器"元件中的
文字调整到矩形

用同样的方法，在"主机箱"按钮元件的"当前位置编辑"窗口中，调整文字的位置。

（4）返回场景，删除"位置"图层或将"位置"图层转换为引导层。

提示：引导层中的对象在播放影片时不显示。

（5）测试影片。显示器和主机箱的说明文字显示在同一个位置。

提示：在元件的"当前位置编辑"窗口中，可以方便地调整元件中对象的位置、绘制或修改形状。也可以利用辅助线标记文字或图片的显示位置。

9.7 利用按钮创建超级链接

在动画中，可以利用 Animate 提供的函数 navigateToURL（）创建超级链接导航按钮。

【例 9-14】 制作超级链接导航按钮。

动画情景：单击按钮时，打开"清华大学出版社"的主页。

（1）新建 ActionScript 3.0 文档。

（2）新建"按钮"类型元件，命名为"网址"。在此按钮元件中制作有文字"清华大学出版社"的矩形按钮，如图 9-68 所示。

图 9-68 制作按钮元件"网址"

提示：因为按钮操作中，不要求按钮有形状、颜色的变化。在"指针经过"帧和"按下"帧可以不创建关键帧。

（3）返回场景。将"网址"按钮元件拖动到"图层_1"的第1帧，并调整按钮实例的位置。

（4）选择舞台中的按钮实例，执行菜单"窗口"→"代码片段"命令，打开"代码片段"面板，如图9-69所示。

提示：利用"代码片段"面板，非编程人员能够轻松使用简单的 ActionScript 3.0，将 ActionScript 3.0 代码添加到 FLA 文件以启用常用功能。

（5）在"代码片段"面板中，展开 ActionScript→"动作"文件夹，如图9-70所示。

图9-69　"代码片段"面板

图9-70　展开"动作"文件夹

（6）双击"单击以转到 Web 页"，打开"动作"窗口，如图9-71所示。

图9-71　"动作"面板的脚本编辑窗口

提示：选择对象后，再双击鼠标添加动作。如果没有选择对象，将提示选择对象，如图9-72所示。

打开"动作"面板时，将创建新图层 Action，并在第1帧添加动作代码（用标识"a"表示）。

选择图层 Action 的代码(有标识"a")帧,执行菜单"窗口"→"动作"命令,在打开的脚本编辑窗口中,可以查看和编辑代码。

(7) 在"动作"面板的脚本编辑窗口中,按照代码编写说明将代码中的网址 http://www.adobe.com 替换为清华大学出版社的网址 http://www.tup.tsinghua.edu.cn,如图 9-73 所示。

图 9-72 提示选择对象

```
/* 单击以转到 Web 页
单击指定的元件实例会在新浏览器窗口中加载 URL。

说明:
1. 用所需 URL 地址替换 http://www.adobe.com。
保留引号 ("")。
*/

button_1.addEventListener(MouseEvent.CLICK, fl_ClickToGoToWebPage_7);

function fl_ClickToGoToWebPage_7(event:MouseEvent):void
{
    navigateToURL(new URLRequest("http://www.tup.tsinghua.edu.cn"), "_blank");
}
```

图 9-73 替换脚本代码中的网址

提示:利用"代码片段"打开脚本编辑窗口时,模板代码中有些名称可能有区别。读者不用理会这些名称的不同,只需要根据说明修改网址(URL)。

(8) 保存文档,测试影片。单击按钮"网址"时,将启动默认浏览器打开指定的网页。

(9) 发布影片。执行菜单"文件"→"发布设置"命令,打开"发布设置"对话框。在对话框中,选中"发布"选项组中的 Flash(.swf)复选框(根据需要还可以选中"其他格式"选项组中的"HTML 包装器"复选框,发布网页格式),单击"发布"按钮,发布影片。

提示:发布的影片(.swf)在 Windows 资源管理器中播放时,单击有超级链接的按钮,可能无法启动浏览器打开指定的网页或弹出"Adobe Flash Player 安全性"的警告窗口。在"发布设置"对话框中,选中"发布"选项组中 Flash(.swf)复选框,并展开"高级"选项组。在"本地播放安全性"下拉列表框中,选择"只访问网络",单击"发布"按钮,可以解决无法打开网页的问题,如图 9-74 所示。

在"发布设置"对话框中,"本地播放安全性"设置为"只访问网络"后,测试影片生成的动画文件(.swf)也能解决无法启动浏览器打开网页的问题。

navigateToURL()函数的几种用法如下。

(1) navigateToURL()函数可以使用相对地址。例如,将默认网址(URL)替换为test.html,则用默认浏览器打开同一个文件夹中的网页 test.html 文件。利用此方法可以打开本地网页。

(2) navigateToURL()函数中指定文件名,则用默认程序打开此文件或下载此文件。如果影片文件与要打开的资源在同一目录,可直接输入要打开的文件名与后缀。例如,网址(URL)替换为 test.swf,即 navigateToURL("test.swf", "_blank"),将打开 test.swf。

如果要打开的资源在下一级目录,就以"文件夹名/"开头。例如,navigateToURL("

图 9-74　"发布设置"对话框

文件夹名/test.swf"，"_blank"）。

如果要打开的资源在上一级目录，就以"../"开头。例如，navigateToURL（"../test. swf"，"_blank"）。

（3）将 navigateToURL()中的网址（URL）修改为"mailto：E-mail 地址"，则可以连接电子邮件程序。

【例 9-15】　制作连接电子邮件的按钮。

动画情景：单击按钮时，启动默认的电子邮件客户端程序，并自动添加邮件地址和主题。

（1）新建 ActionScript 3.0 文档。

（2）新建"按钮"类型元件，命名为"邮件"。在此按钮元件中制作有文字"联系我们"的矩形按钮，如图 9-75 所示。

图 9-75　制作"邮件"按钮元件

（3）返回场景，将"邮件"按钮元件拖动到舞台。选择按钮实例后，打开"代码片段"面板。在面板中展开 ActionScript→"动作"文件夹，双击"单击以转到 Web 页"，打开"动作"面板。在"动作"面板的脚本编辑窗口中，按照代码编写说明将网址（URL）"http://www.adobe.com"修改为邮件地址"mailto：e-sale@tup.tsinghua.edu.cn？subject＝关于教材"，如图 9-76 所示。

```
当前帧
Actions:1                                                     使用向导添加
1
2    /* 单击以转到 Web 页
3    单击指定的元件实例会在新浏览器窗口中加载 URL。
4
5    说明:
6    1. 用所需 URL 地址替换 http://www.adobe.com。
7    保留引号 ("")。
8    */
9
10   button_1.addEventListener(MouseEvent.CLICK, fl_ClickToGoToWebPage);
11
12   function fl_ClickToGoToWebPage(event:MouseEvent):void
13   {
14       navigateToURL(new URLRequest("mailto:e-sale@tup.tsinghua.edu.cn?subject=关于教材"), "_blank");
15   }
16
第 14 行（共 16 行），第 81 列
```

图 9-76　输入邮箱地址和主题

提示："mailto："表示用默认的电子邮件客户端程序发送邮件，随后是电子邮件地址，"？subject＝"后是邮件主题。

（4）测试影片。打开"发布设置"对话框，选中 Flash（.swf）复选框后，在"高级"选项组中"本地播放安全性"选择为"只访问网络"，单击"确定"按钮，测试影片。

提示：如果要将动画影片嵌入到网页，则需要发布影片。执行菜单"文件"→"发布设置"命令，打开"发布设置"对话框。在对话框中，选中"发布"选项组中的 Flash（.swf）复选框和"其他格式"选项组中的"HTML 包装器"复选框，将"本地播放安全性"选择为"只访问网络"，单击"发布"按钮发布。

在 Windows 资源管理器中，双击发布的 HTML 类型文件测试动画效果。

9.8　制作按钮的注意事项

按钮是制作交互动画的重要元素，正确理解按钮元件中 4 个帧的含义是成功制作按钮元件的关键。特别是对"点击"帧的理解和设定，是初学者较难掌握的。按钮元件有多个图层时，只需要有一个图层中的"点击"帧有内容（区域），否则就会出现意想不到的效果。特别是制作纯文字按钮时，要在"点击"帧绘制鼠标的响应区域，即"点击"帧的内容（区域）要合适，并且不能没有响应区域。还要注意区分"点击"帧与鼠标操作概念的不同之处。如果所有图层的"点击"帧都是空白关键帧，则没有鼠标的作用区域，当然也不能实现鼠标单击、经过等按钮的操作。

思考题

1. 什么是元件？元件有哪几种类型？图形元件与影片剪辑元件的区别是什么？
2. 创建元件的方法有几种？元件与实例是什么关系？
3. 元件库的作用是什么？
4. 如何将可显示素材导入 Animate 文档？
5. 如何在当前 Animate 文档中使用其他 Animate 文档中的元件？
6. 元件在什么情况下成为实例？
7. 如何交换实例的元件？
8. 按钮元件有 4 个帧，其功能各是什么？
9. 如何制作隐形按钮？
10. 如何制作交互式按钮？

操作题

1. 在舞台上导入一幅图片，将其转换为"图形"类型元件，注册点定义在元件中心（图片几何中心）。
2. 创建一个"影片剪辑"类型元件，在其中制作动画片段，将元件拖动到舞台，测试影片。
3. 制作一个按钮，要求按钮上有文字，3 种状态颜色不同。利用该按钮制作另一个形状和状态相同、文字不同的按钮。
4. 从"公用库"中选择一个按钮，将其拖动到舞台，放大到 200%，并对其测试。
5. 在舞台上有三角形、圆形和正方形按钮，当鼠标指向它们时，显示几何图形名称，如指向三角形时，显示"三角形"文字。

第 10 章　声音和视频的应用

内容提要

本章介绍在 Animate 动画制作中导入声音文件，以及编辑声音和控制声音播放的方法；介绍视频文件导入方法，以及在 Animate 中应用视频的技术；介绍 Adobe Media Encoder 转换视频和编辑视频的方法。

学习建议

掌握在 Animate 文档中添加声音、控制声音的方法；掌握在 Animate 文档中加入视频以及控制视频播放的方法。

10.1　在动画中添加声音

在 Animate 动画中恰当地添加声音，可以增强 Animate 作品的吸引力和渲染力。Animate 本身没有制作声音的功能，只能将制作好的声音文件导入到 Animate 动画作品中。

10.1.1　导入声音

将外部的声音文件导入元件"库"后，即可在 Animate 影片中添加声音。能够直接导入 Animate 的声音文件，主要有 WAV、MP3 和 AIFF 格式。

【例 10-1】　导入声音文件到元件库。

动画情景：将动画影片中需要的声音文件导入到元件"库"面板。

（1）执行菜单"文件"→"导入"→"导入到库"命令，打开"导入到库"对话框。在"导入到库"对话框中，选择要导入的声音文件，单击"打开"按钮，将声音导入到元件"库"，如图 10-1 所示。

（2）打开"库"面板，可以看到以导入的声音文件名命名的"声音"类型符号，如图 10-2 所示。

提示：如果声音文件来源于 CD 或者不是 WAV、MP3 或 AIFF 格式的素材，还有部分 MP3 格式声音文件，在导入的时候会出现提示对话框"读取文件出现问题，一个或多个文件没有导入"，如图 10-3 所示。

Animate 不兼容的声音文件，可以借助 Adobe Media Encoder、Adobe Audition 或第三方软件将声音文件转换成 Animate 兼容的 MP3 格式。

图 10-1 "导入到库"对话框

图 10-2 导入声音文件的"库"面板

图 10-3 导入声音文件的错误提示

10.1.2 添加声音

声音文件导入到元件"库"后,可以将声音添加到动画。方法如下:

(1) 创建一个用于放置声音的图层和关键帧。

(2) 选择关键帧,在帧"属性"面板中,将声音添加到指定的帧。

(3) 在帧"属性"面板中,设置声音有关的选项。

【例 10-2】 在动画中添加声音。

动画情景:飞机从左侧飞过舞台,同时播放歌曲。

(1) 新建 ActionScript 3.0 文档,将"图层_1"更名为"动画",并制作 24 帧的补间动画,如图 10-4 所示。

(2) 将声音文件导入到元件"库"。这里导入 3 首音乐文件(素材\音乐\丁香花.mp3、红雪莲.mp3、芦笙恋歌.mp3)。

(3) 在场景创建新图层,命名为"声音",选择"声音"图层的第 1 帧,打开"属性"面板。在"属性"面板的"声音"选项组中,打开"名称"下拉列表框(见图 10-5),选中需要的声音。这里选择"丁香花.mp3"

图 10-4 制作补间动画　　　　　　　　　图 10-5 在"属性"面板添加声音

提示：在声音列表框中，将列出导入到"库"中的所有声音。如果列表框中没有所需的声音，先将声音导入到元件"库"。

（4）添加声音后，"声音"图层如图 10-6 所示。

提示：添加的声音所占帧数与已有的动画帧数相等。

（5）测试影片。随着动画的重复播放，声音也重复播放，而且不会停止前一次声音的播放。

（6）在"声音"图层中，选择要停止播放声音的帧（第 24 帧），插入一个空白关键帧，如图 10-7 所示。

图 10-6 在"声音"图层添加声音　　　　　图 10-7 在"声音"图层插入空白关键帧

（7）选择插入的空白关键帧（第 24 帧），在帧"属性"面板的"声音"选项组中，"名称"下拉列表框中选取与起始帧相同的声音（丁香花.mp3），在"同步"下拉列表框中选择"停止"选项，如图 10-8 所示。

提示：停止播放声音的空白关键帧格将出现一个小方块（停止）标记。当声音播放到该帧时，将停止声音的播放，如图 10-9 所示。

图 10-8 在"声音"图层结束帧设置属性　　　图 10-9 停止播放声音的帧标记

（8）测试影片。当动画播放到第 24 帧时，声音停止播放。

10.1.3　声音属性的设置

将声音添加到指定的帧后，在帧"属性"面板中，设置动画播放过程中，播放声音的"效果"和"同步"属性。

1. 设置声音效果属性

选择插入声音的帧，在帧"属性"面板中，打开"声音"选项组的"效果"下拉列表框，可以设置声音效果，如图 10-10 所示。

（1）无：不对声音文件应用效果。选择此选项将删除以前应用过的效果。

（2）左声道：只在左声道播放音频。

（3）右声道：只在右声道播放音频。

（4）向右淡出：声音从左声道切换到右声道。

（5）向左淡出：声音从右声道切换到左声道。

（6）淡入：在声音的持续时间内逐渐增加其幅度。

（7）淡出：在声音的持续时间内逐渐减小其幅度。

（8）自定义：使用"编辑封套"创建声音的淡入和淡出点等声音效果。

2. 设置声音同步属性

选择插入声音的帧，在帧"属性"面板中，打开"声音"选项组的"同步"下拉列表框，可以设置声音"同步"属性，如图 10-11 所示。

图 10-10　"效果"列表

图 10-11　"同步"下拉列表

（1）事件：使声音与事件的发生合拍。当动画播放到声音的开始关键帧时，事件声音开始独立于时间轴播放，即使动画停止了，声音也要继续播放到结束。

（2）开始：与事件声音不同的是，当声音正在播放时，有一个新的声音事件开始播放。

提示：如果新的声音与正在播放的是同一个声音，使用"开始"选项则不会播放新的声音实例。

（3）停止：停止播放指定的声音。

（4）数据流：用于在互联网上播放流式声音。Animate 自动调整动画和声音，使它们同步，声音随着 SWF 文件的停止而停止。发布 SWF 文件时，流式声音混合在动画中一起输出。

在"同步"选项中，还可以设置"重复"和"循环"属性。为"重复"输入一个值，以指定声音循环播放的次数，或者选择"循环"以连续重复播放声音，如图 10-12 所示。

图 10-12 "重复"和"循环"属性

10.2 查看声音文件和编辑声音

10.2.1 查看声音文件属性

在"库"面板中，选择声音文件，单击"属性"按钮，在打开的"声音属性"对话框中，可以查看声音文件的属性，且可以对声音做简单的编辑处理，如图 10-13 所示。

图 10-13 "声音属性"对话框

提示：在"库"面板中双击声音文件图标，或者选择声音文件后，单击"属性"按钮或右击选择"属性"命令，均能打开"声音属性"对话框。

在"声音属性"对话框中，可以查看导入的声音文件来源，以及声音文件的参数。单击"导入"按钮，打开"导入声音"对话框。在对话框中选择声音文件后，单击"打开"按钮，更新声音文件。单击"更新"按钮，更新修改的设置。单击"测试"按钮，试听声音，单击"停止"按钮停止测试。

10.2.2 压缩声音

Animate 动画在网络上流行的一个重要原因是动画文件容量小。为了缩小影片的容量，Animate 导出动画时，将对导出的文件进行压缩。其中包括对动画中的声音压缩。

如果对压缩比例的要求很高，那么应该直接在"库"面板中对导入的声音进行压缩。设置方法如下。

在"库"面板中，打开一个声音的"声音属性"对话框。在"压缩"下拉列表框中有 5 种压缩模式，如图 10-14 所示。

（1）默认：将声音压缩为 MP3、16kb/s、单声道导出声音。如果"库"中对声音不进行处理，那么声音将以此设置导出。

（2）MP3：MP3 压缩选项最为常用，通过对它的设置可以了解其他压缩选项的设置。

提示：如果导入的声音是 MP3 文件，不想使用默认设置导出声音，要取消选中"使用导入的 MP3 品质"复选框，如图 10-15 所示。

图 10-14　几种压缩声音模式

"预处理"选项"将立体声转换为单声道"，将混合立体声转换为单声道。

提示："预处理"选项只有在选择的比特率为 20kb/s 或更高时才可用。

"比特率"选项用于指定导出声音文件每秒播放的位数。Animate 支持 8～160kb/s（恒定比特率）的比特率，如图 10-16 所示。

图 10-15　压缩"MP3"设置

图 10-16　设置"比特率"

"品质"选项用于指定压缩速度和声音品质。

快速：压缩速度较快，但声音品质较低。

中：压缩速度较慢，但声音品质较高。

最佳：压缩速度最慢，但声音品质最高。

10.2.3　自定义声音效果

除了利用比特率等压缩声音外，还可以利用设置切入和切出点，避免静音区域保存在 Animate 影片文件的方法，减少影片文件的容量。

利用 Animate 提供的声音编辑控件"编辑封套"可以对声音做一些简单的编辑，实现一些常见的效果，例如，控制声音的播放音量、调整声音开始播放和停止播放的位置等。

如果要编辑动画中的声音,选择有声音的帧,打开帧"属性"面板,在"声音"选项组的"效果"下拉列表框中,选择"自定义"或单击右侧的"编辑声音封套"按钮,打开"编辑封套"对话框,如图 10-17 所示。

图 10-17 "编辑封套"对话框

"编辑封套"对话框分为上下两部分,上面的是左声道编辑窗口,下面的是右声道编辑窗口。在对话框中可以做以下操作。

(1)改变声音的起止位置。拖动"声音时间轴"中的声音"起点游标"和"终点游标",调整声音的起止位置。

(2)调整音量的大小。在左右声道窗口中的直线(或折线)是音量控制线,用鼠标上下拖动"控制句柄"(也叫节点),改变音量控制线垂直位置,可以调整音量的大小。音量控制线位置越高,声音越大。也可以通过调整控制线的倾斜度,实现声音的淡入淡出效果。

(3)添加、删除"控制句柄"。用鼠标单击音量控制线,将在单击处添加"控制句柄";用鼠标拖动"控制句柄"到编辑区的外边,可以删除"控制句柄"。

(4)放大、缩小显示。单击"放大"或"缩小"按钮,可以改变窗口中显示声音的范围。

(5)切换时间单位。单击"秒"和"帧"按钮,可以切换时间轴单位"秒"和"帧"。

(6)测试声音效果。单击"播放"和"停止"按钮,可试听编辑后的声音和停止播放。

提示:在默认情况下,音量控制线只有起始位置有"控制句柄",系统允许添加 8 个"控制句柄"。

在不同的关键帧应用不同的声音效果,可以从一个声音文件获得多种声音效果。使用一个声音文件就可以得到更多的声音效果。还可以循环播放短声音,作为背景音乐。

10.3 为按钮添加声音

在交互动画中,按钮是使用较多的元件。为按钮的每一种状态添加声音,就可以制作出生动的动画效果。

【例 10-3】 在按钮中添加声音。

动画情景:单击按钮时,播放声音。

(1) 新建 ActionScript 3.0 文档。

(2) 将声音文件(素材\音乐\掌声.mp3)导入到元件"库"。

(3) 创建"按钮"类型元件,命名为"开始"。在"开始"按钮元件中,制作有文字"开始"的按钮,如图 10-18 所示。

(4) 在"文字"图层上方创建新图层,命名为"声音"。在"声音"图层的"按下"帧插入空白关键帧,并打开该帧的"属性"面板,在"声音"选项组中的"名称"列表框中选择声音"掌声.mp3",如图 10-19 所示。

图 10-18 "开始"按钮的编辑窗口

图 10-19 在"按下"帧添加声音

提示:在"按下"帧插入空白关键帧,并选择"按下"帧后,将"库"中的声音"掌声.mp3"拖动到舞台,也能在"按下"帧插入声音。

(5) 选择"声音"图层的"按下"帧后,打开"属性"面板。在"声音"选项组中的"同步"下拉列表框中选择"事件"选项。

提示:这里必须将"同步"选项设置为"事件"。如果选择"数据流",则单击按钮时将听不到声音。因此给按钮添加声音效果时一定要使用"事件"同步类型。

(6) 单击"场景 1"按钮,返回到场景。将"开始"按钮元件拖动到舞台上。

(7) 测试影片。用鼠标单击按钮时,播放添加的声音。

提示:如果听不到声音,在按钮元件编辑窗口,选择声音所在的帧,在"属性"面板,单击"编辑声音封套"按钮,打开"编辑封套"对话框,对导入的声音进行调整。

可以用同样的方法为按钮的其他帧添加声音效果。

引用添加声音的按钮元件时,声音也一同被引用。因此不必每次引用按钮重新给按钮添加声音。

影片剪辑时间轴和按钮时间轴的关键帧均可以添加声音,并互相独立播放。

如果需要不停地播放声音(如背景音乐),可以在"重复"文本框中输入重复播放的次数(输入一个较大的值),尽量不要使用循环。

10.4 视频的应用

Animate 只能播放 FLV、F4V、MP4 和 MOV 等特定视频格式。无论用哪种方法播放视频,Animate 都要求视频必须是采用 FLV 或 H.264 标准进行编码。视频编解码器是一种压缩/解压缩的算法,用于计算机压缩视频文件以节省空间,解压缩以播放视频的一种方法。FLV 格式文件的视频编解码器是 On2 VP6,F4V 的视频编解码器是 H.264。H.264 编解码器也用于 MP4 视频文件。

高版本的 Flash Player 支持 H.264 视频的发布和播放。H.264 编解码器版本也称为 AVC。

如果要导入的视频不是 FLV 格式或 H.264 编码格式或无法导入视频,则可以使用 Adobe Media Encoder 以适当的编码格式(如 H.264)对视频进行编码。

Animate 中应用视频有使用播放组件加载视频和嵌入视频两种方法。

10.4.1 使用播放组件加载播放外部视频

Animate 影片中,可以使用 Animate 提供的组件加载外部(本地硬盘或者 Web 服务器上的)视频文件到 SWF 影片文件中,播放影片时播放或回放视频。使用播放组件加载的外部视频独立于 Animate 文档中的其他内容和视频回放组件,只要更新视频内容而不必重复发布 SWF 文件,使视频内容更新更加容易。

【例 10-4】 加载播放外部视频。

动画情景:播放外部视频,并用组件控制视频的播放。

(1) 在工作目录中,创建新的文件夹“L10-4 加载播放外部视频”,并将要加载的外部视频文件(素材\视频\地中海(MP4).mp4)复制到该文件夹。

(2) 新建 ActionScript 3.0 文档。将文档命名为“加载播放外部视频”,保存在新建的文件夹“L10-4 加载播放外部视频”中。

(3) 执行菜单“文件”→“导入”→“导入视频”命令,启动“导入视频”向导,同时打开“选择视频”对话框,如图 10-20 所示。

(4) 在对话框中,选择“使用播放组件加载外部视频”单选按钮。

(5) 单击“文件路径”的“浏览”按钮,打开“打开”对话框。在对话框中,选择要导入的视频文件(工作文件夹中准备好的视频文件“地中海(MP4).mp4”),如图 10-21 所示。

单击“打开”按钮,将要导入的视频文件路径添加到“文件路径”,如图 10-22 所示。

提示:在“选择视频”对话框中的“文件路径”中可看到要导入的视频文件路径。

(6) 单击“下一步”按钮,打开“设定外观”对话框。单击“外观”按钮,在下拉列表框中选择加载一种视频组件外观(SkinUnderAll.swf),如图 10-23 所示。

单击“颜色”按钮,打开“色板”选择颜色和透明度(Alpha)。这里颜色选择黑色(♯000000),Alpha 选择 50%。

图 10-20   "选择视频"对话框

图 10-21   在"打开"对话框中选择视频文件

　　提示：视频组件外观分为 3 类。名字以 Minima 开头的是播放控件带有数字计数器的选项，以 SkinOver 开头的是播放控件覆盖在视频底部，以 SkinUnder 开头的是播放控件出现在视频下方。

　　如果在"外观"下拉列表框中选择"自定义外观（URL）"，则在 URL 文本框中输入外观 SWF 文件的路径。如果在"外观"下拉列表框中选择"无"，将删除所有加载视频组件外观，只导入视频。

　　（7）单击"下一步"按钮，打开"完成视频导入"对话框，如图 10-24 所示。

图 10-22　添加视频路径

图 10-23　"设定外观"对话框

（8）单击"完成"按钮，将视频加载播放组件导入到元件"库"，并放置到舞台中，如图 10-25 所示。

（9）测试影片。在影片播放时，通过组件播放控件按钮，可控制视频及声音的播放效果，如图 10-26 所示。

提示：测试影片后，将在保存文档的文件夹，对应这个影片生成 3 个文件：FLA 格式（影片源文档）、SWF 格式（影片文件）、SkinUnderAll.swf（选择的播放器外观），还有要加载播放的视频文件，如图 10-27 所示。

图 10-24　"完成视频导入"对话框

图 10-25　完成"导入视频"向导后的舞台和元件库

图 10-26　测试影片

图 10-27　生成的 3 个文件及视频文件

在舞台上选择视频加载组件后，打开"属性"面板，如图 10-28 所示。单击"显示参数"按钮，将打开"组件参数"面板，如图 10-29 所示。

图 10-28　组件"属性"面板

图 10-29　"组件参数"面板

在"组件参数"面板，可以更改播放器外观，也可以更换视频文件，还可以对组件做进一步设置。

skin：设置播放器外观。

source：选择加载的视频文件（最好选择和影片文件同一个文件夹内的视频文件）。

用加载视频组件制作下载播放外部视频影片时，可导入部署在本地计算机上的视频文件。播放 SWF 影片时，视频文件从本地计算机磁盘加载到影片，没有视频文件大小和持续时间的限制。不存在音频同步的问题，也不存在内容的限制。

10.4.2　嵌入视频到影片

视频文件直接嵌入 Animate 文档中，将其作为 SWF 文件的一部分发布，SWF 文件会显著增加发布文件的大小，因此仅适合于小视频文件（时长通常少于 10s）。在 Animate 文档中嵌入较长视频剪辑时，音频到视频的同步（也称作音频/视频同步）会变得不同步。将视频嵌入到 SWF 文件中的另一个缺点是，在未重新发布 SWF 文件的情况下无法更新视频。Animate 中只能嵌入 FLV 格式的视频。

【例 10-5】　将视频嵌入影片。

动画情景：播放嵌入影片中的视频。

（1）新建 ActionScript 3.0 文档。

（2）执行菜单"文件"→"导入"→"导入视频"命令，启动"导入视频"向导，并打开"选择视频"对话框。

（3）在对话框中，选择"在 SWF 中嵌入 FLV 并在时间轴中播放"单选按钮，如图 10-30 所示。选择这种方式，将视频文件嵌入 Animate 影片中。

图 10-30　设置将视频嵌入影片

（4）单击"文件路径"的"浏览"按钮，打开"打开"对话框。在对话框中选择要导入的视频文件（素材\视频\地中海(FLV).flv），如图 10-31 所示。

图 10-31　"打开"对话框

单击"打开"按钮，将要导入的视频文件路径添加到"文件路径"中。

提示：如果选择的视频格式不能嵌入 SWF 中，Animate 将显示一条警告消息，表示无法完成该操作，并且"下一步"按钮变为灰色。

（5）单击"下一步"按钮，打开"嵌入"对话框，如图 10-32 所示。

图 10-32　"嵌入"对话框

"符号类型"下拉列表框中包括"嵌入的视频""影片剪辑""图形"。

嵌入的视频：将视频剪辑作为嵌入的视频集成到时间轴。在时间轴上线性回放视频剪辑的最佳方式是将该视频导入到时间轴。

影片剪辑：将视频放置在影片剪辑实例中，便于控制视频内容。此时，视频的时间轴将独立于主时间轴进行播放。

图形：将视频剪辑嵌入为图形元件。将无法使用脚本与该视频进行交互。通常，图形元件用于静态图像以及用于创建一些绑定到主时间轴的可重用的动画片段。因此，很少将视频嵌入为图形元件。

在"嵌入"对话框中，选中"将实例放置在舞台上"复选框，将导入的视频存放到元件"库"的同时将视频实例也放置到舞台上。否则，将视频只存放到元件"库"中；选中"如果需要，可扩展时间轴"复选框，将自动增加帧以满足视频长度的要求；选中"包括音频"复选框，音频内容会嵌入时间轴，否则，音频内容不会嵌入时间轴，播放影片时也不会有声音。

这里保持默认设置，不做任何改动。

（6）单击"下一步"按钮，打开"完成视频导入"对话框，在对话框中显示视频信息，如图 10-33 所示。

图 10-33　"完成视频导入"对话框

单击"完成"按钮,将视频导入舞台,如图 10-34 所示。

（7）测试影片。可以看到视频的播放效果。

10.4.3 将 H.264 视频嵌入时间轴

图 10-34 视频导入舞台

"将 H.264 视频嵌入时间轴（仅用于设计时间,不能导出视频）"选项,将 H.264 视频嵌入 Animate 文档中。使用此选项导入视频时,视频将被放置在舞台上,用于制作动画的参考。在拖曳或播放时间轴时,视频在舞台播放,但是测试或发布 SWF 中无法播放。

10.5 用"代码片段"播放视频和声音

10.5.1 控制播放外部声音文件

【例 10-6】 用"代码片段"控制播放外部声音文件。

动画情景：播放动画时,单击 Play/Stop 按钮,从 URL 位置加载并播放声音,再单击此按钮停止声音播放。

（1）在工作目录中,创建文件夹 music。在文件夹内复制声音文件（素材\音乐\丁香花.mp3）。

（2）新建 ActionScript 3.0 文档,命名为"播放外部声音文件"保存到工作目录。

（3）选择"图层_1"的第 1 帧,执行菜单"窗口"→"组件"命令,打开"组件"面板。在 User Interface 文件夹中,将 Button 组件拖动到舞台,如图 10-35 所示。

在舞台中选择按钮实例,打开"属性"面板。实例命名为 btn,单击"显示参数"按钮,打开"组件参数"面板,在 label 属性文本框中输入"Play/Stop",如图 10-36 所示。

图 10-35 "组件"面板

图 10-36 命名实例名,设置组件参数

（4）选择"图层_1"的第 1 帧,在舞台中选择按钮实例,执行菜单"窗口"→"代码片段"

命令,打开"代码片段"对话框。在对话框中,打开 ActionScript→"音频和视频"文件夹,双击"单击以播放/停止声音"命令,将新建图层 Actions,并在当前帧(第 1 帧)添加代码,如图 10-37 所示。

```
1
2    /* 单击以播放/停止声音
3    单击此元件实例可播放指定声音。
4    再次单击此元件实例可停止声音。
5
6    说明:
7    1. 用您所需的声音文件 URL 地址替换以下链接 "http://www.helpexamples.com/flash/sound/song1.mp3"。保留引号
8    */
9
10   btn.addEventListener(MouseEvent.CLICK, fl_ClickToPlayStopSound_6);
11
12   var fl_SC_6:SoundChannel;
13
14   //此变量可跟踪要对声音进行播放还是停止
15   var fl_ToPlay_6:Boolean = true;
16
17   function fl_ClickToPlayStopSound_6(evt:MouseEvent):void
18   {
19       if(fl_ToPlay_6)
20       {
21           var s:Sound = new Sound(new URLRequest("http://www.helpexamples.com/flash/sound/song1.mp3"));
22           fl_SC_6 = s.play();
23       }
24       else
25       {
26           fl_SC_6.stop();
27       }
28       fl_ToPlay_6 = !fl_ToPlay_6;
29   }
30
```

图 10-37　在当前帧中添加代码片段

按照脚本中的说明,将脚本中的声音文件路径修改为要播放的声音路径。即

```
new URLRequest("http://www.helpexamples.com/flash/sound/song1.mp3")
```

修改为:

```
new URLRequest("要播放的声音文件路径")
```

这里修改为:

```
new URLRequest("music/丁香花.mp3")
```

(5)测试影片。单击按钮播放声音,再单击停止播放。

10.5.2　控制播放外部视频文件

【例 10-7】　用"代码片段"控制播放外部视频文件。

动画情景:播放影片时,视频等待播放。单击"播放"按钮时,开始播放视频;单击"暂停"按钮时,暂停播放视频;单击"停止"按钮时,停止播放视频并返回到视频开头。

(1)在工作目录中,创建文件夹"movie"。在文件夹内复制视频文件(素材\视频\地中海(FLV).flv)。

(2)新建 ActionScript 3.0 文档,命名为"播放外部视频文件"保存到工作目录。

(3)新建 3 个"按钮"元件,分别命名为"播放""停止""暂停"。在 3 个元件中分别导入播放、停止、暂停图片(素材\图片\PNG\播放.png、停止.png、暂停.png)制作按钮,如

图 10-38 所示。

（4）返回场景。执行菜单"文件"→"导入"→"导入视频"命令，启动"导入视频"向导，并打开"选择视频"对话框。选择"使用播放组件加载外部视频"，单击"文件路径"的"浏览"按钮，选择视频文件（movie\地中海（FLV）.flv），单击"下一步"按钮，打开"设定外观"对话框。单击"外观"按钮，在外观列表框中选择"无"，单击"下一步"按钮，打开"完成视频导入"对话框。单击"完成"按钮，关闭向导。

图 10-38 "播放"按钮

（5）在舞台中，选择组件 FLVPlayback 实例，打开"属性"面板，将实例命名为 flvMovie，如图 10-39 所示。

图 10-39 命名组件 FLVPlayback 实例名为"flvMovie"

（6）创建新图层，命名为"按钮"。将"播放""停止""暂停"元件拖动到第 1 帧舞台，分别将按钮实例命名为 play_btn、pause_btn、stop_btn，如图 10-40 所示。

图 10-40 命名按钮实例名称

提示：如果不命名按钮实例名称，则添加"代码片段"时将自动命名。

（7）在舞台中，选择"播放"按钮实例，执行菜单"窗口"→"代码片段"命令，打开"代码片段"对话框。在对话框中，打开 ActionScript→"音频和视频"文件夹，双击"单击以播放视频"命令，将新建图层 Actions，并在"当前帧"（第 1 帧）添加代码。

```
play_btn.addEventListener(MouseEvent.CLICK, fl_ClickToPlayVideo);
function fl_ClickToPlayVideo(event:MouseEvent):void
{    //用此视频组件的实例名称替换 video_instance_name
    video_instance_name.play();            //此例中,修改为 flvMovie.play();
}
```

按照脚本中的说明,用实例名 flvMovie 替换 video_instance_name。

(8)在舞台中,选择"暂停"按钮实例,执行菜单"窗口"→"代码片段"命令,打开"代码片段"对话框。在对话框中,打开 ActionScript→"音频和视频"文件夹,双击"单击以暂停视频"命令,将在图层 Actions 的第 1 帧添加代码。

```
pause_btn.addEventListener(MouseEvent.CLICK, fl_ClickToPauseVideo);
function fl_ClickToPauseVideo(event:MouseEvent):void
{   //用此视频组件的实例名称替换 video_instance_name
    video_instance_name.pause();            //此例中,修改为 flvMovie. pause();
}
```

按照脚本中的说明,用实例名 flvMovie 替换 video_instance_name。

(9)在舞台中,选择"停止"按钮实例,执行菜单"窗口"→"代码片段"命令,打开"代码片段"对话框。在对话框中,打开 ActionScript→"音频和视频"文件夹,双击"单击以暂停视频"命令,将在图层 Actions 的第 1 帧添加代码。

```
stop_btn.addEventListener(MouseEvent.CLICK, fl_ClickToPauseVideo_2);
function fl_ClickToPauseVideo_2(event:MouseEvent):void
{   //用此视频组件的实例名称替换 video_instance_name
    video_instance_name.pause();//此例中,修改为 flvMovie.pause();
}
```

按照说明,用实例名 flvMovie 替换 video_instance_name。在语句"flvMovie.pause();"后,插入语句"flvMovie.seek(0);",将视频播放头移动到视频开头。

```
stop_btn.addEventListener(MouseEvent.CLICK, fl_ClickToPauseVideo_2);
function fl_ClickToPauseVideo_2(event:MouseEvent):void
{
    flvMovie.pause();
    flvMovie.seek(0);
}
```

提示:自动添加的函数名、自动添加的按钮实例名等每次操作可能有区别。

函数 seek(0)的功能是将视频播放头移动到视频的开始处。这里暂停播放后,播放头回到视频的开始处,实现停止播放视频功能。

(10)播放影片时,为了等待播放视频,在脚本的开头添加代码:

```
flvMovie.pause();
```

(11)保存文档,测试影片。在影片播放时,用 3 个命令按钮实现控制视频的播放,如图 10-41 所示。

提示:右击图层 Actions 第 1 帧,在弹出的快捷菜单中选择"动作"命令,将打开脚本窗口,可以查看代码。

图 10-41　测试影片

10.6　Adobe Media Encoder 简介

Adobe Media Encoder 是一个视频和音频编码应用程序,可针对不同应用程序和需求,以各种格式对音频和视频文件进行编码。Adobe Media Encoder 结合了主流音视频格式所提供的众多设置,还包括专门设计的预设设置,以便导出与特定媒体兼容的文件。

10.6.1　添加视频文件

要将视频文件转换为 Animate 兼容的格式,首先要向 Media Encoder 添加视频文件以便进行编码。

(1) 启动 Adobe Media Encoder,打开的工作窗口由 5 个部分组成,如图 10-42 所示。

图 10-42　Adobe Media Encoder 工作窗口

媒体浏览器:面板的左侧显示系统中的所有本地和网络驱动器以及"收藏夹"部分,面板的右侧显示所选驱动器或目录的内容。

预设浏览器:提供了常用的预先定义的设置。

队列:当前已添加的待处理视频。

监视文件夹:硬盘驱动器中的文件夹指定为"监视文件夹"后,任何添加到该文件夹的文件都将使用所选预设进行编码。

编码:提供有关每个编码项目的状态的信息,显示当前正在处理的视频。

(2) 执行菜单"文件"→"添加源"命令,打开"打开"对话框。在对话框中选择要转换的视频文件(素材\视频\动物(WMV).wmv),单击"打开"按钮,将要转换的视频文件添加到"队列"面板列表框中,如图 10-43 所示。

图 10-43 视频添加到"队列"面板

提示：添加视频后，在源视频名下添加输出设置行，输出"状态"显示"就绪"。

单击"队列"面板中的"添加源"（＋）按钮，也可以打开"打开"对话框。

在"媒体浏览器"中选择视频文件，双击或拖动到"队列"面板，将视频文件添加到"队列"面板列表中。

10.6.2 转换视频文件

（1）在"队列"面板中，单击视频文件的"格式"按钮，选择要转换的格式（这里选择 H.264 格式），如图 10-44 所示。

单击视频的"预设"按钮，选择转换的视频尺寸和品质（这里选择"匹配源-中等比特率"），如图 10-45 所示。

图 10-44 "格式"列表

图 10-45 "预设"列表

（2）在"队列"面板中选择源视频的输出，执行菜单"编辑"→"导出设置"命令，打开"导出设置"对话框，可以进行剪辑视频以及导出设置，如图 10-46 所示。

提示：右击源视频的输出，在快捷菜单中选择"导出设置"命令，打开"导出设置"对话框。

单击"视频"标签，打开"基本视频设置"选项组，取消选择"将此属性与源视频相匹配"，"宽度"设置为 550，"高度"以保持视频比例自动设置为 308，如图 10-47 所示。

（3）在"导出设置"对话框中，单击"输出名称"，打开"另存为"对话框，设置保存的目录及名称，单击"保存"按钮，保存设置。

图 10-46 "导出设置"对话框

图 10-47 设置视频尺寸

(4) 单击"确定"按钮,关闭"导出设置"对话框。

(5) 执行菜单"文件"→"启动队列"命令,将"队列"面板中的文件转换为指定格式的视频文件。转换过程中,在"编码"面板显示操作的进度和编码设置,如图 10-48 所示。

提示:完成转换后,视频文件输出"状态"显示"完成"。

在"队列"面板中,单击"启动队列"(▶)按钮,将队列文件进行转换。

Animate 不兼容的声音文件,也可以用 Media Encoder 转换为 Animate 兼容的格式。

10.6.3 剪辑视频

在"队列"面板中选择视频文件后,执行菜单"编辑"→"导出设置"命令,打开"导出设置"对话框。

图 10-48　视频转换过程和视频预览

在对话框的左侧包含一个视频预览帧,包含"源"选项卡和"输出"选项卡,以及时间显示区和时间轴,如图 10-49 所示。

图 10-49　"源"选项卡

1. 裁剪视频

打开"源"选项卡,单击"裁剪输出视频"按钮,激活裁剪控件。拖动裁剪框的边或角柄,或输入"左侧""顶部""右侧""底部"的像素值,设置剪辑视频尺寸。单击"裁剪比例"按钮,选择要限制裁剪后视频的比例。

提示:再次单击"裁剪输出视频"按钮,将取消裁剪,恢复为未裁剪的视频帧。

打开"输出"选项卡,可以预览裁剪后的视频。

2. 调整视频长度

调整视频长度,要在时间轴中设置"入点"(起始帧)和"出点"(结束帧)。

将播放头移动至时间轴上的某一帧,单击时间轴上方的"设置入点"或"设置出点"按钮,确定"入点"和"出点"。

提示:可以将"入点"或"出点"标记从时间轴两侧拖动到时间轴上的某一帧上设置"入点"和"出点"。

在"源范围"列表框中,"整个剪辑"是源视频;"自定义"是按照"入点"和"出点"设置剪切的视频。

单击"确定"按钮,关闭"导出设置"对话框,返回到"队列"面板,单击"启动队列"按钮输出视频。

3. 拼接剪辑视频

选择"文件"→"添加源",或单击"队列"面板中的"添加源"按钮。将打开"打开"对话框。在对话框中选择要拼接在一起的资源,然后选中"将剪辑拼接在一起"复选框,单击"打开"按钮,将拼接的剪辑添加到队列,如图 10-50 所示。

图 10-50　队列中的拼接剪辑文件

提示:在"打开"对话框中,按住 Ctrl 键单击文件,可以选择多个文件。

在拼接的剪辑队列,上下拖动拼接视频可以调整视频的拼接顺序。

提示:打开"媒体浏览器"面板,选择要拼接在一起的资源拖放到队列中"拖放到此处,将剪辑拼接在一起"文本上,或右击选择的要拼接资源并选择"将剪辑拼接在一起"命令,一个新拼接的剪辑将被添加到队列。

拼接的剪辑名称将被自动设置为系列中的第一个剪辑。默认情况下,拼接剪辑的名称处于编辑模式,可以输入一个名称,按 Enter 键更改名称。单击队列中的源名称,随时对当前未编码的拼接剪辑重命名。

10.7　应用声音和视频的注意事项

(1) 除了在关键帧添加声音外,还可以通过 Animate 内置的 Sound 对象对声音进行更高级的控制,如控制声音的播放、关闭播放,音量的大小和左右声道的平衡等。

(2) 声音和视频文件格式及编码有多种,计算机系统安装的软件不同支持的格式和编码也不同。在 Animate 动画中使用声音和视频时,文件的格式要符合 Animate 的要求。

（3）在 Animate 动画制作中处理部分视频文件的时候,有的计算机系统要求安装 QuickTime、DirectX 等软件。如果没有安装这类软件,导入视频时会出现错误提示。

思考题

1. Animate 主要支持哪几种音频文件格式?
2. 可以在 Animate 文档中哪些地方添加声音?
3. Animate 中如何设置声音的属性?
4. 如何导入声音和视频?

操作题

1. 导入声音文件到 Animate 文档。
2. 制作一个发出声音的按钮。
3. 将导入 Animate 文档中的声音以 MP3 的格式进行压缩。

提示：在"声音属性"对话框中进行相关设置。

4. 将导入 Animate 文档中的声音调节为淡入淡出效果。
5. 导入一个视频到 Animate 文档。
6. 用 Adobe Media Encoder 将声音文件(素材\音乐\兰花(WMA).wma)和视频文件(素材\视频\动物(WMV).wmv)转换为 MP3 声音文件和 MP4 视频文件。
7. 将一个 MP3 声音文件导入 Animate 文档,用代码片段控制声音的播放。
8. 将一个视频文件导入 Animate 文档,用代码片段控制视频的播放。
9. 在"库"面板创建视频元件,用视频元件实例播放本地视频。

第 11 章　组件和动画预设

内容提要

本章介绍 Animate 组件和动画预设的概念,常用组件的使用及组件参数的设置方法,动画预设的使用方法。

学习建议

掌握 Animate 提供的常用组件和动画预设的使用方法。

11.1　组件简介

Animate 组件是带参数的影片剪辑,根据需要可以修改它们的外观和行为。组件既可以是简单的用户界面控件(例如单选按钮或复选框),也可以是包含内容(例如滚动窗格)的。使用组件,即使对脚本(ActionScript)没有深入的研究,也可以构建复杂的 Animate 应用程序。将组件从"组件"面板拖动到舞台中即可为影片添加按钮、组合框和列表等功能。每个组件都有预定义参数,可以在 Animate 中设置这些参数。

首次启动 Animate 时,系统中就已安装了一组 Adobe 组件,可以在"组件"面板上查看它们。还可以从 Adobe-Exchange(https://www.adobe.com/cn/exchange/)下载由 Animate 社区成员构建的组件,下载的组件扩展名为".ZXP"或".MXP"。

11.2　组件的应用

11.2.1　使用组件

执行菜单"窗口"→"组件"命令,可以打开或者关闭"组件"面板。在"组件"面板中,用文件夹分类存储和管理组件。单击打开文件夹,将列出该文件夹中的组件,如图 11-1 所示。

1. 在 Animate 文档中添加组件

(1) 在"组件"面板中,将组件拖动到舞台,或双击组件,可以在舞台中添加组件的实例。

(2) 在舞台上选择组件的实例后,打开"属性"面板,在"实

图 11-1　"组件"面板

例名称"文本框中命名输入组件实例的名称。

提示：如果没有打开"属性"面板，执行菜单"窗口"→"属性"命令，可以打开"属性"面板。

（3）在实例"属性"面板中，单击"组件参数"按钮，打开"组件参数"对话框设置该组件相关属性的值。

2. 修改组件实例外观

在实例"属性"面板中，可直观地调整组件实例的位置和大小、色彩效果和显示。还可以在"组件参数"对话框中设置组件实例的外观。

在舞台中，也可以用"选择工具"和"任意变形"工具调整组件实例的位置和大小。

3. 从 Animate 文档删除组件

在 Animate 文档中，要删除组件的实例，不仅要在舞台中删除组件的实例，还要从"库"中删除相应的组件元件。

在"库"面板，选择组件元件，单击"库"面板底部的"删除"按钮或从"库"面板选项菜单中选择"删除"命令，可以删除组件元件；也可以按 Delete 键删除组件元件。

11.2.2　应用组件

Animate 提供的组件分为两类：User Interface（用户界面）类别组件（通常称为"UI 组件"）可与应用程序进行交互，Video 类别组件用于控制视频播放。这里介绍几种常用的组件。

1. UIScrollBar 组件

使用 UIScrollBar（文本滚动条）组件，可以方便地浏览较长的文本。它两端各有一个箭头按钮，按钮之间有一个滚动轨道和滚动滑块。它可以附加至文本字段的任何一边，既可以垂直使用也可以水平使用。

【例 11-1】　UIScrollBar 组件的应用。

动画情景：显示有滚动条的文本，拖动滚动条查看文本。

（1）新建 ActionScript 3.0 文档。

（2）执行菜单"视图"→"贴紧"→"贴紧至对象"命令，打开对象贴紧功能。

（3）选择"文本工具"，在"属性"面板中，"文本类型"选择"动态文本"或"输入文本"，"段落"选项组中"行为"选择"多行"，在舞台上按住鼠标左键拖动创建文本框，并命名文本框实例名。这里命名为"MyText"，如图 11-2 所示。

图 11-2　创建"输入文本"框，命名实例名

（4）打开"组件"面板，在 User Interface 类别中，将 UIScrollBar 组件拖放到舞台文本框的右侧，如图 11-3 所示。

提示：由于选择了"贴紧至对象"命令，所以能够自动贴紧。可以用"任意变形工具"调整 UIScrollBar 组件的高度，使其高度与文本框的高度保持一致。

组件拖放到文本框的位置不同，组件的实例可能贴紧到左侧、上方或下方。

（5）在舞台中，选择 UIScrollBar 组件的实例，打开"属性"面板。单击"组件参数"按钮，打开"组件参数"对话框设置参数，如图 11-4 所示。

图 11-3　UIScrollBar 组件紧贴文本框

图 11-4　设置 UIScrollBar 组件实例的参数

其中，参数 scrollTargetName 的值为所附加到的文本框实例的名称。贴紧时自动添加文本框的实例名。当改变文本框实例的名称时，要修改此参数值。

（6）在文本框中输入文本字符。

提示：如果要将文本复制/粘贴到文本框，则要用"文本工具"单击文本框后粘贴。

（7）测试影片。可以看到有滚动条的文本，如图 11-5 所示。

UIScrollBar 组件参数说明如下。

① direction：用于设置滚动条是水平（horizontal）还是垂直（vertical）放置。

② scrollTargetName：要添加滚动条的文本框实例名。如果文本框未命名实例名，则文本框实例名和参数 scrollTargetName 的值将自动添加为默认名。

③ visible：用于设置滚动条的显示与否。选中则显示滚动条。

图 11-5　添加滚动条的文本

2. ScrollPane 组件

使用 ScrollPane（滚动窗口）组件，可以创建滚动条浏览超出窗口显示范围的影片剪辑、JPEG、GIF 或 PNG 文件和 SWF 文件。利用 ScrollPane 组件可以浏览元件库中的影片剪辑，还可以浏览本地磁盘或 Internet 加载的内容。

【例 11-2】　ScrollPane 组件的应用。

动画情景：在有滚动条的窗口，拖动滚动条浏览图片。

（1）新建 ActionScript 3.0 文档。

（2）新建"影片剪辑"类型元件，命名为"图片"。在元件中导入图片（素材\图片\JPG

\风景_01.jpg），并将图片的左上角对齐舞台中心（在对象的"属性"面板中坐标值设置为(0,0)）。

提示：影片剪辑元件的内容可以是要显示的其他内容。例如，影片剪辑中制作的动画。

（3）在"库"面板中，右击要在滚动窗口显示的影片剪辑元件（此例中是"图片"元件），在弹出的快捷菜单中选择"属性"命令，打开"元件属性"对话框，并单击"高级"按钮展开高级选项。在"ActionScript 链接"选项组，选中"为 ActionScript 导出"和"在第 1 帧导出"两个复选框；在"类"文本框中默认是元件的名称，可以重新命名（这里输入为"pic"），"基类"不做更改，如图 11-6 所示。

图 11-6　"ActionScript 链接"属性设置

单击"确定"按钮，将弹出"ActionScript 类警告"，单击"确定"按钮，关闭对话框。

（4）返回场景。打开"组件"面板，在 User Interface 类别中，将 ScrollPane 组件拖放到舞台。用"任意变形工具"调整该组件实例的大小，并调整位置。

提示：也可以在实例"属性"面板中调整组件实例的大小和位置等。

（5）在舞台中，选择 ScrollPane 组件实例，打开"属性"面板。单击"显示参数"按钮，打开"组件参数"对话框，在 source 属性值文本框中，输入要显示的影片剪辑元件"ActionScript 链接"选项组中的"类"名称。这里是"pic"，如图 11-7 所示。

图 11-7　设置 ScrollPane 组件实例的参数

（6）测试影片。在滚动窗口中可以浏览图片，如图 11-8 所示。

提示：source 属性文本框中输入外部图片文件路径和名称也能加载。例如，文本框中输入"pic\大象.png"，可以加载影片所在目录下的文件夹"pic"中的图片文件"大象.png"。

ScrollPane 组件参数说明如下。

① enabled：选中此参数，可使用滚动条，否则不可用。默认为选中。

图 11-8　滚动窗口效果

② horizontalLineScrollSize：单击一次滚动箭头移动水平滚动条的像素数。默认值为 4。

③ horizontalPageScrollSize：单击一次滚动条轨道移动水平滚动条的像素数。默认值为 0，将滚动条移动到单击位置。

④ horizontalScrollPolicy：预置水平滚动条。可选 on、off 或 auto，默认值为 auto。为 on 时，总是显示滚动条；为 off 时，不显示滚动条；为 auto 时，显示内容大于窗口时，显示滚动条，否则不显示。

⑤ scrollDrag：选中此参数，可使用鼠标拖动显示内容。默认为不选中。

⑥ source：要加载到滚动窗口中的内容标识。该参数可以是本地计算机中要加载的文件相对路径，或 Internet 上的文件相对或绝对路径。它也可以是在元件"库"中设置为"为 ActionScript 导出"的影片剪辑元件的"类"标识，例如"pic"。该参数是必须设置的。

⑦ verticalLineScrollSize：单击一次滚动箭头移动垂直滚动条的像素数，默认值为 4。

⑧ verticalPageScrollSize：单击一次滚动条轨道移动垂直滚动条的像素数。默认值为 0，将滚动条移动到单击位置。

⑨ verticalScrollPolicy：预置垂直滚动条。可选 on、off 或 auto。默认值为 auto，根据需要显示垂直滚动条。

⑩ visible：选中此参数，在舞台上显示组件实例，否则不显示。默认为选中。

3. UILoader 组件

UILoader 组件是一个容器，可以加载显示指定的 SWF 文件或图像文件内容。默认情况下，加载的内容自动缩放显示为适合 UILoader 组件容器的大小。也可以在运行时加载内容，并监视加载进度。

【例 11-3】　UILoader 组件的应用。

动画情景：载入外部图片。

（1）在工作目录下创建文件夹"pic"，并在其中保存要加载的图片文件。这里保存图片"素材\图片\PNG\大象.png"。

（2）新建 ActionScript 3.0 文档。将文档保存到工作目录。

提示：新建文档后，保存文档是为了获取要加载对象的相对路径。

（3）打开"组件"面板，在 User Interface 类别中，将 UILoader 组件拖动到舞台。用"任意变形工具"调整该组件实例的大小，并调整位置。

（4）在舞台中，选择 UILoader 组件实例，打开实例"属性"面板。在"属性"面板中，实例命名为 myLoader，单击"显示参数"按钮，打开"组件参数"对话框，在 source 属性值文本框中输入要加载的文件路径。这里输入"pic\大象.png"，如图 11-9 所示。

图 11-9 UILoader 组件实例及参数设置

（5）测试影片。可以看到加载到容器的图片，如图 11-10 所示。

（6）保存文档，便于在后面的例子中使用。

提示：如果旋转 Loader 组件实例的角度，则载入的对象也旋转角度显示。

UILoader 组件参数说明如下。

① autoLoad：选中此参数，将自动加载指定的内容；否则要调用 Loader.load()加载。

② enabled：选中此参数，使组件容器可用。默认为选中。

图 11-10 加载到 UILoader 组件容器的图片

③ maintainAspectRatio：选中此参数，缩放保持原始对象的宽高比；否则，调整显示对象的宽和高适应 UILoader 组件容器的宽和高。

④ scaleContent：选中此参数，指定缩放内容以适合 UILoader 组件容器的大小；否则，缩放 UILoader 组件的容器适合显示内容大小。

⑤ source：用于指定加载文件的路径（URL）。该参数要求必须指定。

4. ProgressBar 组件

ProgressBar 是进度条组件，在用户等待加载内容时，会显示加载进程。加载进程可以是确定的也可以是不确定的。确定的进程栏是一段时间内任务进程的线性表示，当要载入的内容量已知时使用。不确定的进程栏在不知道要加载的内容量时使用。可以添加标签来显示加载内容的进程。

【例 11-4】 ProgressBar 组件的应用。

动画情景：显示加载影片或图片的进度条。

（1）打开例 11-3 中的文档。

（2）新建图层，命名为"进度条"。

（3）选择图层"进度条"的第 1 帧，打开"组件"面板，在 User Interface 类别中，将 ProgressBar 组件拖动到舞台。用"任意变形工具"调整该组件实例的大小，并调整位置，如图 11-11 所示。

图 11-11　ProgressBar 组件拖动到"进度条"图层

提示：为了版面美观，将 ProgressBar 组件实例放置在 UILoader 组件实例下方，并宽度一致。可以在"属性"面板中设置 ProgressBar 组件实例的宽和高。

（4）在舞台中，选择 ProgressBar 组件实例，打开实例"属性"面板。单击"显示参数"按钮，打开"组件参数"对话框，在 source 属性值文本框中输入 UILoader 组件实例名称，这里输入"myLoader"，如图 11-12 所示。

（5）测试影片。播放影片时，先显示进度条，再显示加载的图片，如图 11-13 所示。

图 11-12　设置 ProgressBar 组件参数

图 11-13　进度条效果

提示：测试进度条时，在测试窗口中，下载进度条一闪而过。这是因为载入本地图片的原因。

5. FLVPlayback 组件

利用 FLVPlayback 组件，可以在 Animate 应用程序中包括一个视频播放器，以便播放本地硬盘中的 H.264 编码视频（MP4）以及 FLV 或 F4V 文件。还可以播放通过 HTTP 渐进式下载的视频文件，或者播放来自 Adobe Media Server（AMS）或 Flash Video Streaming Service（FVSS）的 FLV 文件流。

【例 11-5】 FLVPlayback 组件的应用。

动画情景：播放外部的视频。

（1）在工作目录下创建一个文件夹，在其中存放要播放的视频文件。

提示：这里创建文件夹"movie"，在其中存放视频文件（素材\视频\地中海（FLV）.flv）。

（2）新建文档。为获取文档的路径，将文档保存到工作目录。

（3）打开"组件"面板。在 Video 类别中，将 FLVPlayback 组件拖放到舞台。用"任意变形工具"调整该组件实例的大小，并调整到合适的位置，如图 11-14 所示。

（4）在舞台中，选择 FLVPlayback 组件实例，打开实例"属性"面板，单击"显示参数"

按钮,打开"组件参数"对话框设置参数,如图 11-15 所示。

图 11-14 FLVPlayback 组件拖放到舞台

图 11-15 FLVPlayback 组件实例的参数

(5)单击属性 skin 值按钮,打开"选择外观"对话框,如图 11-16 所示。在"外观"下拉列表框中选择所需要的皮肤,单击"确定"按钮关闭对话框。

图 11-16 "选择外观"对话框

(6)单击属性 source 值按钮,打开"内容路径"对话框。在文本框中输入本地视频文件的相对路径、绝对路径或视频文件的网址(URL)。也可以单击右侧的文件夹图标,打开"内容"对话框,选择视频文件,如图 11-17 所示。

图 11-17 "内容路径"对话框

提示:如果在"内容路径"对话框中,选中"匹配源尺寸"复选框,则会根据原视频的大小来调整组件的大小。

（7）单击"确定"按钮关闭对话框，并测试影片，如图 11-18 所示。

图 11-18　播放指定的视频

提示：测试影片或发布影片，生成影片文件外，还将生成播放外观文件。

FLVPlayback 组件参数说明如下。

① align：用于设置视频在组件视窗中的对齐方式，有 top、left、bottom、right、topLeft、topRight、bottomLeft、bottomRight 和 center，center 是默认值。

② autoPlay：用于设置视频载入后是否自动播放，选中此项的复选框，视频载入后自动播放，否则不自动播放。

③ cuePoints：一个数组，说明 ActionScript 提示点和已禁用的嵌入式文件提示点。

④ scaleMode：用于指定加载播放视频的模式。maintainAspectRation，将视频保持宽高比缩放在所定义的矩形内；noScale，将视频自动调整为源视频文件尺寸大小；exactFit，将忽略视频文件的尺寸大小，并将视频拉伸到适合所定义的矩形。

⑤ skin：用于设置播放器的外观样式。

与 skin 相关的项 skinAutoHide、skinBackgroundAlpha、skinBackgroundColor，分别用来设置是否隐藏外观、透明度和颜色。

⑥ source：用于指定加载播放的视频文件的路径（URL）。URL 可以是指向本地视频文件的相对路径、指向 HTTP URL、指向流的 RTMP URL，也可以是指向 XML 文件的 HTTP URL。

11.3　动画预设简介

动画预设是预先设计好的补间动画，可以将它们应用于舞台上的对象创建补间动画。使用预设可极大节约动画制作的时间，特别是在经常使用相似类型的补间动画时，动画预设能够节省精力和时间。

11.3.1　"动画预设"面板

执行菜单"窗口"→"动画预设"命令，可以打开或者关闭"动画预设"面板。在"动画预设"面板中,用文件夹分类存储和管理动画预设。Animate 包含"默认预设"和"自定义预设"两类,单击打开文件夹,将列出该文件夹中的动画预设,如图 11-19 所示。

图 11-19 "动画预设"面板

11.3.2 预览动画预设

在"动画预设"面板,从列表中选择一个动画预设时,将在预览窗口播放预设动画。在"动画预设"面板外单击,将停止播放预览。通过预览,可以了解将动画预设应用于文档中的对象时所获得的结果。可以对自定义预设添加自己的预览。

11.4 动画预设的应用

11.4.1 应用动画预设

应用动画预设的方法是,在舞台上选择对象后,在"动画预设"面板中选择预设,单击面板中的"应用"按钮,或者从面板菜单中选择"在当前位置应用",将预设动画应用于对象。

【例 11-6】 动画预设应用。

动画情景:一名武士从左侧进入舞台后,文字"舞剑的勇士"在舞台左侧顶部从模糊状态向下移动到武士的左侧,再从顶部飞出,最后武士从右侧移动到舞台外。

(1)创建文档。

(2)新建"影片剪辑"类型元件,命名为"武士"。在元件中导入武士图片(素材\图片\PNG\武士.png),并将图片对齐舞台中心。

(3)返回到场景,将"图层_1"更名为"武士"。将"武士"元件拖动到第 1 帧舞台左侧外。

(4)在舞台选择"武士"实例,执行菜单"窗口"→"动画预设"命令,打开"动画预设"面板。从"默认预设"中选择"从左边模糊飞入"预设后,单击"应用"按钮,将预设应用于实例。预设添加了第 1~15 帧的动画,如图 11-20 所示。

提示:预设有关联的运动路径显示在舞台上。

(5)创建新图层,命名为"文字"。在第 15 帧插入空白关键帧,并在舞台右侧顶部输入静态文本"舞剑的勇士",如图 11-21 所示。

(6)选择第 15 帧中"舞剑的勇士"文本后,执行菜单"窗口"→"动画预设"命令,打开"动画预设"面板。在"默认预设"中选择"从顶部模糊飞入"预设后,单击"应用"按钮,将预设应用于文本。预设添加了第 15~29 帧的补间动画,如图 11-22 所示。

(7)在"文字"图层,将第 29 帧(属性关键帧)拖动到第 30 帧,延长动画,分别在两个图层的第 35 帧插入帧。

（8）在"文字"图层的第30帧，将文本向上拖动到武士左侧前方，如图11-23所示。

图11-20 对实例应用预设

图11-21 输入静态文本

图11-22 对文本应用预设

图11-23 调整文本位置

（9）在"文字"图层，右击第36帧，在弹出的快捷菜单中选择"插入空白关键帧"命令，在第36帧插入空白关键帧。将第30帧复制到第36帧，并右击第36帧，在弹出的快捷菜单中选择"删除动作"命令，删除第36帧中的动作。

提示：对实例只能应用一次预设。这里插入空白关键帧复制对象后，可以应用新的预设。

复制帧的操作，将复制舞台内容的同时还复制帧中的动作。

（10）在"文字"图层，选择第36帧中的文本后，打开"动画预设"面板，选择"从顶部飞出"预设后，单击"应用"按钮。此时，将打开警告对话框，提示预设中的部分属性无法应用，如图11-24所示。按Ctrl＋Z组合键，删除刚应用的动画预设。

图11-24 警告对话框

提示：如果动画预设应用于无法补间的对象，Animate 将会提供一些将该对象转换为元件的提示。

（11）在"文字"图层，右击第 36 帧中的文本，在弹出的快捷菜单中选择"转换为元件"命令，将文本转换为"影片剪辑"类型元件。

（12）在"文字"图层，选择第 36 帧中的文本实例，打开"动画预设"面板，选择"从顶部飞出"预设后，单击"应用"按钮，应用预设。将第 59 帧（动画终点帧）拖到第 50 帧。

（13）在"武士"图层的第 50 帧插入帧，并在第 51 帧插入空白关键帧。将第 15 帧复制到第 51 帧，并删除第 51 帧中的动作。

（14）在"武士"图层，选择第 51 帧中的实例，打开"动画预设"面板，选择"从右边飞出"预设后，单击"应用"按钮，应用预设。将添加的补间动画终点帧拖动到第 65 帧。

（15）在"文字"图层的第 65 帧插入帧，如图 11-25 所示。

图 11-25 完成动画的场景

（16）测试影片。

提示：只要每个选定帧只包含一个可补间对象，也可以将动画预设应用于不同图层上的多个选定帧。

11.4.2 自定义动画预设

1. 创建自定义预设

创建或修改的补间预设，可以将其另存为新的动画预设。新预设将显示在"动画预设"面板中的"自定义预设"文件夹中。

【例 11-7】 创建自定义预设。

动画情景：将缩放动画创建为自定义预设。

（1）新建文档。

（2）新建"影片剪辑"类型元件，命名为"圆"。在元件中绘制一个圆。

（3）返回场景。将"圆"元件拖放到"图层_1"的第 1 帧，在舞台居中。

（4）在"图层_1"创建第 1～30 帧的补间动画。分别在第 15 帧和第 30 帧插入"缩放"关键帧，并将第 15 帧中的实例放大 200％，如图 11-26 所示。

（5）在"图层_1"，右击补间动画帧，在弹出的快捷菜单中选择"另存为动画预设"命令，打开"将预设另存为"对话框，在"预设名称"文本框中输入"SuoFang"，如图 11-27 所示。

图 11-26　创建补间动画

图 11-27　命名预设名称

提示：预设名称只允许用字母字符命名。

可以选择舞台上的动画对象，也可以选择补间动画路径，作为要创建预设动画。

单击"动画预设"面板中的"将选区另存为预设"按钮，也可以打开"将预设另存为"对话框。

（6）"将预设另存为"对话框中，单击"确定"按钮，创建预设动画。打开"动画预设"面板，在"自定义预设"文件夹中将显示预设"SuoFang"，如图 11-28 所示。

（7）将文档命名为"SuoFang"保存。

创建自定义预设后，Animate 将预设另存为 XML 文件，存储在以下目录中：

图 11-28　在"自定义预设"
添加预设

< 系统盘 > \ Users \ < 用户名 > \ AppData \ Local \ Adobe \ Animate CC 2018 \ zh _ CN \ Configuration\Motion Presets

提示：保存、删除或重命名自定义预设后无法撤销。

2. 创建自定义预设预览

将自定义预览的补间动画的 SWF 文件与动画预设 XML 文件存储在同一个目录中，可以为创建的自定义预览添加预览。

【例 11-8】　创建自定义预设预览。

动画情景：在"动画预设"面板中，为自定义预设创建预览。

（1）打开文档 SuoFang.fla。

（2）发布影片，创建 SWF 文件（SuoFang.swf）。

提示：测试影片，将在 FLA 文件同一目录下创建与 FLA 文件（SuoFang.fla）同名的 SWF 文件（SuoFang.swf）。

（3）将 SWF 文件（SuoFang.swf）保存在自定义动画预设 XML 文件所在的目录中，如图 11-29 所示。

打开"动画预设"面板，选择自定义预设（SuoFang），将在预览窗口中显示预览，如图 11-30 所示。

图 11-29　动画预设 XML 文件和同名的 SWF 文件

图 11-30　创建的预览

提示：AppData 文件夹默认是隐藏的。需要在 Windows 系统"文件夹选项"设置显示隐藏文件、文件夹。

11.4.3　管理动画预设

1. 导入动画预设

可以将其他 Animate 用户共享的动画预设 XML 文件导入到"动画预设"面板。

打开"动画预设"面板，单击"面板菜单"按钮。在菜单中选择"导入"命令，打开"导入动画预设"对话框。在"导入动画预设"对话框中，选择要导入的 XML 文件后，单击"打开"按钮，将 XML 补间文件导入到"动画预设"面板。

注意：作为 XML 文件导入的动画预设只能添加到补间动画。

2. 导出动画预设

可将动画预设导出为 XML 文件，以便与其他 Animate 用户共享。

打开"动画预设"面板，单击"面板菜单"按钮。在菜单中选择"导出"命令，打开"另存为"对话框。在"另存为"对话框中，为 XML 文件选择名称和位置，单击"保存"按钮，可以导出 XML 补间文件。

3. 删除动画预设

可以从"动画预设"面板中删除预设。删除预设时，Animate 将从磁盘删除其 XML 文件。

在"动画预设"面板中选择要删除的预设，单击"删除项目"按钮，或者在"面板菜单"中选择"删除"命令删除预设。

提示：可以通过导出其副本来备份以后要再次使用的预设。

思考题

1. 什么是组件？组件有什么特点？
2. Animate 组件有几大类？常用的有哪几类？
3. User Interface 组件类都包含哪些组件？可以直接显示图片的组件有哪几个？
4. Animate 扩展组件文件的扩展名是什么？

操作题

1. 用 UIScrollBar 组件制作有滚动条的文本。
2. 用 ScrollPane 组件制作有滚动条的图片框显示图片。
3. 利用 Animate 提供的组件，制作加载进度条。
4. 利用 FLVPlayback 组件，制作视频播放器。
5. 用动画预设制作球弹跳动画效果。

提示：打开"动画预设"面板，在"默认预设"中选择"多次跳跃"动画效果。根据需要调整跳跃的高低位置。

第 12 章　动作脚本基础

内容提要

本章介绍了"动作"面板和添加脚本的方法,利用脚本控制动画播放和动态设置实例属性的方法,利用鼠标控制影片的方法,常用的脚本控制命令。

学习建议

首先要掌握"动作"面板打开与关闭及添加脚本的方法,掌握常用脚本命令控制动画播放的方法,掌握利用脚本设置实例属性的方法。

12.1　脚本和"动作"面板

1. 动作脚本的概念

Animate 作为创建动画的工具,制作的动画是按顺序播放影片中的场景和帧。使用动作脚本,可以给动画添加交互性,制作交互动画。

在 Animate 中,可以使用 ActionScript(简称 AS)和 JavaScript(简称 JS)两种面向对象的编程语言。JavaScript 用于 HTML5 Canvas 文档,ActionScript 用于 Flash Player 或 AIR。动作(Action)脚本是使用脚本语言编写的一组命令(语句)的集合(程序)。为了实现动画的交互功能,应了解一些高级交互的逻辑知识,但不必像其他计算机程序设计语言一样设计复杂的程序,而只需在影片中添加一些简单的交互动作。

这里介绍 Animate 动画制作中 ActionScript 3.0 脚本编程及其控制动画的基本方法。

2. "动作"面板

"动作"面板是 Animate 提供的动作脚本程序编辑环境,在此环境下可以快捷高效地编写出有效的程序。执行菜单"窗口"→"动作"命令,可以打开"动作"面板,如图 12-1 所示。

(1)脚本导航器:用于显示包含动作脚本位置(场景、图层、帧和影片剪辑等)的分层列表。利用"脚本导航器"可在 Animate 文档中的各个位置脚本间快速移动。

单击"脚本导航器"中的某一项目,在"脚本窗格"中显示该项目的脚本,并将时间轴上的播放头移动到相应的位置。

图 12-1　"动作"面板

（2）脚本窗格：用于输入和编辑动作脚本。"脚本窗格"是创建脚本的工具，是一个全功能编辑器（叫作 ActionScript 编辑器）。该编辑器中包括脚本语法格式设置和检查，代码提示、调试以及其他一些简化脚本创建的功能。

（3）面板菜单：用于显示与该面板相关的命令菜单。

（4）脚本标签：用于切换显示脚本窗格，还显示脚本所在的图层和帧。

（5）状态栏：用于显示当前"脚本窗格"中，代码的总行数和光标所在的位置。

（6）脚本工具栏：提供的功能按钮可以快速对动作脚本进行操作。

① 固定脚本：将脚本固定到脚本窗格中各个脚本的固定标签，便于在各个打开的不同脚本中切换浏览。

② 插入实例路径和名称：帮助设置脚本中某个动作的绝对或相对目标路径。

③ 查找：查找并替换脚本中的文本。

④ 设置代码格式：帮助设置代码格式。

⑤ 代码片段：打开"代码片段"面板，其中显示代码片段示例。

⑥ 使用向导添加：单击此按钮可使用简单易用的向导添加动作，而无须编写代码。

⑦ 帮助：显示"脚本"窗格中所选 ActionScript 元素的参考信息。

3. 设置动作脚本编辑环境

执行菜单"编辑"→"首选参数"命令，打开"首选参数"对话框。在"代码编辑"类别、"脚本文件"类别和"编译器"类别中，根据自己的习惯设置代码的字体、颜色以及书写格式等，对动作脚本编辑器环境进行设置，如图 12-2 所示。

提示：如果不清楚参数的含义，暂时不用更改参数。

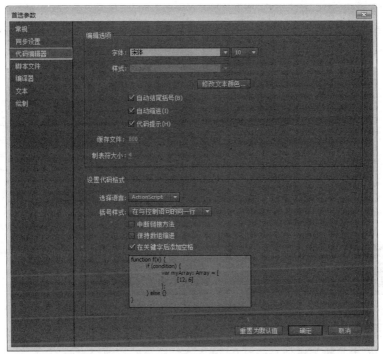

图 12-2 "首选参数"对话框中设置动作脚本参数

12.2 控制动画的播放

12.2.1 添加动作脚本

"动作"面板用于创建和编辑动作脚本。ActionScript 3.0 中,动作脚本代码只能添加到关键帧和外部 AS 文件中。

12.2.2 基本动作控制

1. 帧事件

在关键帧中添加的动作是动画播放到该帧时自动发生,称为帧事件,也称作自动触发事件。

【例 12-1】 停止播放影片。

动画情景:叉车从左侧移动到舞台中央停止。

(1) 新建 ActionScript 3.0 文档。

(2) 新建"影片剪辑"类型元件,命名为"叉车"。在元件中导入叉车图片(素材\图片\PNG\叉车.png)。

(3) 返回场景,将图层"图层 1"更名为"图片"。将元件"叉车"拖动到第 1 帧,制作叉车从舞台左侧移动到右侧的 20 帧补间动画,如图 12-3 所示。

(4)创建新图层,命名为"脚本",并在第 10 帧插入空白关键帧。选择第 10 帧右击,在弹出的快捷菜单中选择"动作"命令,打开"动作"面板。

(5)在"脚本窗格"中输入"stop();",如图 12-4 所示。

图 12-3　创建补间动画

图 12-4　在"脚本"图层的第 10 帧输入脚本

提示:在脚本窗格中输入代码时,要在英文输入法状态输入,并注意区分大小写字母。ActionScript 中,语句是以";"结尾的。

在关键帧添加动作脚本后,将在该关键帧格出现一个小写的字母"a"。

(6)保存文档,测试影片。叉车移动到舞台中央停止,并没有移动到舞台右侧。

提示:stop()函数的功能是停止播放影片。

【例 12-2】 跳转到指定的帧播放影片。

动画情景:叉车从左侧直接跳转到舞台中央继续向右侧移动。

(1)打开例 12-1 中的文档。

(2)选择图层"脚本",清除关键帧第 10 帧。右击第 1 帧(空白关键帧),在弹出的快捷菜单中选择"动作"命令,打开"动作"面板。

(3)在"脚本窗格"中输入"gotoAndPlay(10);",如图 12-5 所示。

图 12-5　影片从第 1 帧跳转到第 10 帧继续播放

（4）保存文档，测试影片。叉车直接从舞台中央位置（第 10 帧）移动到舞台右侧。

提示：gotoAndPlay()函数的功能是从当前帧（脚本所在的第 1 帧）跳转到指定的帧（第 10 帧）继续播放影片。

【例 12-3】 跳转到指定的帧停止播放影片。

动画情景：叉车从舞台左侧移动到中央后直接跳转到右侧并停止移动。

（1）打开例 12-2 文档，删除图层"脚本"第 1 帧的动作脚本。

提示：选择关键帧后，打开"动作"面板，删除"脚本窗格"中的脚本。

（2）在图层"脚本"的第 10 帧插入空白关键帧。右击第 10 帧，在弹出的快捷菜单中选择"动作"命令，打开"动作"面板。

（3）在"脚本窗格"中输入"gotoAndStop(20);"，如图 12-6 所示。

图 12-6　影片播放到第 10 帧后跳转到第 20 帧停止播放

（4）测试影片。影片播放到第 10 帧后，跳转到第 20 帧并停止播放。

提示：gotoAndStop()函数的功能是影片的播放到此帧（脚本所在的第 10 帧）跳转到指定的帧（第 20 帧），并停止播放影片。

为了管理方便，脚本都写在同一个图层相关的关键帧，不要和其它动画图层及帧混在一起。

控制影片播放的方法（函数）stop()、play()、gotoAndPlay()、gotoAndStop()等，在 ActionScript 3.0 的 flash.display→MovieClip→"方法"中可以找到。

有关 ActionScript 3.0 语言，请参考本章"12.7 ActionScript 3.0 语言参考"。

2. 按钮事件

当用户操作按钮时发生的事件，称为按钮事件，也称作用户触发事件。用鼠标单击按钮时，将触发鼠标事件。

【例 12-4】 单击按钮播放影片。

动画情景：在舞台左侧停止的叉车，单击按钮后开始向右侧移动。

（1）新建 ActionScript 3.0 文档。

（2）在场景，将图层"图层 1"更名为"图片"。制作叉车从舞台左侧移动到右侧的 20 帧补间动画，如图 12-3 所示。

（3）创建新图层，命名为"按钮"，并将按钮图片（素材\图片\PNG\播放.png）导入到第1帧舞台。右击按钮图片执行"转换为元件"命令,将图片转换为"按钮"类型元件,命名为"播放"。

(4) 在舞台中选择按钮实例"播放",打开"属性"面板,将实例命名为 btn。将按钮调整到舞台的下方,如图 12-7 所示。

图 12-7 "按钮"实例命名为"btn"

(5) 创建新图层,命名为"脚本"。右击该图层的第 1 帧,在弹出的快捷菜单中选择"动作"命令,打开"动作"面板,输入如下脚本:

```
import flash.events.MouseEvent;          //导入鼠标事件类
stop();                                  //停止播放舞台上的动画
btn.addEventListener(MouseEvent.CLICK,myFun);
                                         //为按钮 btn 单击事件添加响应函数
function myFun(Event:MouseEvent):void    //定义事件响应函数,void 表示函数无返回值
{
    play();                              //播放舞台上的动画
}
```

(6) 测试影片。停在左侧的叉车,单击播放按钮后移动到右侧。

在 ActionScript 3.0 中,用按钮控制动画的动作脚本基本结构如下。

```
按钮实例名称.addEventListener(事件类型,函数名称);
function 函数名称(事件对象名称:事件类型名):void
{
    //此处是为响应事件而执行的若干命令序列,即若干条语句
}
```

方法 addEventListener()的功能是,侦听(按钮)实例是否发生事件。如果发生事件,将调用函数。

此例中,按钮实例名称是"btn";事件类型是"MouseEvent.CLICK"(鼠标事件.单击);函数名称是用户命名的"myFun";事件对象名称是"Event"(可以用 E 或 e 代替),事件对象的名称也可以由设计者命名;事件类型名是"MouseEvent"(鼠标事件)。

提示:在 ActionScript 3.0 的 flash.display→MovieClip→"方法"中,可以找到方法 addEventListener()。

在 ActionScript 3.0 中编写动作脚本时,如果用到函数或基类,那么要求在脚本开头

添加相关的包和事件。例如：

```
import flash.events.MouseEvent;                //导入事件包中的鼠标事件
```

提示：输入脚本时，会自动添加包和事件信息。一般情况下，这些包都是默认加载的，不导入也没有很大的关系。

输入脚本的过程中（如输入事件对象名称 Event 和"："后），将打开代码提示列表框供用户选择。可以在列表框中选择输入需要的代码，如图 12-8 所示。

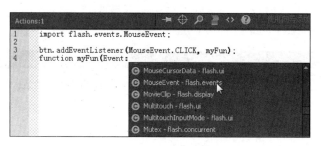

图 12-8 代码提示列表

【**例 12-5**】 单击按钮停止播放影片。

动画情景：正在播放的动画，单击按钮后停止播放。

（1）新建 ActionScript 3.0 文档。

（2）在场景中，将图层"图层 1"更名为"图片"，制作叉车从舞台左侧移动到右侧的 20 帧补间动画。

（3）创建新图层，命名为"按钮"，并将按钮图片（素材\图片\PNG\停止.png）导入到第 1 帧舞台。右击按钮图片执行"转换为元件"命令，将图片转换为"按钮"类型元件，命名为"停止"。

（4）在舞台中选择"停止"按钮实例，打开"属性"面板，将实例命名为 btn，并将按钮调整到舞台的下方，如图 12-9 所示。

图 12-9 将按钮拖动到舞台，命名实例名

（5）创建新图层，命名为"脚本"。右击该图层的第 1 帧，在打开的快捷菜单中选择"动作"命令，打开"动作"面板，输入如下脚本。

```
import flash.events.MouseEvent;                //导入鼠标事件类
```

```
btn.addEventListener(MouseEvent.CLICK,myFun);
                                            //将 myFun()函数注册到 btn 按钮
function myFun(Event:MouseEvent)
{
    stop();                                 //停止舞台上的动画
}
```

(6) 测试影片。从左侧向右侧移动的叉车,单击按钮后停止移动。

提示:单击"设置代码格式"按钮,可以将脚本按照规范的格式进行自动缩进操作。可以增强代码的可读性,如图 12-10 所示。

```
import flash.events.MouseEvent;
btn.addEventListener(MouseEvent.CLICK,myFun);
function myFun(Event:MouseEvent)
{
stop();
}
```

```
import flash.events.MouseEvent;
btn.addEventListener(MouseEvent.CLICK, myFun);
function myFun(Event: MouseEvent) {
    stop();
}
```

图 12-10 使用"设置代码格式"工具前后

12.2.3 使用"代码片段"编辑脚本

【**例 12-6**】 用按钮控制动画的播放和停止。

动画情景:停止的叉车,单击"播放"按钮时,叉车做动画;单击"停止"按钮时,叉车停止做动画。

(1) 新建 ActionScript 3.0 文档。

(2) 在场景中,将"图层 1"图层更名为"图片"。制作叉车从舞台左侧移动到右侧的20 帧补间动画。

(3) 创建新图层,命名为"按钮",并将播放按钮图片(素材\图片\PNG\播放.png)和停止按钮图片(素材\图片\PNG\停止.png)导入到第 1 帧舞台。分别右击两个按钮图片执行"转换为元件"命令,将图片转换为"按钮"类型元件,分别命名为"播放"和"停止"。

(4) 在舞台中,选择"播放"按钮实例,打开"属性"面板,将实例命名为 play_btn,选择"停止"按钮实例,打开"属性"面板,将实例命名为 stop_btn。将按钮调整到舞台的下方,如图 12-11 所示。

图 12-11 在舞台上放置两个按钮实例,并分别命名实例名

（5）在舞台选择"播放"按钮实例后，打开"动作"面板，单击"代码片段"按钮，打开"代码片段"面板。打开文件夹 ActionScript→"事件处理函数"，双击"Mouse Click 事件"将代码添加到脚本窗口，如图 12-12 所示。

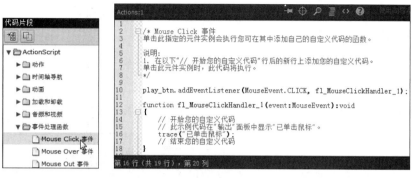

图 12-12　添加鼠标事件 addEventListener()

（6）按照脚本中的说明修改脚本。将 trace（"已单击鼠标"）函数修改为 play()。

提示：在"代码片段"面板，选择单击事件后，将创建新图层 Action，并在第 1 帧添加相应的代码。

脚本中，以"//"开头的行是注释行，表示该行是注释说明部分（只限一行）。还可以用"/＊"和"＊/"将多行括起来作为注释说明部分。注释部分不被执行。

（7）在舞台上选择"停止"按钮实例后，打开"动作"面板，单击"代码片段"按钮，打开"代码片段"面板。打开文件夹 ActionScript→"事件处理函数"，双击"Mouse Click 事件"将代码添加到脚本窗口。将代码 trace（"已单击鼠标"）修改为 stop()。

（8）影片播放开始叉车停止移动。在脚本开头添加代码"stop（）；"，如图 12-13 所示。

图 12-13　最终代码

（9）测试影片。单击"播放"按钮，播放动画；单击"停止"按钮，停止播放动画。

提示：利用"代码片段"输入脚本时，选择实例后，查找要做的动作或事件，双击添加脚本。然后根据需要修改代码。

在编写脚本时，如果对编写脚本不了解，那么用"代码片段"比较方便。

12.3 动画举例

【例 12-7】 浏览动物园。

动画情景：浏览动物园的几个场馆。汽车到指定的场馆停止，并显示场馆名称。单击按钮时，到下一个场馆，最后回到出发地。

（1）新建 ActionScript 3.0 文档。舞台大小设置为 700×500px（地图的大小）。

（2）创建两个"影片剪辑"类型元件，分别命名为"地图"和"汽车"。"地图"元件中导入地图图片（素材\位图\JPG\动物园.jpg），坐标设置为(0,0)；"汽车"元件中导入汽车图片（素材\图片\PNG\汽车.png），适当缩小图片大小（这里缩小到 30%）。

（3）返回到场景，"图层 1"更名为"地图"，将"地图"元件拖动到该图层的第 1 帧，坐标设置为(0,0)，在第 50 帧插入帧。锁定该图层。

（4）创建新图层，命名为"汽车"。将"汽车"元件拖动到该图层的第 1 帧，位置调整到北门，创建第 1～50 帧的补间动画，并在第 50 帧创建"位置"属性关键帧。

（5）在"汽车"图层，选择第 10 帧将轿车拖动到第 1 个场馆，创建"位置"属性关键帧。同样的方法在第 1 帧和第 50 帧之间共插入 4 个"位置"属性关键帧（浏览 4 个场馆），如图 12-14 所示。

图 12-14 调整"汽车"位置到指定的城市创建"位置"属性关键帧

（6）创建新图层，命名为"说明"。参照"汽车"图层的属性关键帧，在该图层插入 4 个空白关键帧。在插入的每个空白关键帧，用"文本工具"输入该场馆的名称（位置在左上角空白处）。在每个场馆名所在帧后插入空白关键帧（离开场馆不显示场馆名），如图 12-15 所示。

（7）创建新图层，命名为"暂停"。参照"汽车"图层的关键帧，在该图层插入 4 个空白关键帧。在第 1 帧及插入的 4 个关键帧均添加动作脚本"stop();"。

（8）创建新图层，命名为"按钮"，将按钮图片（素材\图片\PNG\播放.png）导入到第 1 帧舞台。右击按钮图片执行"转换为元件"命令，将图片转换为"按钮"类型元件，命名为

图 12-15　给每个场馆添加文字说明

"播放"。选择按钮实例，在"属性"面板中实例命名为 btn，如图 12-16 所示。

图 12-16　添加按钮实例，并命名按钮实例名

（9）创建新图层，命名为"移动"，在第 1 帧添加脚本。

```
import flash.events.MouseEvent;
btn.addEventListener(MouseEvent.CLICK,myFun);
function myFun (Event:MouseEvent) {
    play();
}
```

（10）测试影片。播放效果，如图 12-17 所示。

图 12-17　测试影片

【例12-8】 简单的交互式课件。

动画情景：在主界面，单击按钮进入相关的页面，单击"返回"按钮返回到主界面，实现简单的课件功能。

（1）新建 ActionScript 3.0 文档。

（2）在场景中，将"图层1"更名为"内容"。创建新图层，命名为"按钮"。

（3）在两个图层分别创建与课件页面数相等的空白关键帧。这里要制作的课件共有4个页面，因此创建4个空白关键帧（分别为第1、5、10、15帧）。

（4）在第1帧制作主界面。在"内容"图层中，输入课件名称"Animate CC 教程"和图标。在"按钮"图层中，分别输入3个文本"动画制作基础""动作脚本基础""动画制作实例"，如图12-18所示。

（5）制作3个按钮。右击文本"动画制作基础"执行"转换为元件"命令，创建"按钮"类型元件，命名为"动画制作基础"。在元件"库"，双击打开"动画制作基础"按钮元件，在"指针经过"帧插入关键帧，并选择文本框，分别按1次"向下"和"向右"键，如图12-19所示。

图 12-18　第 1 帧主界面

图 12-19　制作按钮

同样的方法，将文本"动作脚本基础""动画制作实例"转换为按钮元件。

（6）在第5帧制作"动画制作基础"页面。在"内容"图层中，输入文本标题"动画制作基础"。在"按钮"图层中，将"动画脚本基础""动画制作实例"按钮元件拖动到舞台。输入文本"返回主界面"，并将文本转换为"按钮"类型元件，命名为"返回主界面"。调整按钮的位置，如图12-20所示。

图 12-20　第 5 帧界面设计

（7）在第10帧和第15帧分别制作"动作脚本基础""动画制作实例"页面，如图12-21

和图 12-22 所示。

图 12-21　第 10 帧界面设计　　　　　图 12-22　第 15 帧界面设计

（8）将舞台中的按钮实例命名实例名。第 1 帧中的 3 个按钮实例分别命名为 btn_
01a、btn_01b、btn_01c；第 5 帧中的 3 个按钮实例分别命名为 btn_05a、btn_05b、btn_05c；
第 10 帧中的 3 个按钮实例分别命名为 btn_10a、btn_10b、btn_10c；第 15 帧中的 3 个按钮
实例分别命名为 btn_15a、btn_15b、btn_15c。

提示：为了给按钮添加动作，需要给不同的按钮命名不同的实例名。这里按钮较多，
为了方便在脚本中使用按钮实例名，命名规则是 btn_ 所在的帧数（两位数字）顺序（字
母）。例如，btn_05b 是第 5 帧第 2 个按钮。

（9）新插入图层，命名为"停止"，并在第 1 帧（空白关键帧）添加动作脚本"stop();"。

（10）新插入图层，命名为"控制"，分别在第 5 帧、第 10 帧、第 15 帧插入空白关键帧。
在第 1 帧输入如下脚本：

```
import flash.events.MouseEvent;
btn_01a.addEventListener(MouseEvent.CLICK,fun01a);
btn_01b.addEventListener(MouseEvent.CLICK,fun01b);
btn_01c.addEventListener(MouseEvent.CLICK,fun01c);
function fun01a(E:MouseEvent)
{
    gotoAndStop(5);
}
function fun01b(E:MouseEvent)
{
    gotoAndStop(10);
}
function fun01c(E:MouseEvent)
{
    gotoAndStop(15);
}
```

在第 5 帧输入如下脚本：

```
import flash.events.MouseEvent;
btn_05a.addEventListener(MouseEvent.CLICK,fun05a);
btn_05b.addEventListener(MouseEvent.CLICK,fun05b);
btn_05c.addEventListener(MouseEvent.CLICK,fun05c);
```

```
function fun05a(E:MouseEvent)
{
    gotoAndStop(10);
}
function fun05b(E:MouseEvent)
{
    gotoAndStop(15);
}
function fun05c(E:MouseEvent)
{
    gotoAndStop(1);
}
```

在第 10 帧输入如下脚本：

```
import flash.events.MouseEvent;
btn_10a.addEventListener(MouseEvent.CLICK,fun10a);
btn_10b.addEventListener(MouseEvent.CLICK,fun10b);
btn_10c.addEventListener(MouseEvent.CLICK,fun10c);
function fun10a(E:MouseEvent)
{
    gotoAndStop(5);
}
function fun10b(E:MouseEvent)
{
    gotoAndStop(15);
}
function fun10c(E:MouseEvent)
{
    gotoAndStop(1);
}
```

在第 15 帧输入如下脚本：

```
import flash.events.MouseEvent;
btn_15a.addEventListener(MouseEvent.CLICK,fun15a);
btn_15b.addEventListener(MouseEvent.CLICK,fun15b);
btn_15c.addEventListener(MouseEvent.CLICK,fun15c);
function fun15a(E:MouseEvent)
{
    gotoAndStop(5);
}
function fun15b(E:MouseEvent)
{
    gotoAndStop(10);
}
function fun15c(E:MouseEvent)
```

```
{
    gotoAndStop(1);
}
```

提示：不同的函数要命名不同的名称。这里函数的命名规则与按钮实例的命名规则相同。

（11）每个页面所在的关键帧后面插入空白关键帧。因为在这些帧不需要显示内容。

（12）测试影片。最终时间轴如图 12-23 所示。

图 12-23　完成的时间轴

【例 12-9】　用鼠标移动对象。

动画情景：用鼠标按住舞台中的对象（按钮）移动到指定位置。即按住鼠标可以移动对象；释放鼠标时，将该对象放置在当前位置。

（1）新建 ActionScript 3.0 文档。

（2）新建"按钮"类型元件，命名为"移动"。在该按钮元件编辑窗口的"弹起"帧，绘制图形或导入图片（要移动的对象），并相对舞台居中（对象中心对齐舞台中心"＋"）。

（3）返回场景。将"移动"按钮元件拖动到舞台，并将该实例命名为 btn。

（4）创建新图层，命名为"脚本"。在第 1 帧输入如下脚本。

```
import flash.events.MouseEvent;
btn.addEventListener(MouseEvent.MOUSE_DOWN,FunStar);
function FunStar(E:MouseEvent)
{
    startDrag();                            //拖动对象
}
btn.addEventListener(MouseEvent.MOUSE_UP,FunStop);
function FunStop(E:MouseEvent)
{
    stopDrag();                            //停止拖动对象
}
```

提示：拖放对象"按钮"类型元件"移动"也可以是"影片剪辑"类型元件。

startDrag() 和 stopDrag() 方法（函数）的功能是拖动对象和停止拖动对象，在 ActionScript 3.0 的 flash.display→MovieClip→"方法"中可以找到它们。

鼠标事件 MOUSE_DOWN 是按下鼠标左键，MOUSE_UP 是释放鼠标左键。

（5）测试影片。按住鼠标拖动按钮，可以移动该按钮；释放鼠标可停止按钮的移动。

提示：用鼠标按住对象的空白部分时，无法拖动对象。在按钮元件编辑窗口的"点击"帧绘制区域，设置鼠标响应范围可以解决问题。

此例也可以用"代码片段"完成，下面修改步骤（4）。

（4）在舞台上选择实例按钮，打开"代码片段"面板。打开文件夹 ActionScript→"动作"，双击"拖放"，将代码添加到脚本窗口，如图 12-24 所示。

图 12-24　　"代码片段"添加的代码

（5）测试影片，弹出"编译器出错"对话框，如图 12-25 所示。

图 12-25　　"编译器出错"对话框

提示第 10、17 行第 6 列出错。删除第 10、17 行中 btn.后解决问题。

12.4　利用脚本设置属性

12.4.1　实例的常用属性

利用动作脚本可以设置实例在舞台上的透明度、宽和高、旋转、缩放、位置等属性。

设置实例属性的语法格式（赋值语句格式，其中语句后的英文分号不可少）：

实例名.属性=值；

提示：在 ActionScript 3.0 的 flash.display→MovieClip→"属性"中，提供了影片剪辑实例的属性。

【例 12-10】　设置舞台中实例的属性。

（1）新建 ActionScript 3.0 文档。

（2）新建"影片剪辑"类型元件，命名为"叉车"。将叉车图片导入到元件，并将图片的左上角对齐到舞台中心"＋"（即将图片的左上角作为注册点）。

（3）返回场景，将"图层1"更名为"图片"。将"叉车"元件拖动到"图片"图层的第1帧，并将该实例命名为my_mc。

（4）创建新图层，命名为"脚本"，如图12-26所示。

图 12-26　实例命名为"my_mc"

1. 实例的透明度：alpha

在"脚本"图层选择第1帧，并打开"动作"面板。在"脚本窗格"中输入脚本：

```
my_mc.alpha = 0.5;                    //设置 my_mc 实例的透明度为 50%
```

测试影片，图片显示为半透明的。

alpha用于设置实例的透明度属性，语法格式为：

```
实例名.alpha = Number;
```

其中，Number表示透明度，其取值范围为0～1，0代表完全透明，1代表不透明。

提示：若对象的alpha值设置为0，该对象虽然看不到，但是对象还是有其作用。

2. 实例的位置：x、y、z

在"脚本"图层中选择第1帧，输入如下脚本。

```
my_mc.x=0;                            //设置 my_mc 实例的 x 坐标为 0
my_mc.y=0;                            //设置 my_mc 实例的 y 坐标为 0
```

测试影片。图片的左上角对齐到舞台的左上角。这是因为影片剪辑元件"叉车"实例的注册点是图片的左上角。

x、y和z用于设置实例注册点"＋"的坐标，它的语法格式为：

```
实例名.x = Number;
实例名.y = Number;
实例名.z = Number;
```

3. 实例的缩放：scaleX、scaleY、scaleZ

在"脚本"图层选择第1帧，输入如下脚本。

```
my_mc.scaleX = 2;                     //设置 my_mc 的宽放大 2 倍
my_mc.scaleY = 2;                     //设置 my_mc 的高放大 2 倍
```

测试影片。图片放大了2倍。

scaleX、scaleY 和 scaleZ 是用于设置按比例横向、纵向和竖向缩放实例,语法格式为:

```
实例名.scaleX = Number;
实例名.scaleY = Number;
实例名.scaleZ = Number;
```

其中,Number 用于设置放大缩小比例(百分比),1 为原始大小。

4. 实例的宽和高:height、width

在"脚本"图层选择第 1 帧,输入如下脚本。

```
my_mc.height = 200;                        //设置 my_mc 的宽为 200px
my_mc.width = 200;                         //设置 my_mc 的高为 200px
```

测试影片。图片改变了大小。

height 和 width 用于设置实例的宽和高,语法格式为:

```
实例名.height = Number;
实例名.width = Number;
```

其中,Number 为宽或高的像素数。

5. 实例的旋转:rotation

在"脚本"图层选择第 1 帧,输入如下脚本。

```
my_mc.rotation =-30;                       //设置 my_mc 实例逆时针旋转 30°
```

测试影片。图片逆时针旋转了 30°。

rotation 用于设置影片剪辑对象的旋转角度,其语法格式为:

```
实例名.rotation = Number;
```

其中,Number 表示影片对象旋转的角度,取值范围为 $-90°\sim90°$。如果将它的值设置在这个范围之外,系统会自动将其转换为这个范围之间的值。

提示:属性 rotationX、rotationY 和 rotationZ 用于设置 3D 旋转角度。

6. 实例的可见性:visible

在"脚本"图层选择第 1 帧,输入如下脚本。

```
my_mc.visible=true;                        //设置显示 my_mc 实例
```

测试影片。显示图片。

visible 用于设置影片剪辑的可见性,其语法格式为:

```
实例名.visible =Boolean;
```

其中,Boolean 表示布尔值,其默认值为 true,表示显示对象;其值为 false 时,表示隐藏对象,这时影片剪辑将从舞台上消失,在它上面设置的动作也变得无效。

最终测试效果如图 12-27 所示。

最终第 1 帧的脚本,如图 12-28 所示。

图 12-27　测试效果

图 12-28　完成的脚本

12.4.2　获取实例的属性

用脚本控制实例时，可以获取一个实例的属性，并应用到另一个实例。

实例属性的表示格式：

实例名.属性

例如：

```
s=a_mc.x;                        //a_mc 实例的 x 坐标值赋给变量 s
b_mc.x = a_mc.x;                 //a_mc 实例的 x 坐标值赋给 b_mc 实例的 x 坐标
```

12.4.3　鼠标的属性

1. 获取鼠标的坐标

属性 mouseX 和 mouseY 用于获取鼠标在舞台中的坐标。例如：

```
my_mc.x=mouseX;   my_mc.y=mouseY;
```

表示舞台中的 my_mc 实例随鼠标移动。

提示：要测试效果，时间轴要有两个以上的帧。

【例 12-11】　获取鼠标的坐标并显示坐标值。

动画情景：在舞台上移动鼠标时，更新显示当前鼠标的 x、y 坐标。

（1）新建 ActionScript 3.0 文档。将"图层 1"更名为"坐标"

（2）选择"文本工具"后，打开"属性"面板，选择"动态文本"（或"输入文本"），在第 1 帧舞台创建上下两个文本框，用于显示坐标值。

提示：创建"动态文本"和"输入文本"文本框时，要选择合适的字体和颜色。

（3）在舞台上，两个文本框的左侧分别输入"静态文本""x："和"y："。

（4）选择"x："右侧文本框，在"属性"面板中，文本框实例命名为 myX；选择"y："右侧文本框，在"属性"面板中，文本框实例命名为 myY，如图 12-29 所示。

（5）在"坐标"图层的第 2 帧插入帧。

（6）创建新图层，命名为"脚本"。选择第 1 帧，并打开"动作"面板输入脚本：

图 12-29　创建"动态文本"，并命名文本实例名称

```
myX.text=String(mouseX);
myY.text=String(mouseY);
```

提示：String()函数的功能是将指定参数转换为文本型(字符串表示形式)。
String()函数在 ActionScript 3.0 的"顶级"→"全局函数"中可以找到。

(7)测试影片。随着移动鼠标，显示鼠标指针的当前坐标值。

2. 隐藏鼠标的指针

【例 12-12】 更换鼠标的指针。

动画情景：隐藏鼠标的指针，用其他对象显示鼠标的位置。

(1)新建 ActionScript 3.0 文档。

(2)新建"按钮"类型元件，命名为"指针"。在"指针"按钮元件的"弹起"帧导入图片(素材\图片\PNG\瓢虫.png)或绘制一个小圆，中心对齐舞台的中心"＋"。

(3)返回场景。将"图层 1"图层更名为"指针"。将"指针"元件拖动到"指针"图层的第 1 帧，将实例命名为 p_mouse。

(4)创建新图层，命名为"脚本"，并在第 1 帧输入动作脚本：

```
import flash.events.MouseEvent;
p_mouse.addEventListener(MouseEvent.CLICK,myFun);
function myFun(E:MouseEvent)
{
    Mouse.hide();                    //隐藏鼠标指针
    startDrag();
}
```

(5)测试影片。播放影片，单击瓢虫(圆)图片后，瓢虫(圆)代替了指针。

12.5　利用脚本实现交互

12.5.1　动态更改属性

在关键帧添加脚本，可以设置实例对象的各种属性。也可以用按钮交互实现动态更

改舞台中实例的属性。

创建文档"设置属性文档"，下面以此文档为例，介绍动态更改实例属性的方法。

（1）新建 ActionScript 3.0 文档，命名为"设置属性文档"保存到工作目录。

（2）将"图层 1"更名为"图片"。

（3）新建"影片剪辑"类型元件，命名为"大象"。将大象图片（素材\图片\PNG\大象.png）导入到元件编辑窗口，图片缩小到 30％，并将图片的中心对齐舞台中心"＋"，作为元件的注册点。

（4）返回场景。将"大象"元件拖动到"图片"图层的第 1 帧，将实例命名为 my_mc。

（5）创建新图层，命名为"按钮"。将两个按钮图片（素材\图片 PNG\向左.png、向右.png）导入到第 1 帧舞台。将两个按钮图片分别转换为"按钮"类型元件，命名为"左"和"右"。两个按钮（左、右）实例名分别命名为 pre_btn 和 next_btn。

（6）创建新图层，命名为"脚本"，如图 12-30 所示。

图 12-30　场景的布局

（7）保存文档后，关闭文档。

【例 12-13】　单击按钮更改实例的属性。

动画情景：用鼠标单击按钮，改变舞台中实例的属性。

1. 交互改变实例的透明度

（1）打开文档"设置属性文档"，另存为"更改透明度"。

（2）选择"脚本"图层第 1 帧，打开"动作"面板，输入如下脚本。

```
next_btn.addEventListener(MouseEvent.CLICK,FunNext);
pre_btn.addEventListener(MouseEvent.CLICK,FunPre);
function FunNext(E:MouseEvent):void
{//减小透明度,alpha 值为 1 时,完全不透明
    my_mc.alpha=my_mc.alpha+0.1;
}
function FunPre(E:MouseEvent):void
{//增加透明度,alpha 值为 0 时,完全透明
    my_mc.alpha=my_mc.alpha-0.1;
}
```

（3）测试影片。单击左侧按钮，图片的透明度增大；单击右侧按钮，图片的透明度

减小。

2. 交互改变实例的大小

（1）打开文档"设置属性文档"，另存为"更改大小"。

（2）选择"脚本"图层第 1 帧，打开"动作"面板，输入如下脚本。

```
next_btn.addEventListener(MouseEvent.CLICK,FunNext);
pre_btn.addEventListener(MouseEvent.CLICK,FunPre);
function FunNext(E:MouseEvent):void
{
    my_mc.scaleX=my_mc.scaleX * 1.2;              //横向放大 1.2 倍
    my_mc.scaleY=my_mc.scaleY * 1.2;              //纵向放大 1.2 倍
}
function FunPre(E:MouseEvent):void
{
    my_mc.scaleX=my_mc.scaleX * 0.8;              //横向缩小至原来的 0.8
    my_mc.scaleY=my_mc.scaleY * 0.8;              //纵向缩小至原来的 0.8
}
```

（3）测试影片。单击左侧按键，图片逐渐缩小；单击右侧按钮，图片逐渐放大。

3. 交互改变实例的位置

（1）打开文档"设置属性文档"，另存为"更改位置"。

（2）选择"脚本"图层第 1 帧，打开"动作"面板，输入如下脚本。

```
next_btn.addEventListener(MouseEvent.CLICK,FunNext);
pre_btn.addEventListener(MouseEvent.CLICK,FunPre);
function FunNext(E:MouseEvent):void
{
    my_mc.x=my_mc.x+10;                           //向右移动 10px
}
function FunPre(E:MouseEvent):void
{
    my_mc.x=my_mc.x-10;                           //向左移动 10px
}
```

（3）测试影片。单击左侧按钮，图片逐渐地向左移动；单击右侧按钮，图片逐渐地向右移动。

12.5.2　控制属性的更改

交互更改舞台中实例的属性时，有时希望在指定的范围内变化，属性变化太大可能失去意义。

1. 限制实例无限制的缩放

【例 12-14】　限制实例的缩放。

动画情景：用鼠标单击按钮时，在指定范围内缩放实例。

用交互方式缩放实例时,放大或缩小到一定大小,再缩放没有意义。因此,当缩放到指定的宽度或高度时,需要停止缩放。

(1) 打开文档"设置属性文档",另存为"限制缩放"。

(2) 选择"脚本"图层第 1 帧,打开"动作"面板,输入如下脚本。

```
next_btn.addEventListener(MouseEvent.CLICK,FunNext);
pre_btn.addEventListener(MouseEvent.CLICK,FunPre);
function FunNext(E:MouseEvent):void
{
    if(my_mc.width<=450)
    {   //实例的宽小于或等于 450px 时
        my_mc.scaleX=my_mc.scaleX * 1.2;                //横向放大 1.2 倍
        my_mc.scaleY=my_mc.scaleY * 1.2;                //纵向放大 1.2 倍
    }
}
function FunPre(E:MouseEvent):void
{
    if(my_mc.width>=50)
    {   //实例的宽大于或等于 50px 时
        my_mc.scaleX=my_mc.scaleX * 0.8;                //横向缩小到原来的 0.8
        my_mc.scaleY=my_mc.scaleY * 0.8;                //纵向缩小到原来的 0.8
    }
}
```

(3) 保存文档,测试影片。单击左侧按钮,图片逐渐地缩小,缩小到指定的宽度(50px)停止缩小;单击右侧按钮,图片逐渐地放大,放大到指定的宽度(450px)停止放大。

简单选择语句的格式:

```
if(条件)
{
    功能语句块
}
```

功能:如果"条件"成立,执行功能语句块。

2. 限制图片移动超出指定的区域

【例 12-15】 限制实例的移动。

动画情景:用鼠标单击按钮时,在指定范围内移动实例。

用交互方式移动实例时,向左或向右移动到舞台边,再移动没有意义。因此,当移动到指定的左或右边界时,需要停止移动。

提示:在场景舞台中,元件实例是以注册点"＋"的坐标定位的。

(1) 打开文档"设置属性文档",另存为"限制移动"。

(2) 选择"脚本"图层第 1 帧,打开"动作"面板,输入如下脚本。

```
next_btn.addEventListener(MouseEvent.CLICK,FunNext);
pre_btn.addEventListener(MouseEvent.CLICK,FunPre);
```

```
function FunNext(E:MouseEvent):void
{
    if (my_mc.x<550)
    {//x=550 是舞台的右边界
        my_mc.x=my_mc.x+10;                        //向右移动 10px
    }
}
function FunPre(E:MouseEvent):void
{
    if (my_mc.x>0)
    {//x=0 是舞台的左边界
        my_mc.x= my_mc.x-10;                       //向左移动 10px
    }
}
```

（3）测试影片。单击左侧按钮,图片逐渐地向左移动,移动到指定的位置(x≤0)停止移动;单击右侧按钮,图片逐渐地向右移动,移动到指定的位置(x≥550)停止移动。

3. 连续作用的按钮制作

上面的操作中,每单击一次按钮可以改变一次实例的属性。连续作用的按钮是,当鼠标指向按钮时,自动改变实例的属性,直到鼠标指针离开按钮。

【例 12-16】 连续作用的按钮。

动画情景: 鼠标指向按钮时,叉车不断地缩小或放大。

（1）打开文档"设置属性文档",另存为"连续动作的按钮"。

（2）在舞台中,删除两个按钮。在时间轴中,删除"脚本"图层。

（3）创建"影片剪辑"类型元件,命名为"向右",并打开元件编辑窗口。从元件"库"选择"右"按钮元件拖动到"图层 1"的第 1 帧,按钮中心对齐舞台中心。在第 2 帧插入关键帧,如图 12-31 所示。

图 12-31　"向右"元件编辑窗口

（4）在"向右"元件编辑窗口,将第 1 帧中的按钮实例命名为 next_btn;第 2 帧中的按钮实例命名为 next_btn1。

创建新图层,命名为"脚本",选择该图层的第 1 帧,打开"动作"面板,输入如下脚本。

```
next_btn.addEventListener(MouseEvent.MOUSE_OVER,FunNext);
function FunNext(E:MouseEvent):void
{
    Object(root).my_mc.scaleX=Object(root).my_mc.scaleX * 1.1;
    Object(root).my_mc.scaleY=Object(root).my_mc.scaleY * 1.1;
}
```

提示：Object(root)表示场景。Object(root).my_mc是场景中的实例my_mc。鼠标指向按钮时，场景中的实例my_mc放大1.1倍。

在"动作"面板的"脚本工具栏"，单击"插入实例路径和名称"按钮，打开对话框，选择实例名，并选择"绝对"，可以将场景中的实例名添加到脚本，如图12-32所示。

图12-32 "插入目标路径"对话框

（5）同样的方法，创建"影片剪辑"类型元件"向左"，在元件的第1帧拖动"左"按钮，在第2帧插入关键帧，并分别命名实例名为pre_btn和pre_btn1。

创建新图层，命名为"脚本"，选择该图层的第1帧，打开"动作"面板，输入如下脚本。

```
pre_btn.addEventListener(MouseEvent.MOUSE_OVER,FunPre);
function FunPre(E:MouseEvent):void
{
    Object(root).my_mc.scaleX = Object(root).my_mc.scaleX * 0.9;
    Object(root).my_mc.scaleY = Object(root).my_mc.scaleY * 0.9;
}
```

提示：鼠标指向按钮时，场景中的实例my_mc缩小到0.9倍。

（6）返回场景。将"向左"和"向右"元件拖动到舞台上合适的位置。

（7）测试影片。当鼠标指向"向左"按钮时，图片连续缩小；当鼠标指向"向右"按钮时，图片连续放大；当鼠标指针离开按钮时，停止缩放。

提示：播放影片时，场景中的"向左"和"向右"两个影片剪辑实例也在播放。当鼠标指向其中一个实例时，该影片剪辑中的两个帧交替播放。因此，鼠标对第1帧中的按钮是滑入和滑出操作。相当于鼠标指向按钮，再将鼠标移出按钮。

在"向左"和"向右"元件编辑窗口中，第2帧中的按钮实例也要命名实例名。

移动或放大实例时，可以利用遮罩层，使超过指定范围的部分不显示。

（8）在场景中，"图片"图层（缩放对象所在的图层）上方创建新图层，命名为"遮罩"。在第1帧绘制一个矩形，大小为希望看到显示效果的区域，如图12-33所示。

（9）在"遮罩"图层上方创建新图层，命名为"边框"，在该图层绘制"遮罩"图层第1帧中矩形大小的边框。

　　提示：复制"遮罩"图层第 1 帧，在"边框"图层第 1 帧粘贴。用"墨水瓶工具"添加边框色后，选择并清除填充色。

　　（10）将"遮罩"图层转换为"遮罩层"，如图 12-34 所示。

图 12-33　创建"遮罩"图层　　　　　　　　图 12-34　完成的场景

　　（11）测试影片。效果如图 12-35 所示。

12.5.3　控制逐帧动画的播放

　　创建文档"逐帧动画文档"，下面以此文档为例，介绍案例的制作方法。

　　（1）新建 ActionScript 3.0 文档，保存为"逐帧动画文档"。

　　（2）新建"影片剪辑"类型元件，命名为"逐帧动画"，并导入图片序列（素材\图片\图片序列\1.jpg～20.jpg），如图 12-36 所示。

图 12-35　测试影片效果　　　　　　　　图 12-36　导入图片序列制作逐帧动画

　　提示：导入时，选择第 1 个图片文件（1.jpg），可以导入所有文件名连续的图片序列。

　　（3）返回场景。将"逐帧动画"元件拖动"图层 1"的第 1 帧，并将该元件的实例命名为 ani_mc。

　　（4）创建新图层，命名为"脚本"。

（5）保存文档，测试影片。可以看到播放逐帧动画。关闭文档。

1．移入移出鼠标控制逐帧动画的播放

【例12-17】 移入移出鼠标控制逐帧动画的播放。

动画情景：用鼠标指向播放的动画时，停止动画；鼠标离开时，继续播放动画。

（1）打开文档"逐帧动画文档"，另存为"控制逐帧动画"。

（2）选择"脚本"图层的第1帧，打开"动作"面板，输入如下脚本。

```
import flash.events.MouseEvent;
ani_mc.addEventListener(MouseEvent.MOUSE_OUT,playFrame);
                                                    //鼠标滑入影片剪辑
ani_mc.addEventListener(MouseEvent.MOUSE_OVER,stopFrame);
                                                    //鼠标离开影片剪辑
function playFrame(E:MouseEvent):void
{
    ani_mc.play();                                  //播放实例 ani_mc
}
function stopFrame(E:MouseEvent):void
{
    ani_mc.stop();                                  //停止播放实例 ani_mc
}
```

（3）测试影片。当鼠标移入播放的动画时，停止播放动画；移出时，继续播放动画。

提示：打开"代码片段"面板，在文件夹 ActionScript→"事件处理函数"中，"Mouse Over 事件"和"Mouse Out 事件"可以处理移入移出鼠标事件。

ani_mc.play()和 ani_mc.stop()是指定实例 ani_mc 播放和停止。

2．单击按钮浏览逐帧动画的帧

【例12-18】 单击按钮浏览逐帧动画的各画面。

动画情景：分别用鼠标单击两个按钮（上一帧和下一帧），浏览逐帧动画的各帧。

（1）打开文档"逐帧动画文档"，另存为"浏览逐帧动画"。

（2）在场景中，创建新图层，命名为"按钮"。将两个按钮图片（素材\图片 PNG\向左.png、向右.png）导入到第1帧舞台。将两个按钮图片分别转换为"按钮"类型元件，命名为"左"和"右"。两个按钮（左、右）实例名分别命名为 pre_btn 和 next_btn。

（3）选择"脚本"图层的第1帧，打开"动作"面板，输入如下脚本。

```
next_btn.addEventListener(MouseEvent.CLICK,NextFrame);
pre_btn.addEventListener(MouseEvent.CLICK,PrevFrame);
ani_mc.stop();                                      //停止播放实例 ani_mc
import flash.events.MouseEvent;
function NextFrame(E:MouseEvent):void
{
    ani_mc.nextFrame();                             //ani_mc 播放到下一帧
}
function PrevFrame(E:MouseEvent):void
{
```

```
        ani_mc.prevFrame();                                    //ani_mc 播放到前一帧
    }
```

（4）测试影片。单击"向右"按钮时,逐帧动画播放下一幅图片;单击"向左"按钮时,逐帧动画播放前一幅图片,如图 12-37 所示。

图 12-37　测试影片

提示：方法(函数)prevFrame()和 nextFrame()表示指定实例的前一帧和后一帧,在 ActionScript 3.0 的 flash.display→MovieClip→"方法"中。

打开"代码片段"面板,文件夹 ActionScript→"时间轴导航"中,"单击以转到下一帧并停止"和"单击以转到前一帧并停止"可以处理播放到下一帧和前一帧操作。

3. 循环浏览逐帧动画的帧

在例 12-18 中,单击"向右"按钮时,如果逐帧动画播放到最后一幅图片(第 20 帧),则不能继续浏览图片;单击"向左"按钮时,如果逐帧动画播放到第一幅图片(第 1 帧),则也不能继续浏览图片。

【例 12-19】 循环浏览逐帧动画的各画面。

动画情景：用鼠标单击两个按钮(上一帧和下一帧),浏览逐帧动画的各帧。如果到了最后一幅图片,单击"向右"按钮,则浏览第一幅图片;如果到了第一幅图片,单击"向左"按钮,则浏览最后一幅图片。

（1）打开文档"逐帧动画文档",另存为"循环浏览逐帧动画"。

（2）在场景中,创建新图层,命名为"按钮"。将两个按钮图片(素材\图片 PNG\向左.png、向右.png)导入到第 1 帧舞台。将两个按钮图片分别转换为"按钮"类型元件,命名为"左"和"右"。两个按钮(左、右)实例名分别命名为 pre_btn 和 next_btn。

（3）选择"脚本"图层的第 1 帧,打开"动作"面板,输入如下脚本。

```
import flash.events.MouseEvent;
ani_mc.stop();                        //停止 ani_mc 的播放,是 stop()方法常用的一种方法
next_btn.addEventListener(MouseEvent.CLICK,NextFrame);
pre_btn.addEventListener(MouseEvent.CLICK,PrevFrame);
function NextFrame(E:MouseEvent):void
{
    if(ani_mc.currentFrame==20)
    {//如果 ani_mc 的当前帧是第 20 帧
```

```
        ani_mc.gotoAndStop(1);                       //跳转到第 1 帧并停止在第 1 帧
    }
    else
    {//否则(如果 ani_mc 的当前帧不是第 20 帧)
        ani_mc.nextFrame();                          //ani_mc 播放到下一帧
    }
}
function PrevFrame(E:MouseEvent):void
{
    if(ani_mc.currentFrame==1)
    {//如果 ani_mc 的当前帧是第 1 帧
        ani_mc.gotoAndStop(20);                      //跳转到第 20 帧
    }
    else
    {
        ani_mc.prevFrame();                          //ani_mc 播放到前一帧
    }
}
```

（4）测试影片。单击"向右"按钮和"向左"按钮时，可以循环浏览逐帧动画的帧。

提示：属性 currentFrame 表示指定实例的当前帧，在 flash.display→MovieClip→
"属性"中。

【例 12-20】　用鼠标控制影片剪辑实例中的动画播放。

动画情景：当鼠标指向舞台中的图片时，播放动画；鼠标离开图片时，停止播放动画。

（1）新建 ActionScript 3.0 文档。"图层 1"更名为"动画"。

（2）新建两个"影片剪辑"类型元件，分别命名为"动画 1"和"动画 2"。分别在元件中
制作动画片段。

（3）返回场景。将"动画 1"和"动画 2"元件分别拖动到"动画"图层的第 1 帧，并将两
个实例分别命名为"dh1_mc"和"dh2_mc"。

（4）创建新图层，命名为"脚本"。选择第 1 帧，打开"动作"面板，输入如下脚本。

```
import flash.events.MouseEvent;
dh1_mc.stop();
dh2_mc.stop();
dh1_mc.addEventListener(MouseEvent.MOUSE_OVER,dh1_in);    //鼠标在 dh1_mc 上
dh1_mc.addEventListener(MouseEvent.MOUSE_OUT,dh1_out);    //鼠标离开 dh1_mc
dh2_mc.addEventListener(MouseEvent.MOUSE_OVER,dh2_in);    //鼠标在 dh2_mc 上
dh2_mc.addEventListener(MouseEvent.MOUSE_OUT,dh2_out);    //鼠标离开 dh2_mc
function dh1_in(E:MouseEvent)
{
    dh1_mc.play();                                   //播放实例 dh1_mc
}
function dh1_out(E:MouseEvent)
{
    dh1_mc.stop();                                   //停止播放实例 dh1_mc
```

```
}
function dh2_in(E:MouseEvent)
{
    dh2_mc.play();                              //播放实例 dh2_mc
}
function dh2_out(E:MouseEvent)
{
    dh2_mc.stop();                             //停止播放实例 dh2_mc
}
```

（5）测试影片。当鼠标指向两个图片之一时，播放动画；鼠标离开时，停止播放动画。

提示：打开"代码片段"面板，文件夹 ActionScript→"事件处理函数"中，"Mouse Over 事件"和"Mouse Out 事件"可以处理移入移出鼠标事件。

12.5.4　载入外部文件

1. 载入外部文本文件

在 flash.net 包中的 URLLoader 类可以载入文本文件或二进制文件数据。

【例 12-21】　载入外部文本文件。

动画情景：播放影片时，显示文本文件的内容。

（1）新建 ActionScript 3.0 文档，将文档保存到工作目录中，获取文档路径。

（2）在场景中，将"图层 1"更名为"文本框"，用"文本工具"在第 1 帧创建"动态文本"类型文本框，命名文本框实例名为 txt，如图 12-38 所示。

图 12-38　创建动态文本框，命名实例名

（3）创建新图层，命名为"脚本"。选择第 1 帧，打开"动作"面板，输入如下脚本。

```
var req:URLRequest=new URLRequest("test.txt");
    //创建读取文件的(URLRequest 类)对象 req,指定加载地址 URL
var myLoader:URLLoader=new URLLoader();
    //创建加载文件的(URLLoader 类)对象 myLoader,调用 load 加载文本、二进制等数据
myLoader.addEventListener(Event.COMPLETE,show);
    //侦听加载完成进程,COMPLETE 加载完成
myLoader.load(req);                              //load 从指定的 URL 加载数据
```

```
function show(E:Event)
{
    txt.text = E.target.data;
    //加载操作接收的数据,E.target.data:侦听对象的文本文件数据
}
//System.useCodePage = true;                    //显示文本采用 Unicode 编码
```

（4）在工作目录中，以"test.txt"为文件名，编码为"Unicode"保存文本文件。文本内容为"测试 Animate 影片中加载外部文本文件"。

（5）测试影片。显示加载的文本文件内容，如图 12-39 所示。

图 12-39　测试影片

提示：用 Windows 的"记事本"保存文本文件时，默认的编码为"ANSI"。该编码的文本加载到 Animate 影片时，中文会显示乱码，因此编码要选择 Unicode，如图 12-40 所示。

图 12-40　用记事本保存文本文件时选择编码

在脚本中添加如下代码，也可以解决非 Unicode 编码文本显示乱码的问题。

```
System.useCodePage = true;                      //显示文本采用 Unicode 编码
```

测试影片时，在"输出"窗口提示，如图 12-41 所示。

图 12-41　"输出"窗口信息

打开文本框"属性"面板，在"字体"选项组设置字体后，单击"嵌入"按钮，打开"字体嵌入"对话框，如图 12-42 所示。单击"确定"按钮，嵌入字体并关闭对话框。

图 12-42　"字体嵌入"对话框

2. 载入 SWF 和图像文件

在 fl.display 包中的 ProLoader 类可以将 SWF 影片、图像文件载入到影片中。

【例 12-22】　在影片中载入外部图像。

动画情景：有两个按钮，单击左侧的按钮载入图片，单击右侧的按钮卸载图片。

（1）在工作目录中，新建文件夹"pic"。其中复制 1 张图片，命名为 pic1.jpg。

（2）新建 ActionScript 3.0 文档，命名为"载入图像"，保存到工作目录。

（3）在场景中，将"图层 1"更名为"按钮"。导入两个按钮图片（素材\图片\PNG\播放.png、停止.png）到该图层第 1 帧，分别命名实例为 load_btn 和 unload_btn，分别表示"载入"和"卸载"。

（4）创建新图层，命名为"脚本"。选择第 1 帧，打开"动作"面板，输入如下脚本。

```
import fl.display.ProLoader;        //导入 ProLoader 类
var myLoader:ProLoader=new ProLoader();
var req:URLRequest=new URLRequest("pic/pic1.jpg");
myLoader.load(req);
load_btn.addEventListener(MouseEvent.CLICK,myLoad);
unload_btn.addEventListener(MouseEvent.CLICK,myUnload);
function myLoad(E:MouseEvent):void
{
    addChild(myLoader);
    myLoader.x=75;              //指定载入图像左上角的 x 坐标
    myLoader.y=70;              //指定载入图像左上角的 y 坐标
    myLoader.width=400;         //指定载入图像的宽
    myLoader.height=300;        //指定载入图像的高
}
function myUnload(E:MouseEvent):void
{
    //myLoader.unloadAndStop(); //卸载图片(或 swf)，移除内部的事件侦听，关闭流
    removeChild(myLoader);      //只是从显示列表中移除，看不到而已，内部的事件依
                                //旧运行
}
```

（5）测试影片，保存文档。

提示：此例中的方法也可以用于加载 swf 影片。

在 flash.display 包中的 Loader 类也能加载 swf 影片或图片，但不提倡使用。

【例 12-23】　随机加载 jpg 格式图片。

动画情景：有两个按钮，单击左侧的按钮随机载入图片，单击右侧的按钮卸载图片。

（1）在工作目录下，新建文件夹"pic"。其中复制 5 张 jpg 图片，分别命名为 pic1.jpg、pic2.jpg、pic3.jpg、pic4.jpg、pic5.jpg。

（2）打开例 12-21 中的文档，命名为"随机载入图像"，保存在工作目录。

（3）选择"脚本"图层的第 1 帧，打开"动作"面板，删除原来的脚本，输入如下脚本。

```
import fl.display.ProLoader;
var myLoader:ProLoader=new ProLoader();
var t:Number=Math.floor(Math.random() * 5)+1;
//var t:Number=int(Math.random() * 5)+1;
var req:URLRequest=new URLRequest("pic/pic"+t+".jpg");
myLoader.load(req);
btn_load.addEventListener(MouseEvent.CLICK,myLoad);
btn_unload.addEventListener(MouseEvent.CLICK,myUnload);
function myLoad(E:MouseEvent):void
{
    addChild(myLoader);
    myLoader.x=75;                    //指定载入图像左上角的 x 坐标
    myLoader.y=70;                    //指定载入图像左上角的 y 坐标
    myLoader.width=400;              //指定载入图像的宽
    myLoader.height=300;            //指定载入图像的高
}
function myUnload(E:MouseEvent):void
{
    //myLoader.unloadAndStop();     //卸载 swf(或图片)以及内部的事件侦听移除,关
                                      //闭流
    removeChild(myLoader);          //只是从显示列表中移除,看不到而已,内部的事件依
                                      //旧运行
    var t:Number=int(Math.random() * 5)+1;      //卸载后准备下一张图片
    var req:URLRequest=new URLRequest("pic/pic"+t+".jpg");
    myLoader.load(req);
}
```

（4）测试影片。

提示：随机函数 Math.random()生成 $0 \leqslant n < 1$ 范围内的随机数 n。要生成指定范围内的整数，可用 Math.floor(Math.random() * (max-min+1))+min 生成 min 与 max 之间的随机整数。其中，max 和 min 分别为最大值和最小值。Math.floor()为取整函数，函数值为不超过参数的最大整数。例如，Math.floor (Math.random() * 5)+1 生成 $1 \sim 5$ 的整数。取整函数也可以使用 int，例如，int(Math.random() * 5)+1。

"pic/pic"+t+".jpg"生成"pic/pic1.jpg"~"pic/pic4.jpg"中的 1 个文件名。

3. 载入外部声音文件

在 flash.media 包中的 Sound 类可以用于播放外部声音文件。

【例 12-24】 在影片中载入播放外部 mp3 文件。

动画情景：有 3 个按钮,单击其中的两个按钮时,可以播放不同的音乐;单击第 3 个按钮时,停止播放音乐。

(1) 在工作目录中,新建文件夹"music"。其中复制两个声音文件(素材\音乐\红雪莲.mp3 和丁香花.mp3)。

(2) 新建 ActionScript 3.0 文档,命名为"载入外部声音文件",保存到工作目录。

(3) 在场景中,将"图层 1"更名为"按钮"。在第 1 帧舞台顶部导入两个按钮图片(素材\图片\PNG\播放.png、停止.png),分别将两个按钮图片转换为"按钮"类型元件,分别命名为"播放"和"停止"。从"库"拖动"播放"按钮元件到第 1 帧舞台。将舞台中的 3 个按钮水平对齐,分别命名实例为 play1_btn、play2_btn 和 stop_btn,分别表示"播放声音 1""播放声音 2""停止播放"。

(4) 创建新图层,命名为"脚本"。选择第 1 帧,打开"动作"面板,输入如下脚本。

```
var mySound1:Sound=new Sound();
var req1:URLRequest=new URLRequest("music/红雪莲.mp3");
mySound1.load(req1);
var mySound2:Sound=new Sound();
var req2:URLRequest=new URLRequest("music/丁香花.mp3");
mySound2.load(req2);
play1_btn.addEventListener(MouseEvent.CLICK,playSound1);
play2_btn.addEventListener(MouseEvent.CLICK,playSound2);
stop_btn.addEventListener(MouseEvent.CLICK,stopSound);
function playSound1(E:MouseEvent)
{
    SoundMixer.stopAll();
    mySound1.play();
}
function playSound2(E:MouseEvent)
{
    SoundMixer.stopAll();
    mySound2.play();
}
function stopSound(E:MouseEvent)
{
    SoundMixer.stopAll();
}
```

(5) 测试影片。

4. 载入外部视频文件

在 flash.media 包中的 Video 类可以用于播放外部视频(flv、mp4、mov 等)文件。

【例 12-25】 载入外部视频文件。

动画情景：播放影片时,影片中的视频自动播放;单击"停止"按钮,停止视频播放并返回视频开头;单击"播放"按钮,从头开始重新播放视频;单击"暂停"按钮,暂停视频播放;再单击"播放"按钮,从暂停处继续播放。

(1) 在工作目录中,新建文件夹"movie",其中复制一个视频文件(素材\视频\地中海(FLV).flv)。

(2) 新建 ActionScript 3.0 文档,命名为"载入外部视频文件",保存到工作目录。

(3) 将"图层 1"更名为"按钮"。在第 1 帧舞台底部导入 3 个按钮图片(素材\图片\PNG\播放.png、暂停.png、停止.png),分别将 3 个按钮图片转换为"按钮"类型元件,分别命名为"播放""暂停""停止"。将 3 个按钮实例命名为 play_btn、pause_btn 和 stop_btn,分别表示"播放""暂停""停止"。

(4) 创建新图层,命名为"脚本"。选择第 1 帧,打开"动作"面板,输入如下脚本。

```
var nc:NetConnection=new NetConnection();    //创建客户端和服务器之间双向连接对象 nc
nc.connect(null);                            //创建本地连接
var ns:NetStream = new NetStream(nc);        //创建视频对象 ns,并和连接对象 nc 关联
ns.addEventListener(NetStatusEvent.NET_STATUS,netStatusHandler);
ns.addEventListener(AsyncErrorEvent.ASYNC_ERROR, asyncErrorHandler);
function netStatusHandler(event:NetStatusEvent):void
{ //视频流连接成功后的事件处理
}
function asyncErrorHandler(event:AsyncErrorEvent):void
{ //忽略错误
}
ns.play("movie/地中海(FLV).flv");            //加载并播放视频
ns.pause();                                  //暂停播放视频
var vid:Video=new Video();                   //创建视频显示对象
vid.attachNetStream(ns);                     //视频显示对象 vid 连接视频对象 ns
addChild(vid);                               //视频显示对象 vid 添加到显示列表或舞台上
vid.x=(stage.stageWidth-vid.width)/2;
vid.y=(stage.stageHeight-vid.height)/2;
play_btn.addEventListener(MouseEvent.CLICK,funPlay);
pause_btn.addEventListener(MouseEvent.CLICK,funPause);
stop_btn.addEventListener(MouseEvent.CLICK,funStop);
function funPlay(E:MouseEvent):void
{
    ns.resume();                             //恢复播放暂停的视频流
}
function funPause(event:MouseEvent):void
{
    ns.pause();                              //暂停播放视频流
}
function funStop(event:MouseEvent):void
{
```

```
        ns.pause();
        ns.seek(0);                          //将播放头移动到视频流开始的位置
    }
```

（5）测试影片。

为了加载和播放视频,需要将视频文件的名称和位置传递给 Video 类对象。创建 NetConnection 类对象,并调用 connect()方法的对象,建立与视频文件的连接管道;创建 NetStream 类对象,并调用 play()方法,加载并播放视频文件;创建 Video 类对象,并调用 attachNetStream()方法,获得指定要显示的视频流。当 NetConnection 对象连接成功时,netStatus 事件(事件常量为 NetStatusEvent.NET_STATUS)返回一个 info 对象,该对象带有一个表示成功的 code 属性。建议连接后,再调用 NetStream.play()。

NetConnection.connect(null)方法中,参数 null 表示从本地文件或 Web 服务器中播放视频和 MP3 文件。如果要连接到运行 Flash Remoting 的应用程序服务器(如 Flash Media Server 2),需要将该参数设置为包含服务器上视频文件的应用程序的 URI。

12.5.5　导航到一个 URL

函数 navigateToURL()是 flash.net 包级方法,可以用默认的系统浏览器打开 URL 窗口。

【例 12-26】　导航到一个 URL。

动画情景:单击"关于我们"按钮打开指定的网页,单击"联系我们"按钮启动默认的邮件客户端。

（1）新建 ActionScript 3.0 文档。

（2）在场景中,将"图层 1"更名为"按钮"。选择第 1 帧,执行菜单"窗口"→"组件"命令,打开"组件"窗口。在 User Interface 文件夹中,将组件 Button 拖动两次到舞台,并水平对齐。选择左侧按钮实例,打开"属性"面板,将实例分别命名 web_btn,单击"显示参数"按钮,打开"组件参数"对话框,在属性 label 值文本框中输入"关于我们"。选择右侧按钮实例,打开"属性"面板,将实例命名为 email_btn,单击"显示参数"按钮,打开"组件参数"对话框,在属性 label 值文本框中输入"联系我们",如图 12-43 所示。

图 12-43　命名按钮实例名和按钮标签

（3）创建新图层,命名为"脚本"。选择第 1 帧,打开"动作"面板,输入如下脚本。

```
web_btn.addEventListener(MouseEvent.CLICK,fun_web);
```

```
email_btn.addEventListener(MouseEvent.CLICK,fun_email);
function fun_web(event:MouseEvent):void
{
    var url_web:URLRequest =
                new URLRequest("http://www.tup.tsinghua.edu.cn");
    navigateToURL(url_web);
}
function fun_email(event:MouseEvent):void
{
    var url_email:URLRequest =
                new URLRequest("mailto:e-sale@tup.tsinghua.edu.cn");
    navigateToURL(url_email);
}
```

（4）为了发布后的影片能够正常启动浏览器，并打开指定的网址（URL），打开"发布设置"对话框，选中"发布"选项组中的 Flash(.swf)复选框，展开"高级"选项，在"本地播放安全性"下拉列表中，选择"只访问网络"。

（5）测试影片。单击"关于我们"按钮启动默认浏览器打开网页；单击"联系我们"按钮启动默认的邮件客户程序。

12.6 fscommand()函数的应用

Animate 影片中，利用 fscommand()函数可以控制 Flash Player，还可以实现发送信息到服务器端。fscommand()函数是 Animate 用来与外界沟通的桥梁。

提示：如果影片中使用了 fscommand()函数，则只有发布后播放.swf 或.exe 文件时，才能看到效果。

fscommand()函数的格式（参数见表 12-1）：

fscommand(命令，参数)；

表 12-1　fscommand()函数的参数

命　　令	参　　数	目　　的
quit	无	关闭播放器
fullscreen	true 或者 false	true 时全屏播放，false 时标准模式播放
allowscale	true 或者 false	true 时允许通过拉伸窗口缩放影片，false 时原始大小播放
showmenu	true 或者 false	true 时在播放器显示菜单，false 时将隐藏播放器菜单
exec	应用程序的路径	在放映文件内执行应用程序
trapallkeys	true 或者 false	true 时播放器屏蔽键盘输入

提示：fscommand()方法（函数）在 flash.system→"方法"中。

【例 12-27】 fscommand()函数的应用。

动画情景：以全屏方式播放影片，在画面上有 4 个按钮，分别为"全屏""还原""记事本""关闭"。单击按钮时，影片有相应的动作。

(1) 新建 ActionScript 3.0 文档，舞台设置为 800×600px，白色背景。将文档保存到工作目录。

(2) 创建两个元件，分别命名为"背景"和"卡通"。在两个元件中分别导入图片(素材\图片\JPG\风景_05.jpg、素材\图片\PNG\男孩_01.png)。

(3) 返回场景。将"图层 1"更名为"背景"。将"背景"元件拖动到第 1 帧，并缩小为800×600px，对齐舞台。在第 30 帧插入帧，锁定图层。

(4) 创建新图层，命名为"动画"。将"卡通"元件拖动到第 1 帧，并制作 30 帧从左侧移动到右侧的补间动画，锁定图层。

(5) 创建新图层，命名为"按钮"。在第 1 帧，输入 4 个文本"全屏""还原""应用"和"关闭"，从左到右水平排列放在舞台下方，并分别将 4 个文本转换为"按钮"类型元件。从左侧按钮开始分别命名实例名为 f1_btn、f2_btn、f3_btn、f4_btn。锁定图层，如图 12-44 所示。

图 12-44 场景中的按钮和文本

(6) 创建新图层，命名为"脚本"。选择第 1 帧，打开"动作"面板，输入如下脚本。

```
import flash.events.MouseEvent;
fscommand("fullscreen","true");              //开始用全屏播放
f1_btn.addEventListener(MouseEvent.CLICK,fullScreen);
f2_btn.addEventListener(MouseEvent.CLICK,normalScreen);
f3_btn.addEventListener(MouseEvent.CLICK,notepadExe);
f4_btn.addEventListener(MouseEvent.CLICK,quitWindow);
function fullScreen(E:MouseEvent):void
{
    fscommand("fullscreen","true");          //全屏播放
}
function normalScreen(E:MouseEvent):void
{
    fscommand("fullscreen","false");         //恢复原始大小播放
```

```
}
function notepadExe(E:MouseEvent):void
{
    fscommand("exec","app.exe");               //调用应用程序 app.exe
}
function quitWindow(E:MouseEvent):void
{
    fscommand("quit");                         //退出影片播放
}
```

（7）在"脚本"图层的第 30 帧插入空白关键帧，并输入脚本"gotoAndPlay(2);"。循环播放影片时，不改变当前的屏幕状态（全屏或默认舞台大小）。

（8）在工作目录中，创建文件夹"fscommand"，并将应用程序（素材\应用程序\calc.exe）复制到文件夹"fscommand"内，程序文件更名为"app.exe"。

（9）将影片发布为 Win 放映文件（.exe）。执行菜单"文件"→"发布设置"命令，打开"发布设置"对话框。在对话框中，选中"其他格式"选项组中的"Win 放映格式"复选框，并在"输出名称"文本框中，指定输出文件位置和名称后，单击"发布"按钮发布，如图 12-45 所示。

图 12-45 "发布设置"对话框

（10）测试影片。运行 Windows 放映文件（.exe）播放影片后，全屏播放动画。单击每个按钮完成相应的功能。完成影片的时间轴，如图 12-46 所示。

图 12-46 完成动画的时间轴

提示：使用命令"exec"时，要求将影片发布为"Windows 放映文件(.exe)"，并且在放映文件所在的目录中创建文件夹"fscommand"，并在该文件夹中存放要运行的外部程序。例如，将计算器程序"calc.exe"复制到"fscommand"文件夹内。

函数 fscommand()在 Web 页中多数已经无效，只能在 Flash Player 中起作用。

12.7　ActionScript 3.0 语言参考

在学习和使用 ActionScript 3.0 过程中，要掌握利用"ActionScript 3.0 参考"查找包、类、方法或属性。

在浏览器中搜索"ActionScript 3.0 语言参考"或输入网址"https：//help.adobe.com/zh_CN/FlashPlatform/reference/actionscript/3/"，打开"ActionScript 3.0 参考"，如图 12-47 所示。

图 12-47　ActionScript 3.0 参考

查找方法或属性，可以在搜索栏中输入方法或属性名称，也可以按照"包"→"类"→"方法"或者"属性"顺序查找方法或属性。例如，要查找方法 gotoAndPlay()，可以按照 flash.display→MovieClip→"方法"查找，如图 12-48 所示。

图 12-48　查找方法（函数）

提示：部分方法或属性，默认是隐藏的。单击"显示继承的公共方法"或"显示继承的公共属性"连接，可以显示所有隐藏的方法或函数。

思考题

　　1. ActionScript 是什么？Animate 中的动作指的是什么？

　　2. 动作面板由哪几部分组成？各部分的功能是什么？

　　3. Animate 中 ActionScript 3.0 代码可以在哪里添加？

　　4. 什么是帧事件、影片剪辑事件、鼠标事件和键盘事件？

　　5. 常用的鼠标事件有哪些？功能是什么？

　　6. 如何利用动作脚本实现 Animate 动画的播放或停止播放？

　　7. 实例的常用属性有哪些？如何利用动作脚本动态设置实例的这些属性？

　　8. 如何实现动态连续地更新实例的属性？如何限制实例的属性在指定范围内更新？

　　9. 如何利用动作脚本实现影片全屏播放？如何实现还原窗口播放？

　　10. 如何实现关闭 Animate 动画的播放窗口？

　　11. 载入外部文本文档与载入图片或 SWF 文件内容所用的类有何不同？

操作题

　　1. 动画中有一幅超过舞台宽度的长条图片（素材\图片\JPG\雪景_02.jpg）。单击"向左"按钮时，图片向左移动；单击"向右"按钮时，图片向右移动，浏览图片。

　　提示：舞台设置为 800×600px；将图片按比例缩小为高 500px；用遮罩层，使动画画面有边框。

　　2. 动画中有一幅超过舞台宽度的长条图片（素材\图片\JPG\雪景_02.jpg）。鼠标指向"向左"按钮时，图片向左移动；鼠标指向"向右"按钮时，图片向右移动，浏览图片。鼠标离开按钮时，停止移动图片。

　　提示：在第 1 题的基础上使用连续作用的按钮制作。

　　3. 制作一个简单动画。有 3 个按钮，分别为全屏按钮、恢复到原始窗口的按钮、退出动画的按钮。

　　提示：利用 fscommand( ) 函数制作。

　　4. 制作一个动画。单击画面上的按钮时，出现其他动画画面；在这个画面上单击按钮时，返回到开始的画面。

　　5. 制作图片浏览器。单击缩略图（素材\图片\JPG\pic1.jpg、pic2.jpg、pic3.jpg、pic4.jpg），展示大图片（素材\图片\JPG\风景_01.jpg、风景_02.jpg、风景_03.jpg、风景_04.jpg）。

　　提示：参考例 12-8 简单的交互式课件。

第13章 动作脚本进阶

内容提要

本章介绍了 ActionScript 3.0 脚本语言基础,基于 ActionScript 3.0 常用事件响应与处理机制,实现分支结构和循环结构的控制语句,自定义函数的方法,举例说明了常用函数的使用方法。

学习建议

首先掌握类的概念及创建对象的方法;掌握常用的语句格式及功能;掌握常用事件响应及操作方法,学会用事件、事件侦听、控制语句控制动画的方法。

13.1 脚本基础知识

13.1.1 类、包的概念

1. 概念

1) 包

包(package)实质上是一个文件夹,包(文件夹)内可以包含多级子包(子文件夹)。

例如,myLib 包下有一个 Tools 文件夹,则 Tools 文件夹就是 myLib 的子包,引用格式为:myLib.Tools。

2) 类

类(class)是一个单独的 as 文件,是用来描述一个对象的。Adobe 建议每个类就是一个单独的文件,文件名就是类名。例如,car.as 就是一个 car 类。

例如,如果 myLib 包下有一个 car 类,则引用 car 类的格式为:myLib.car。

如果类 fly.as 在 Tools 包(文件夹)下,Tools 包(文件夹)是 myLib 的子包,则引用格式为:myLib.Tools.fly。

2. 创建方法

1) 包

包的实质是文件夹,所以直接在 *.fla 文件所在的目录创建以包命名的文件夹即可。例如,新建文件夹命名为 myLib,可以创建一个名为 myLib 的包。

2) 子包

如果要在 myLib 包内分类管理 as 文件,可以继续建立子包,即建立子文件夹。例

如,在 myLib 文件夹内新建文件夹命名为 Tools,可以在 myLib 包内创建一个子包
Tools。

3)类

类文件既可单独创建,也可以创建在包内。例如,创建一个 car.as 文件,可以创建一
个描述汽车(car)的类。

3. 用法

1)包

如果包 myLib 中包含一个或多个类文件(＊.as),则在 fla 文件中,必须先导入
(import)包,才可以使用包。

提示:包的位置必须要和 ＊.fla 文件在同一个文件夹内。否则,编译器将提示错误
信息"1172:找不到定义×××"。

导入包的格式为:

```
import myLib.＊;
```

导入子包格式为:

```
import myLib.Tools.＊;
```

2)类

要使用类,必须先导入包含该类的包或类。例如,在 myLib 包内有两个类,分别为
car.as 和 jeep.as。

(1) 直接导入包,可以使用包内的类(如 car.as 类和 jeep.as 类)。导入格式为:

```
import myLib.＊;
```

(2) 直接导入类(如 car.as 类)。导入格式为:

```
import myLib.car;
```

(3) 直接导入子包内的类(如 Tools 子包内的 fly.as 类)。导入格式为:

```
import myLib.Tools.fly;
```

(4) 使用不在任何包下的类(如 bike.as 类)。引用格式为:

```
include "bike.as";                    //类文件 bike.as 与 fla 文件在同一个目录中
```



```
include "d:/bike.as";                 //类文件 bike.as 在 D 盘根目录中
```

提示:搞清楚包和类的关系后,就可以灵活地把 as 代码写在 ＊.fla 文件外部。

13.1.2 创建对象

在 ActionSctipt 3.0 中处理的一切数据都是由类生成的对象,对象有时也称为类的
实例,由类生成实例的过程称为实例化。在元件"库"中创建"影片剪辑"类型的元件,将

元件拖动到舞台创建元件的实例,这个过程是元件的实例化。创建元件就是创建一种类或类型,元件的实例就是类或类型的对象。

ActionScript 3.0 中用运算符 new 来创建类的对象,也称对类实例进行实例化。

new 的语法格式为:

```
var 对象:Object=new Object([参数表]);
```

Object:类名称。类可以是系统内置的,也可以是用户自定义的(如元件的"类")。例如:

```
var mySound:Sound=new Sound();                          //创建 Sound 类的对象 mySound
var req:URLRequest=new URLRequest("test.swf");//创建 URLRequest 类的对象 req
var myText:TextField=new TextField();                   //创建文本框对象(实例)myText
```

13.1.3　处理对象

创建对象后,对象具有了类的所有方法、事件和属性。

1. 属性

属性是描述对象状态特征的量。使用点"."运算符可以访问对象的属性值。

使用格式如下:

```
对象(或实例).属性                //读取属性值
对象(或实例).属性=数值或表达式;  //设置属性值
对象(或实例)["属性"]            //用数组运算符[]访问属性值或设置属性值
```

2. 方法

对象的方法表明对象具有的行为或具有的能力。也可以通过点"."运算符来调用对象的方法。

具体格式如下:

```
对象(或实例)名称.方法名称;      //这是一个语句形式
```

例如:

```
mc.gotoAndPlay(10);            //mc 实例调用其 gotoAndPlay()方法,跳转到第 10 帧
```

3. 事件

事件在程序设计中的含义和在日常生活中的含义很相似。例如,在 Animate 影片中移动鼠标、单击鼠标、按下键盘上的某个键都会产生事件。发生一个事件时,调用指定的函数,执行函数内部的代码就是这个事件发生后执行的代码(程序段)。

13.1.4　类的应用

ActionScript 3.0 将包中的类,以文件的形式存储在类文件.as 中。可以用 3 种方式利用类文件制作动画。

1. 与元件关联的类

把类文件中的类与元件关联起来,称为元件的类。在"元件属性"对话框中,为元件命名"类"名称和"基类"名称后,可以用 var 关键字和 new 运算符生成元件类的实例。

【例 13-1】 用元件类创建元件的实例。

动画情景:用脚本动态添加元件的实例。

(1)新建 ActionScript 3.0 文档。

(2)新建"影片剪辑"类型元件,命名为 Balles。在元件中绘制直径为 60px 的球。

(3)在"库"面板中,选择元件 Balles,打开"元件属性"对话框。在对话框中,打开"高级"选项组,选中"为 ActionScript 导出"和"在第 1 帧中导出"两个复选框,在"类"文本框中输入类名称,"基类"文本框中输入基类名称。这里保留默认名称,如图 13-1 所示。单击"确定"按钮,关闭对话框。

图 13-1 设置元件的类

(4)返回场景,选择"图层 1"的第 1 帧,打开"动作"面板,输入如下脚本。

```
var Ball: Balles=new Balles();              //创建名称为 Ball 的实例
addChild(Ball);                             //将实例添加到显示列表,即舞台上
Ball.x=Math.random() * stage.stageWidth;    //在舞台宽度内随机设置 Ball 的 x 坐标
Ball.y=Math.random() * stage.stageHeight;   //在舞台高度内随机设置 Ball 的 y 坐标
```

(5)保存文档。命名为"用元件类创建元件的实例",保存到工作目录。

(6)测试影片。在舞台上随机位置显示一个球。

【例 13-2】 元件类实例添加拖动功能。

动画情景:播放动画时,可以用鼠标拖动球。

(1)执行菜单"文件"→"新建"→"常规"→"ActionScript 文件"命令,打开"脚本"窗口,输入如下脚本。

```
package
  //创建包,包中有一个类 Balles1 和构造函数 Balles1(),两个方法 star_Drg()和 stop_Drg()
  {
    import flash.display.MovieClip;          //导入影片剪辑类
    import flash.events.MouseEvent;          //导入鼠标事件类
```

```
        public class Balles1 extends MovieClip        //创建类并继承于 MovieClip 类
        {
            public function Balles1()                //构造函数名称 Balles1,与类名称相同
            {
                this.buttonMode = true;              //设置影片剪辑实例对象的按键模式为真
                this.addEventListener(MouseEvent.MOUSE_DOWN, star_Drg);
                this.addEventListener(MouseEvent.MOUSE_UP, stop_Drg);
            }
            function star_Drg(e:MouseEvent):void    //定义类中的方法 star_Drg()
            {
                e.target.startDrag(false);
            }
            function stop_Drg(e:MouseEvent):void    //定义类中的方法 stop_Drg()
            {
                e.target.stopDrag();
            }
        }
    }
```

命名为 Balles1(＊.as),保存到工作目录。

提示:类文件名称 Balles1 与包代码中的类名称要一致。

(2) 新建 ActionScript 3.0 文档,命名为"元件类实例添加拖动功能",保存到工作目录。

(3) 在"库"面板中,单击"新建元件"按钮,打开"创建新元件"对话框。在对话框中,"名称"文本框中输入 Balles1。

单击"高级"按钮,展开高级选项组,选中"为 ActionScript 导出"和"在第 1 帧中导出"两个复选框,在"类"文本框和"基类"文本框保留默认名称,如图 13-2 所示。

图 13-2　命名元件名称和指定类名称

提示:"类"文本框中默认添加元件名称,也是我们创建的类文件的名称 Balles1。如果创建的类文件名称不同,则要输入新的类文件名称。

"基类"文本框中保留默认名称。

单击"类"名称右侧的"验证类定义"按钮，可以验证找到与元件关联的类文件，如图 13-3 所示。

图 13-3 验证类定义对话框

（4）单击"确定"按钮，关闭对话框。在打开的元件 Balles1 编辑窗口中，绘制直径为 60px 的球。

（5）返回场景。选择"图层 1"的第 1 帧，打开"动作"面板，输入如下脚本。

```
var Ball: Balles1=new Balles1();        //创建名称为 Ball 的实例
addChild(Ball);                         //将实例添加到显示列表，即舞台上
Ball.x=Math.random() * stage.stageWidth;
Ball.y=Math.random() * stage.stageHeight;
```

（6）保存文档。

（7）测试影片。按住鼠标左键拖动小球，释放鼠标左键停止拖动小球。

提示：可以在"元件属性"对话框或者"创建新元件"对话框中，命名"类"名称来创建元件类。

在"库"面板中，双击元件的"链接"栏输入名称，也可以创建该元件的元件类，如图 13-4 所示。

2. 与文档关联的类

创建要与 Animate 文档关联的类文件后，在文档"属性"面板的"发布"选项组的"类"文本框中，输入要

图 13-4 命名"链接"

关联到文档的类文件名称，并保存文档到与类文件同一目录中，可创建与文档关联的类，称为文档类。

【例 13-3】 用文档类实现拖动影片剪辑实例。

动画情景：可以用鼠标拖动动画窗口中的每一个影片剪辑实例对象。

（1）创建类文件。执行菜单"文件"→"新建"→"常规"→"ActionScript 文件"命令，打开"脚本"窗口，输入如下脚本。

```
package
{
    import flash.display.MovieClip;          //导入影片剪辑类
    import flash.events.MouseEvent;          //导入鼠标事件类
    public class Balles2 extends MovieClip   //创建类并继承于 MovieClip 类
    {
        public function Balles2()            //构造函数名称 Balles2,与类名称相同
        {
            this.buttonMode = true;          //设置影片剪辑实例对象的按钮模式为真
```

```
        this.addEventListener(MouseEvent.MOUSE_DOWN,star_Drg);
        this.addEventListener(MouseEvent.MOUSE_UP,stop_Drg);
    }
    function star_Drg(e:MouseEvent):void    //类中的方法 star_Drg()
    {
        e.target.startDrag(false);
    }
    function stop_Drg(e:MouseEvent):void    //类中的方法 stop_Drg()
    {
        e.target.stopDrag();
    }
    }
}
```

命名为 Balles2(* .as),保存到工作目录。

(2) 打开例 13-1 中的文档,命名为"拖动影片剪辑实例",保存到工作目录。

(3) 打开文档"属性"面板,在"发布"选项组的"类"文本框中,输入类名称 Balles2。

(4) 保存文档,测试影片。用鼠标可以拖动小球。

(5) 创建"影片剪辑"类型的元件,并将元件拖动到舞台。这里元件中导入轿车图片。

(6) 测试影片。新添加的实例也能用鼠标拖动。

3. 用 import 语句导入类

用 import 命令可以导入类文件中定义的类和包,用于当前脚本。

【例 13-4】 用类的方法添加实例。

动画情景:播放动画时,可以用鼠标拖动动画窗口中的每一个小球对象。

(1) 执行菜单"文件"→"新建"→"常规"→"ActionScript 文件"命令,打开"脚本"窗口,输入如下脚本。

```
package
{
    import flash.display.MovieClip;
    import flash.events.MouseEvent;
    public class Balles3 extends MovieClip
    {
        public function Balles3()
        {
            this.buttonMode = true;
            this.addEventListener(MouseEvent.MOUSE_DOWN,star_Drg);
            this.addEventListener(MouseEvent.MOUSE_UP,stop_Drg);
        }
        private function star_Drg(e:MouseEvent):void
        {
            e.target.startDrag(false);
        }
        private function stop_Drg(e:MouseEvent):void
```

```
    {
        e.target.stopDrag();
    }
    public function copyBall():void              //类的方法 copyBall()
    {
        for (var i:uint = 0; i < 9; i++)
        {
            var Ball:Balles = new Balles;      //创建元件类实例
            addChild(Ball);                      //将实例添加到显示列表,即舞台上
            Ball.x=Math.random() * stage.stageWidth;
            Ball.y = Math.random() * stage.stageHeight;
            Ball.scaleX = Ball.scaleY = Math.random() * 0.6 + 0.4;
            Ball.alpha = Math.random() * 0.9 + 0.1;
        }
    }
}
```

命名为 Balles3(* .as),保存到工作目录。

(2) 打开例 13-1 中的文档,命名为"用类的方法添加实例",保存到工作目录。

(3) 选择"图层 1"的第 1 帧,打开"动作"面板,修改脚本如下。

```
import Balles3;                              //导入外部自定义类
var Ball:Balles3=new Balles3();
addChild(Ball);
Ball.copyBall();                            //调用类方法 copyBall()
```

(4) 测试影片。显示大小不等、透明度不同的 9 个球,每个球可用鼠标拖动。

13.1.5　脚本程序的构成

脚本程序是由若干条 ActionScript 语句(或命令)构成的,能够完成一定功能的命令集合。计算机运行程序就是执行程序中的命令,每条语句完成一定的功能(如计算数据或处理数据),程序运行结束给出结果。

下面通过一个简短的代码片段,了解 ActionScript 程序的结构。先不考虑这段代码的功能,只对其进行解剖,了解其语言的语法结构。

```
btn.addEventListener(MouseEvent.CLICK,Fun);    //单击按钮 btn 时,调用函数 Fun()
function Fun(E:MouseEvent):void
{
    var angle:Number=90;                //定义数值(Number)变量,变量名为 angle
    myClip_mc.rotation=angle;           //设置 myClip_mc.rotation 的属性值,旋转 90°
    myClip_mc.gotoAndPlay(50);          //myClip_mc 中的动画跳转到第 50 帧并播放
}
```

1. 变量

变量名可以由字母、数字、下画线或美元符号组成,但第一个字符必须是字母、下画线(_)或美元符号($)。

变量主要用于存储实数(Number)、整数(int)、无符号整数(uint)、字符串(String)、布尔型(Boolean)或对象型(如影片剪辑)等数值。

变量的定义格式为:

var 变量名:数据类型;

或

var 变量名:数据类型 = 值;

例如:

var angle:Number;

或

var angle:Number=90;

用关键字 var 定义了一个存储数值型数据的变量 angle,并赋初始值 90。

Animate 在给变量赋值时,可以自动确定变量的数据类型。因此,定义变量时,也可以不指定变量的数据类型。例如:

var angle;

或

```
angle=90;                              //定义变量 angle,并赋初值 90
```

2. 语句

ActionScript 程序中每个完整的语句是以分号";"结束,执行某项特定的操作。在一行可以写一个语句或多个语句。例如:

```
var angle:Number = 90;
```

定义一个名为 angle 的变量,其类型为 Number(数值型),设置其初值为 90。

```
myClip_mc.gotoAndPlay(50);
```

影片剪辑 myClip_mc 中的动画跳转到第 50 帧并播放动画。

3. 运算符

常见的运算符有:算术运算符(+、-、*、/、%、++、--)、关系运算符(! =、<、<=、==、>、>=)、逻辑运算符(&&、||、!)、赋值运算符(=、+=、-=、*=、/=、%=)。

4. 关键字

关键字是 ActionScript 专用的,用户在命名自定义的变量、函数等元素的名称时,要避免使用关键字。例如,function、var 是一个关键字,因此不能将变量或函数命名为 on。

5. 点"."

在脚本中,点"."用的非常频繁,初学者不好理解。它有两个作用,第一个作用是用来指定对象的位置(路径)。例如:

```
flash.events.MouseEvent
```

表示 flash.events 类包中的 MouseEvent 类。也可以理解为 flash 中有 events;而 events 中有 MouseEvent。这时,把这个点理解为"中的",表示包含的层次关系。

另一个作用是访问对象属性、调用对象方法。例如,使影片剪辑 myClip._mc 旋转 90°,可以使用语句:

```
myClip_mc.rotation=angle;                    //设置影片剪辑的 rotaion 属性
```

播放影片剪辑 myClip_mc,可以使用语句:

```
myClip_mc.play();                            //调用 play()方法,播放 myClip_mc 中的动画
```

6. 注释

ActionScript 中可以使用注释,这些注释仅供开发者做一些注记,并不当作程序产生动作。一行的注释用"//"开头,多行注释以"/ * "开头,以" * /"结束。

13.2 处理事件

ActionScript 3.0 引入了单一事件处理机制。处理事件有 3 大要素,即事件的对象(发送者)、函数(接收者)和事件(动作)。事件的对象负责发送事件,函数负责接收事件。处理事件的过程就是事件的对象调用 addEventListener()函数,把这三者联系起来。这个过程称为发送者注册事件侦听器。这样当发生事件时,事件就可以被函数收到。

(1) 事件侦听器(自定义函数)对象的基本结构。

```
function 函数名称(事件对象:事件类型):void
{
    //此处是为响应事件而执行的动作
}
```

触发事件的对象.addEventListener(事件类型.事件名称,函数名称);

① 触发事件的对象:发生事件的对象,也被称为事件目标或事件侦听对象。例如,舞台、实例或按钮等可视对象。

② 事件名称:也叫事件常量,由事件对象类型和事件对象属性值组成。例如,MouseEvent.CLICK、MouseEvent.DOUBLE_CLICK。

③ 函数名称:发生事件要执行的函数,也被称为事件响应对象或事件侦听器对象。在处理事件时必须定义函数,用 addEventListener()方法把定义的函数(事件侦听器对象)注册到事件侦听对象名下。

④ 定义一个函数,指定在响应事件时将要执行的动作。

定义函数时须定义一个参数,这个参数实际上是事件类的实例,它的数据类型是相

关的事件对象类型名。

例如：

```
function eventResponse(eventObject:EventType):void
{
    //此处是为响应事件而执行的动作
}
eventTarget.addEventListener(EventType.EVENT_NAME,eventResponse);
```

在对象 eventTarget 发生事件 EventType. EVENT _ NAME 时，执行函数 eventResponse()。

提示：函数是以引用作为事件的接收者，因此编写函数时要注意代码的顺序。有时要求函数定义代码写在前面。

（2）注销事件的格式。

不再需要事件时，可用 removeEventListener()方法注销事件对象的事件侦听器。格式为：

```
事件对象.removeEventListener(事件名,函数名);
```

提示：方法（函数）addEventListener()和 removeEventListener()，在 flash.events→ EventDispatcher→"方法"中。

13.2.1 鼠标事件

在 ActionScript 3.0 中，使用 MouseEvent 类来管理鼠标事件。在使用过程中，无论是按钮还是影片事件，统一使用 addEventListener 注册鼠标事件。若在类中定义鼠标事件，则需要先引入（import）flash.events.MouseEvent 类。

MouseEvent 类定义了 10 种常见的鼠标事件。

（1） MouseEvent.CLICK：鼠标单击目标对象时触发事件。

（2） MouseEvent.MOUSE_DOWN：鼠标在目标对象上按下左键时触发事件。只有按下鼠标左键时才会触发，右键和滚轮都不会触发。在目标对象外按下鼠标左键，再移动到目标对象上时，也不会触发。

（3） MouseEvent.MOUSE_UP：鼠标在目标对象上释放左键时触发事件。只有释放鼠标左键时才会触发，右键和滚轮都不会触发。在目标对象上按下鼠标左键，再移动到目标对象外释放时，不会触发。但在目标对象外按下鼠标左键，再移动到目标对象上释放时，就会触发。

（4） MouseEvent.MOUSE_OVER：鼠标移动到目标对象上时触发事件。

（5） MouseEvent.MOUSE_MOVE：鼠标在目标对象上移动时触发事件。

（6） MouseEvent.MOUSE_OUT：鼠标移动到目标对象外时触发事件。

（7） MouseEvent.MOUSE_WHEEL：鼠标在目标对象上转动滚轮时触发事件。

（8） MouseEvent.DOUBLE_CLICK：鼠标双击目标对象时触发事件。

（9） MouseEvent.ROLL_OUT：鼠标从目标对象上移出时触发事件。

（10）MouseEvent.ROLL_OVER：鼠标移到目标对象上时触发事件。

提示：鼠标事件在 flash.events→MouseEvent→"常量"中。

【**例 13-5**】 测试鼠标在按钮上的状态。

动画情景：鼠标在按钮上操作时，显示鼠标的状态。

（1）新建 ActionScript 3.0 文档。

（2）将"图层 1"更名为"文本框"。用"文本工具"在第 1 帧绘制"动态文本"文本框，文本框命名为 my_txt。

（3）新建图层，命名为"按钮"。在第 1 帧导入按钮图片（素材\图片\PNG\手指.png），并将按钮图片转换为"按钮"类型元件"手指"，按钮实例命名为 btn，如图 13-5 所示。

图 13-5 命名文本框和按钮实例名

（4）新建图层，命名为"脚本"。选择第 1 帧，打开"动作"面板，输入如下脚本。

```
btn.addEventListener(MouseEvent.CLICK,fun_Click);
function fun_Click(E:MouseEvent):void
{
    my_txt.text="CLICK:单击鼠标";
}
btn.addEventListener(MouseEvent.MOUSE_DOWN,fun_Down);
function fun_Down(E:MouseEvent):void
{
    my_txt.text="MOUSE_DOWN:按下鼠标左键";
}
btn.addEventListener(MouseEvent.MOUSE_UP,fun_Up);
function fun_Up(E:MouseEvent):void
{
    my_txt.text="MOUSE_UP:释放鼠标左键";
}
btn.addEventListener(MouseEvent.MOUSE_OVER,fun_Over);
function fun_Over(E:MouseEvent):void
{
    my_txt.text="MOUSE_OVER:鼠标移动到目标对象上";
}
```

```
btn.addEventListener(MouseEvent.MOUSE_OUT,fun_Out);
function fun_Out(E:MouseEvent):void
{
    my_txt.text="MOUSE_OUT:鼠标移动到目标对象外";
}
btn.addEventListener(MouseEvent.MOUSE_MOVE,fun_Move);
function fun_Move(E:MouseEvent):void
{
    my_txt.text="MOUSE_MOVE:鼠标在目标对象上移动";
}
btn.addEventListener(MouseEvent.MOUSE_WHEEL,fun_Wheel);
function fun_Wheel(E:MouseEvent):void
{
    my_txt.text="MOUSE_WHEEL:鼠标在目标对象上转动滚轮";
}
btn.addEventListener(MouseEvent.DOUBLE_CLICK,fun_Double);
function fun_Double(E:MouseEvent):void
{
    my_txt.text=".DOUBLE_CLICK:鼠标双击目标对象";
}
btn.addEventListener(MouseEvent.ROLL_OUT,fun_Rout);
function fun_Rout(E:MouseEvent):void
{
    my_txt.text="ROLL_OUT:鼠标从目标对象上移出";
}
btn.addEventListener(MouseEvent.ROLL_OVER,fun_Rover);
function fun_Rover(E:MouseEvent):void
{
    my_txt.text="ROLL_OVER:鼠标移到目标对象上";
}
```

提示：因为有些鼠标操作状态是叠加，部分信息不能正常显示。可以将部分代码标注为注释观察鼠标的操作状态。

语句"my_txt.text ＝ "×××";"的功能是将字符串输出到指定的文本框 my_txt。

（5）测试影片。随着不同的鼠标动作，可以看到相应的信息，如图 13-6 所示。

【例 13-6】 用鼠标动作移动舞台中的实例。

动画情景：鼠标做按下、释放、移入、移出动作时，移动舞台中的图片。

（1）新建 ActionScript 3.0 文档。

（2）新建"影片剪辑"类型元件，命名为"图片"。在元件中导入图片（素材\图片\PNG\ 轿车.png）。

（3）返回场景。将"图层 1"更名为"图片"，从元件"库"拖动"图片"元件到第 1 帧，并命名实例为 my_mc，如图 13-7 所示。

（4）新建图层，命名为"脚本"。选择第 1 帧，打开"动作"面板，输入如下脚本。

MOUSE_DOWN:按下鼠标左键

图 13-6　测试鼠标事件

图 13-7 命名实例名

```
my_mc.addEventListener(MouseEvent.MOUSE_DOWN,fun_Left);
function fun_Left(E:MouseEvent):void
{
    x-=10;                              //x=x-10;
}
my_mc.addEventListener(MouseEvent.MOUSE_UP,fun_Up);
function fun_Up(E:MouseEvent):void
{
    y-=10;                              //y=y-10;
}
my_mc.addEventListener(MouseEvent.MOUSE_OVER,fun_Right);
function fun_Right(E:MouseEvent):void
{
    x+=10;                             //x=x+10;
}
my_mc.addEventListener(MouseEvent.MOUSE_OUT,fun_Alow);
function fun_Alow(E:MouseEvent):void
{
    y+=10;                             //y=y+10;
}
```

（5）测试影片。按下鼠标时，轿车向左移动；释放鼠标时，轿车向上移动；移入鼠标时，轿车向右移动；移出鼠标时，轿车向下移动。

13.2.2 键盘事件

在 ActionScript 3.0 中使用 KeyboardEvent 类来管理键盘操作事件。若在类中定义键盘事件，则需要先引入（import）flash.events.KeyboardEvent 类。

（1）KeyboardEvent 类中定义了以下两种类型的键盘事件。

① KeyboardEvent.KEY_DOWN：定义按下键盘时事件。

② KeyboardEvent.KEY_UP：定义松开键盘时事件。

提示：在使用键盘事件时，要先获得它的焦点，如果不想指定焦点，可以直接把 stage

（舞台）作为侦听的目标对象。

提示：事件 KEY_DOWN 和 KEY_UP 在 flash.events→KeyboardEvent→"常量"中。

（2）利用键盘与动画交互时，需要借助键盘事件（KeyboardEvent）获取按键的内容，并利用 Keyboard 类属性值（按键常量）控制动画。

① 属性 keyCode：表示按下的键代码值。例如，向左光标键的代码值为 Keyboard.LEFT 或 37；字母 A 或 a 的代码值为 Keyboard.A 或 65。

② 属性 charCode：表示按下的字符代码值（ASCII）。例如，A 的代码为 65，a 的代码值为 97。

提示：属性 keyCode 和 charCode 在 flash.events→KeyboardEvent→"属性"中。

ActionScript 3.0 在 flash.ui→Keyboard→"常量"中内置定义了一组按键常量，用于存储常用键的对应码。可以直接使用这些常量，而不必再查阅这些键的对应码。常用按键常量及对应码，见表 13-1。

表 13-1　常用按键常量及对应码

按键常量	对应码	键 名	按键常量	对应码	键 名
Keyboard.BACKSPACE	8	Backspace 键	Key.INSERT	45	Insert 键
Keyboard.CAPSLOCK	20	Caps Lock 键	Keyboard.LEFT	37	左箭头键
Keyboard.CONTROL	17	Ctrl 键	Keyboard.PGDN	34	Page Down
Keyboard.DELETEKEY	46	Delete 键	Keyboard.PGUP	33	Page Up
Keyboard.DOWN	40	向下箭头键	Keyboard.RIGHT	39	右箭头键
Keyboard.END	35	End 键	Keyboard.SHIFT	16	Shift 键
Keyboard.ENTER	13	Enter 键	Keyboard.SPACE	32	空格键
Keyboard.ESCAPE	27	Escape 键	Keyboard.TAB	9	Tab 键
Keyboard.HOME	36	Home 键	Keyboard.UP	38	向上箭头键

提示：Keyboard.大写字母（如 Keyboard.A），表示该字母（如 A 或 a)键的常量。

【例 13-7】 用 4 个方向键和 x、y、z 字母键控制实例移动和旋转。

动画情景：舞台中的实例，按下 4 个方向键时，按相应的方向移动；按下字母键 x、y、z 时，绕相应的轴旋转；按下空格键时，顺时针旋转。

（1）新建 ActionScript 3.0 文档。

（2）新建"影片剪辑"类型的元件，命名为"图片"。在元件中导入图片（素材\图片\PNG\轿车.png）。

（3）返回场景。将"图层 1"更名为"图片"。从元件"库"拖动"图片"元件到第 1 帧，并命名实例名为 my_mc。

（4）新建图层，命名为"脚本"，选择第 1 帧，打开"动作"面板，输入如下脚本。

```
stage.addEventListener(KeyboardEvent.KEY_DOWN,myFun);
function myFun(E:KeyboardEvent):void
```

```
    {
        if (E.keyCode==Keyboard.LEFT)
        {
            my_mc.x-= 10;
        }
        if (E.keyCode==Keyboard.RIGHT)
        {
            my_mc.x+= 10;
        }
        if (E.keyCode==Keyboard.UP)
        {
            my_mc.y-= 10;
        }
        if (E.keyCode==Keyboard.DOWN)
        {
            my_mc.y+= 10;
        }
        if (E.keyCode==Keyboard.X)
        {
            my_mc.rotationX+= 10;
        }
        if (E.keyCode==Keyboard.Y)
        {
            my_mc.rotationY+= 10;
        }
        if (E.keyCode==Keyboard.Z)
        {
            my_mc.rotationZ+= 10;
        }
        if (E.keyCode==Keyboard.SPACE)
        {
            my_mc.rotation+= 10;
        }
    }
}
```

（5）测试影片。按下方向键时，按相应的方向移动；按下字母键 x、y、z 时，分别绕 X、Y、Z 轴旋转；按下空格键时，顺时针旋转。

【例 13-8】 按方向键移动坦克，按空格键开炮。

动画情景：用上下左右 4 个方向键调整坦克的方向，并移动坦克。按下空格键开炮。

（1）新建 ActionScript 3.0 文档。

（2）新建"影片剪辑"类型元件，命名为"坦克"，并绘制或导入一个坦克图片。将坦克体中心对齐舞台中心，如图 13-8 所示。

（3）新建"影片剪辑"类型元件，命名为"火焰"。在"图层 1"制作一个火焰动画。

图 13-8 绘制坦克

制作方法如下。

① 在第 1 帧绘制红色的椭圆,左侧对齐舞台中心,如图 13-9 所示。

图 13-9　在第 1 帧绘制火焰

② 分别在第 3 帧和第 5 帧插入关键帧。选择第 3 帧,将椭圆缩小(50%),左侧对齐舞台中心,如图 13-10 所示,分别创建"补间形状"动画。

(4) 在元件"库"面板中,双击打开"坦克"元件的编辑窗口。创建新图层,命名为"火焰",将"火焰"元件拖动到该图层的第 1 帧,并调整到坦克炮口右侧垂直对齐,并命名实例名为 fire,如图 13-11 所示。

图 13-10　缩小第 3 帧中的火焰

图 13-11　"坦克"元件添加实例

(5) 返回场景,将"图层 1"更名为"坦克"。将"坦克"元件拖动到该图层的第 1 帧,并将坦克实例命名为 tanK。

(6) 新建图层,命名为"脚本"。选择第 1 帧,打开"动作"面板,输入如下脚本。

```
tanK.fire.visible=false;
stage.addEventListener(KeyboardEvent.KEY_DOWN,tankMove);
stage.addEventListener(KeyboardEvent.KEY_UP,fireStop);
function tankMove(E:KeyboardEvent):void
{
    if (E.keyCode==Keyboard.LEFT)
    {
        tanK.x-= 5;
        if (tanK.x<100)
        {
            tanK.x=100;
        }
        tanK.rotation=180;
```

```
    }
    if (E.keyCode==Keyboard.UP)
    {
        tanK.y-= 5;
        if (tanK.y<100)
        {
            tanK.y=100;
        }
        tanK.rotation= -90;
    }
    if (E.keyCode==Keyboard.RIGHT)
    {
        tanK.x+= 5;
        if (tanK.x>450)
        {
            tanK.x=450;
        }
        tanK.rotation=0;
    }
    if (E.keyCode==Keyboard.DOWN)
    {
        tanK.y+= 5;
        if (tanK.y>300)
        {
            tanK.y=300;
        }
        tanK.rotation=90;
    }
    if (E.keyCode==Keyboard.SPACE)
    {
        tanK.fire.visible=true;
        tanK.fire.play();
    }
}
function fireStop(E:KeyboardEvent):void
{
    tanK.fire.visible=false;
    tanK.fire.stop();
}
```

（7）测试影片。按上下左右方向键可调整坦克方向，并移动坦克，按下空格键开炮。

测试影片时发现，同时按下方向键和空格键时，不能同时起作用。用下面的脚本可以解决此问题。

```
tanK.fire.stop();
tanK.fire.visible=false;
```

```
var key:Dictionary=new Dictionary();           //创建属性的动态集合
stage.addEventListener(KeyboardEvent.KEY_DOWN,KeyDown);
stage.addEventListener(KeyboardEvent.KEY_UP,KeyUp);
stage.addEventListener(Event.ENTER_FRAME,tankMove);
function KeyDown(E:KeyboardEvent):void
{
    key[E.keyCode]=true;                       //获得按下的键值,该键有效
}
function KeyUp(E:KeyboardEvent):void
{
    delete key[E.keyCode];                     //删除释放的键,该键无效
    tanK.fire.stop();
    tanK.fire.visible=false;
}
function tankMove(E:Event):void
{
    if (key[Keyboard.LEFT])
    {
        tanK.x-= 5;
        if (tanK.x<100)
        {
            tanK.x=100;
        }
        tanK.rotation=180;
    }
    if (key[Keyboard.UP])
    {
        tanK.y-= 5;
        if (tanK.y<100)
        {
            tanK.y=100;
        }
        tanK.rotation= -90;
    }
    if (key[Keyboard.RIGHT])
    {
        tanK.x+= 5;
        if (tanK.x>450)
        {
            tanK.x=450;
        }
        tanK.rotation=0;
    }
    if (key[Keyboard.DOWN])
    {
```

```
    tanK.y+= 5;
    if (tanK.y>300)
    {
        tanK.y=300;
    }
    tanK.rotation=90;
}
if (key[Keyboard.SPACE])
{
    tanK.fire.visible=true;
    tanK.fire.play();
}
}
```

13.2.3　时间事件

在 ActionScript 3.0 中，使用 Timer 类来处理时间事件。而对 Timer 类调用的事件进行管理的是 TimerEvent 类。若在类中定义时间事件，则需要先引入（import）flash. utils.Timer 类和（import）flash.events.TimerEvent 类。

Timer 类建立的事件间隔，可能受到 SWF 文件的帧频和 Flash Player 的工作环境（如计算机的内存的大小）的影响，会造成计算的不准确。

Timer 类中定义了以下两种事件。

（1）TimerEvent.TIMER：计时事件，按照设定的间隔触发事件。

（2）TimerEvent.TIMER_COMPLETE：计时结束事件，当计时结束时触发事件。

提示：TIMER 和 TIMER_COMPLETE 在 flash.events→TimerEvent→"常量"中。

【例 13-9】　基于定时器制作动画。

动画情景：叉车在定时器控制下移动。

（1）新建 ActionScript 3.0 文档。

（2）新建"影片剪辑"类型的元件，命名为"图片"。在元件中导入图片（素材\图片\ PNG\叉车.png）。

（3）返回场景，将"图层 1"更名为"图片"。将元件"库"中的"图片"元件拖动到第 1 帧舞台左侧，并命名实例名为 my_mc。

（4）新建图层，命名为"按钮"。在第 1 帧导入两个按钮图片（素材\图片\PNG\播放. png、停止.png），并分别转换为"按钮"类型元件，元件分别命名为"播放"和"停止"。两个按钮实例垂直对齐放置在舞台下方，分别命名实例名为 star_btn 和 stop_btn。

（5）新建图层，命名为"脚本"。选择第 1 帧，打开"动作"面板，输入如下脚本。

```
var myTimer:Timer=new Timer(20,90);              //创建 Timer 类的对象 myTimer
myTimer.addEventListener(TimerEvent.TIMER,ballMove);
myTimer.addEventListener(TimerEvent.TIMER_COMPLETE,ballStop);
myTimer. start();                                //启动计时器
function ballMove(E:TimerEvent):void
```

```
{
    my_mc.x+=5;
    E.updateAfterEvent();
}
function ballStop(E:TimerEvent):void
{
    trace("定时器结束定时");                    //在输出面板显示信息
}
stop_btn.addEventListener(MouseEvent.CLICK,timerStop);
function timerStop(e:MouseEvent):void
{
    myTimer.stop();                            //stop()方法停止计时器计时
}
play_btn.addEventListener(MouseEvent.CLICK,timerReplay);
function timerReplay(e:MouseEvent):void
{
    myTimer.start();                          //start()方法启动计时器开始计时
}
```

（6）测试影片。单击停止按钮时，调用定时器对象的方法 stop()停止动画；单击播放按钮时，调用定时器对象的方法 start()从停止处继续播放动画。

Timer()函数的格式为：

```
Timer(delay:Number,repeatCount:int=0)
```

delay：Number。计时器事件间的延迟(以 ms 为单位)。建议 delay 不要低于 20ms。计时器频率不得超过 60fps，这意味着低于 16.6ms 的延迟可导致出现运行时问题。

repeatCount：int(默认为 0)。指定重复次数，计时器运行指定的次数后停止。如果为 0，则计时器将持续不断重复运行，最长可运行 24.86 天(int.MAX_VALUE+1)。

功能：使用指定的 delay 和 repeatCount 状态构造新的 Timer 对象。计时器必须调用 start()方法来启动。

提示：Timer()方法(函数)在 flash.utils→Timer→"方法"中。

13.2.4　帧循环事件

帧循环 ENTER_FRAME 事件是 ActionScript 3.0 中动画编程的核心事件。该事件能够控制代码跟随 Flash 的帧频播放，在每次刷新屏幕时改变显示对象。使用该事件时，需要把该事件代码写入事件侦听函数中，然后在每次刷新屏幕时，都会调用 Event.ENTER_FRAME 事件，从而实现动画效果。

帧循环事件有以下两个。

（1）Enter.ENTER_FRAME：当播放头进入帧时触发事件。

（2）Enter. EXIT_FRAME：当播放头离开帧时触发事件。

提示：ENTER_FRAME 和 EXIT_FRAME 在 flash.events→Event→"常量"中。

【例 13-10】　基于帧事件制作动画。

动画情景：球在代码控制下从左向右运动。

（1）新建 ActionScript 3.0 文档。

（2）新建"影片剪辑"类型的元件，命名为"圆"。在元件中绘制一个圆。

（3）将"图层 1"更名为"图片"，从元件"库"拖动"圆"元件到第 1 帧，并命名实例名为 my_mc。

（4）新建图层，命名为"脚本"。选择第 1 帧，打开"动作"面板，输入如下脚本。

```
import flash.events.Event;
stage.frameRate = 50;                        //动态更改帧频
my_mc.addEventListener(Event.ENTER_FRAME,myFun);
function myFun(E:Event):void
{
    my_mc.x +=   5;
    if (my_mc.x >= stage.stageWidth)
    {   //如果影片剪辑实例移动到舞台右边界,移除事件侦听
        my_mc.removeEventListener(Event.ENTER_FRAME,myFun);
    }
}
```

（5）测试影片。当球移动到舞台右边界停止。

提示：当不需要 ENTER_FRAME 事件时，一定要用 removeEventListener（）函数来删除 ENTER_FRAME 事件。

将 Event.ENTER_FRAME 换成 Event.EXIT_FRMAE 测试影片，可以了解 Event. EXIT_FRAME。

13.2.5　文本事件

在 ActionScript 3.0 中使用 TextEvent 类管理文本事件。例如，对文本字符的选择、输入、删除和更改等。

在 TextEvent 类有以下两种事件。

（1）TextEvent.LINK：单击超文本链接时触发事件。

（2）TextEvent.TEXT_INPUT：有文本输入时触发事件。

用 Event.CHANGE 事件处理文本的变化（输入或删除文本）时触发事件。

提示：LINK 和 TEXT_INPUT 在 flash.events→TextEvent→"常量"中。CHANGE 在 flash.events→Event→"常量"中。

【例 13-11】　基于文本事件的网站导航。

动画情景：在动画画面显示有下画线的超链接文本，单击鼠标打开链接网页。

（1）新建 ActionScript 3.0 文档。

（2）将"图层 1"更名为"文本"。在第 1 帧用"文本工具"创建"动态文本"框，并在"属性"面板中文本框实例命名为 myText，设置字体、大小和颜色，并单击"嵌入"按钮，打开"字体嵌入"对话框，单击"确定"按钮关闭对话框，嵌入字体。

提示：也可以在"字符范围"列表中选择要显示的字符。这里要显示的是简体中文，可以选择"简体中文-1级"，单击"确定"按钮关闭对话框。

为了能够在其他计算机中显示动态文本预设的字体，需要"嵌入"所要显示的字体。

也可以执行菜单"文本"→"字体嵌入"命令，打开"字体嵌入"对话框。在对话框中设置嵌入与文本框字体相同的字体。

（3）新建图层，命名为"脚本"。选择第1帧，打开"动作"面板，输入如下脚本。

```
import flash.events.TextEvent;
myText.htmlText = "<u><a href='event:http://www.tup.tsinghua.edu.cn'> 清华大
学出版社 <a/></u>";
//用文本的 htmlText 属性使文本支持 html 文本格式
myText.addEventListener(TextEvent.LINK, fun_link);
//侦听文本链接事件
function fun_link(E: TextEvent): void
{
    navigateToURL(new URLRequest(E.text), "_blank");
}
```

（4）保存文档，测试影片。

提示：在"发布设置"对话框中，需要将"本地播放安全性"设置为"只访问网络"。

【例13-12】 基于 TextEvent.TEXT_INPUT 事件的文本输入响应。

动画情景：播放动画时，用户从输入文本框输入信息，在不同文本框显示同样内容。

（1）新建 ActionScript 3.0 文档。

（2）将"图层1"更名为"文本"。在第1帧用"文本工具"创建3个"输入文本"框垂直排列，从上到下分别命名文本框实例名为 myOut1、myOut2 和 myInput。文本框实例 myInput 的"属性"面板中，在"字符"选项组中选择"在文本周围显示边框"。在每个文本框前添加文本框实例名称，如图13-12所示。

图13-12　创建3个输入文本框，并命名实例名

（3）新建图层，命名为"脚本"。选择第1帧，打开"动作"面板，输入如下脚本。

```
myInput.addEventListener(TextEvent.TEXT_INPUT,textOut1);    //侦听文本输入事件
myInput.addEventListener(Event.CHANGE,textOut2);           //侦听文本改变事件
function textOut1(E:TextEvent):void
```

```
{    //E 为事件目标对象(即变量),用于存储一个对象的名称
     //下句可替换为 myOut1.text=E.currentTarget.text;看效果
     myOut1.text = E.text;                //用 E 得到事件目标对象名称
}
function textOut2(E:Event):void
{    //下句可替换为 myOut2.text=E.currentTarget.text; 看效果
     myOut2.text = E.target.text;         //用 E.target 得到事件目标对象名称
}
```

(4) 测试影片。

在文本框 myInput 输入文本时,分别在文本框 myOut1 和 myOut2 显示输入的文本。文本框 myOut1 中只显示最后一次的输入文本,文本框 myOut2 中显示所有输入的文本。在文本框 myInput 中修改输入的文本时,文本框 myOut2 中的内容即时更新,文本框 myOut1 还是只显示最后一次输入的文本。分两次输入"我的"和"测试"效果,如图 13-13 所示。

myOut1	测试
myOut2	我的测试
myInput	我的测试

图 13-13 测试影片效果

提示:在文本框 myInput 粘贴文本时,文本框 myOut2 显示文本;文本框 myOut1 不显示文本。可用于实现不允许粘贴文本的打字练习等。

试试将 myOut1.text＝E.text;语句修改成 myOut1.text＝myInput.text;。

文本框 myOut1 和 myOut2,也可以用"动态文本"。

13.3 脚本程序控制语句

13.3.1 分支语句

1. if 语句
语法格式为:

```
if (条件)
{
    语句 1
}
else
{
    语句 2
}
```

功能:当条件成立时,执行"语句 1"的内容。当"条件"不成立时,执行"语句 2"的内容。执行"语句 1"或"语句 2"后,退出结构到最后的花括号"}"后面继续执行。
例如:

```
if(a>b)                              //判断 a 是否大于 b
{
```

```
    trace("a>b");                      //若成立,则输出 a>b
}
else
{
    trace("b>=a");                     //若不成立,则输出 b>=a
}
```

不需要"语句 2"时,可以省略 else 部分。语法格式为:

```
if (条件)
{
    语句
}
```

2. switch 语句

语法格式为:

```
switch (表达式)
{
    case 值1:
        语句1
        break ;
    case 值2:
        语句2
        break;
    …
    default:
        语句
}
```

例如:

```
var n:Number = 25;
switch (Math.floor(n/10))              //floor 取不大于 n/10 的最大整数
{
    case 1:                            //若表达式的值为 1
        trace("number=1");
        break;
    case 2:                            //若表达式的值为 2
        trace("number=2");
        break;
    case 3:                            //若表达式的值为 3
        trace("number=3");
        break;
    default:                           //若表达式的值均不等于 1、2、3
        trace("number=?");
}
```

输出结果：number＝2

功能：先计算"表达式"的值，然后在各 case 子句中寻找匹配的"值"，并执行对应的语句。如果找不到匹配的"值"，就执行 default 后面的语句。

提示：语句 break 的功能是结束 switch 语句。如果找到匹配的"值"，执行对应的语句后，没遇到语句 break，则继续执行下面的 case 子句，直到遇到 break 语句或 switch 语句结束。

13.3.2　循环语句

1. while 语句
语法格式为：

```
while (条件)
{
    代码块
}
```

功能：当"条件"成立时，程序就会一直执行"代码块"，当"条件"不成立时，则跳过"代码块"，并结束循环。

例如：

```
var i:Number = 10;                  //定义一个数字型变量 i,并赋初值 10
while (i>=0)                        //先判断条件,i>=0 时循环,否则结束循环
{
    trace(i);                      //若条件成立,则输出 i
    i--;                           //i 自减 1,等价于 i=i-1;
}
```

输出结果：依次输出 10、9、8、7、6、5、4、3、2、1、0

2. do…while 语句
语法格式为：

```
do
{
    代码块
}while (条件)
```

功能：程序先执行"代码块"，然后判断"条件"。如果"条件"成立，则执行"代码块"；否则结束循环。

例如：

```
var i:Number=10;
do
{
    trace(i);                      //先执行代码块输出 i
    i--;
}while(i>=0)                       //后判断条件,i>=0 时循环,否则结束循环
```

输出结果：依次输出 10、9、8、7、6、5、4、3、2、1、0

3. for 语句

语法格式为：

```
for(循环变量赋初值;循环条件;循环变量增值)
{
    代码块
}
```

功能：执行一次"循环变量赋初值"后，开始循环。循环从判断"循环条件"开始。如果"循环条件"成立，将执行"代码块"，并执行"循环变量增值"。然后再次从判断"循环条件"开始，如果"循环条件"不成立，则结束 for 语句。

例如：

```
var i:Number = 0;
var sum:Number = 0;                //定义累加器,并清 0
for (i=1; i<=100; i++)             //i 依次取 1,2,…,100
{
    sum += i;                      //等价于 sum = sum + i;,求累加和
}
trace(sum);                       //输出累加和
```

输出结果：5050

13.4 自定义函数

语法格式为：

```
function 函数名(参数)
{
    代码块
    [return 表达式;]
}
```

例如：定义一个函数 week()。

```
function week()                   //定义一个函数 week(),没有参数
{
    trace("Today is Monday");     //设置函数 week()的功能
}
```

当调用函数 week()时，输出结果为：Today is Monday

例如：计算矩形的面积。

```
function Area(a:Number,b:Number)
//定义函数 Area,有两个 Number 类型的参数 a 和 b
```

```
{
    var s:Number=a * b;                    //定义变量 s,存放 a 和 b 的乘积
    return s;                              //s 的值作为函数值
}
trace("面积 S="+Area(5,8));              //调用函数 Area,并输出信息
```

输出结果为：面积 S＝40

13.5　常用的函数

13.5.1　动态添加影片剪辑

如果要将由 new 运算符创建的元件类对象(实例)显示在舞台上或显示列表中,必须用 addChild()方法或 addChildAt()方法将该显示对象添加到显示列表上的显示对象容器中;如果不再需要对象显示,可用 removeChild()方法或 removeChildAt()方法从容器的子级列表中删除显示对象(实例)。

提示：方法 addChild()和 addChildAt()在 flash.display→MovieClip→"方法"中。

(1) addChild()函数的语法格式为：

```
addChild(child)
```

child：影片剪辑类实例。作为子对象添加到对象或舞台上。

例如：

```
var ball_mc:Ball=new Ball();         //创建元件类 Ball 的对象 ball_mc
ball_mc.x=100;                       //指定放置对象的 x 坐标
ball_mc.y=150;                       //指定放置对象的 y 坐标
addChild(ball_mc);                   //对象(实例)ball_mc 显示在舞台上
```

功能：将子对象放置到舞台最顶层或显示列表中的下一位置。

(2) removeChild()函数的语法格式为：

```
removeChild(child)
```

child：从显示列表中要删除的对象。

例如：

```
removeChild(ball_mc)
```

功能：从容器的子级列表中删除显示对象实例 ball_mc。

(3) addChildAt()函数的语法格式为：

```
addChildAt(child, index)
```

child：影片剪辑类实例。要添加到索引位置的子对象。

index：数字。要添加子对象的索引位置,即显示对象的排列层深(深度级别)。

例如:

```
var ball_mc:Ball=new Ball();
ball_mc.x=40;
ball_mc.y=40;
stage.addChildAt(ball_mc,1);   //在舞台的索引1位置(排列层深位置)显示对象ball_mc
```

功能:将子对象添加到指定索引位置(层深)。如果指定的位置已经被占用,则位于该位置以及该位置上的对象均会向上移动1个位置。

提示:舞台默认索引(层深)为0。子级列表中从0开始的索引位置与显示对象的分层(从前到后顺序)有关。索引值越大,显示对象排列越靠前面。

(4) removeChildAt()函数的语法格式为:

```
removeChildAt(Index)
```

index:数字。删除索引位置处的子对象,也即删除对象的层深(深度级别)。
例如:

```
stage.removeChildAt(1);            //在舞台上删除索引1位置(层深)的显示对象
```

功能:从容器的子级列表中删除指定索引位置(层深)的显示对象实例。

提示:方法removeChild()和removeChildAt()并不完全删除显示对象实例。这两种方法只是从容器的子级列表中删除显示对象实例。该实例仍可由另一个变量引用。使用delete运算符可以完全删除对象。

【例13-13】 不断地复制影片剪辑实例。

动画情景:在舞台上不断地出现新的瓢虫。

(1) 新建ActionScript 3.0文档。

(2) 新建"影片剪辑"类型的元件,命名为"瓢虫"。在元件中导入瓢虫图片(素材\图片\PNG\瓢虫.png),对齐到舞台中心。

(3) 在"库"面板中,选择"瓢虫"元件,"链接"命名为my_mc。

提示:双击"瓢虫"元件的"链接",进入编辑状态后输入文本。

(4) 返回场景,将"图层1"更名为"脚本"。选择第1帧,打开"动作"面板,输入如下脚本。

```
for(var i:uint =0;i<10;i++)
{
    var mc:my_mc=new my_mc();
    addChild(mc);
    mc.x=Math.random() * stage.stageWidth;
    mc.y=Math.random() * stage.stageHeight;
    mc.rotation=Math.random() * 360;
}
```

(5) 测试影片。在舞台上显示10只瓢虫。

(6) 将第1帧中的脚本修改为:

```
stage.addEventListener(Event.ENTER_FRAME,myFun);
```

```
function myFun(E:Event):void
{
    var mc:my_mc=new my_mc();
    addChild(mc);
    mc.x=Math.random() * stage.stageWidth;
    mc.y=Math.random() * stage.stageHeight;
    mc.rotation=Math.random() * 360;
}
```

（7）测试影片。在舞台不断地复制瓢虫。

（8）保存文档，便于在后面例子中使用。

【例 13-14】 限制复制影片剪辑实例的个数。

动画情景：舞台中不断出现新的瓢虫，同时消失部分瓢虫，保持指定个数的瓢虫。

（1）打开例 13-13 中的文档。

（2）选择"脚本"图层的第 1 帧，打开"动作"面板，输入如下脚本。

```
var k:uint=0;
stage.addEventListener(Event.ENTER_FRAME,myFun);
function myFun(E:Event):void
{   //用函数 myFun()动态创建固定数量的实例
    if (k<10)
    {   //k<10 确定实例总数量为 10 个
        var mc:my_mc=new my_mc();
        stage.addChildAt(mc,k);
        mc.x=Math.random() * stage.stageWidth;
        mc.y=Math.random() * stage.stageHeight;
        mc.rotation=Math.random() * 360;
        k++;                        //k=k+1;
    }
    else
    {
        var j:uint=Math.random() * 10;
        stage.removeChildAt(j);     //移除深度为 j(0<j<10)的实例
        k--;                        //k=k-1
    }                               //k 值减 1 后，又满足 k<=9 条件，添加新的实例
}
```

（3）测试影片。在舞台中动态保持 10 只瓢虫，如图 13-14 所示。

【例 13-15】 下雨效果。

动画情景：不断地从上方落下雨点，雨点落到下面产生水波纹。

（1）新建 ActionScript 3.0 文档，舞台背景色选择灰色（＃666666）。

（2）新建"影片剪辑"类型的元件，命名为"雨

图 13-14　动态复制多个实例

点",在其中制作一个雨点的动画。一个雨点(白色的短线)从上落下后,出现从小变大的椭圆。

制作雨点的方法:

① 在"图层 1",在元件舞台中心(＋)处绘制一个白色竖线段,转换为元件。在第 10 帧插入帧,并创建补间动画。将第 10 帧中的雨点,向下移动到合适的位置。

② 创建新图层"图层 2",在第 10 帧插入空白关键帧,在雨点下方绘制一个空心的白色椭圆,转换为元件,如图 13-15 所示。

③ "图层 2"的第 15 帧插入帧,并创建补间动画。在第 15 帧插入"缩放"属性关键帧。

④ 用"任意变形工具"将第 10 帧中的椭圆适当缩小。将第 15 帧中的椭圆的透明度 (Alpha)设置为 30%,如图 13-16 所示。

图 13-15　绘制椭圆

图 13-16　设置第 15 帧中的椭圆透明度

⑤ 创建新图层"图层 3",在第 16 帧插入空白关键帧,并在该帧打开"动作"面板,输入脚本:

```
stop();
```

(3) 在元件"库"面板中,选择"雨点"元件,"链接"命名为 my_mc。

(4) 返回场景。选择"图层 1"的第 1 帧,打开"动作"面板,输入如下脚本。

```
var k:uint = 0;
stage.frameRate = 50;                           //动态更改帧频
stage.addEventListener(Event.ENTER_FRAME,myFun);
function myFun(E:Event):void
{
    if(k<50)                                    //k用于控制产生雨滴的数量
    {
        var mc:my_mc=new my_mc();
        stage.addChildAt(mc,k);
        mc.x=Math.floor(Math.random() * stage.stageWidth);
        mc.y=Math.floor(Math.random() * 50+100); //y坐标为 100~150
        k++;                                    //k=k+1;
    }
    else
    {
        var j=Math.floor(Math.random() * 50);   //产生小于 50 的随机整数
```

```
                stage.removeChildAt(j);
                k--;   //k=k-1;                          //使 k 值减 1,便会产生新的雨滴
            }
        }
```

（5）测试影片。

【例 13-16】 水泡效果。

动画情景：水泡不断地从下方升起。

（1）新建 ActionScript 3.0 文档,舞台背景选择浅蓝色。

（2）新建"影片剪辑"类型元件,命名为"水泡",在其中绘制一个水泡,对齐舞台中心。

制作水泡的方法：

① 制作一个无笔触(边线)填充色不同于背景色的圆。

② 选择圆后,执行菜单"窗口"→"颜色"命令,打开"颜色"面板。"颜色类型"选择"径向渐变",在下面的配色栏设置颜色,如图 13-17 所示。

提示：左侧的渐变颜色样本按钮用于指定内部颜色,右侧的渐变颜色样本按钮用于指定外侧颜色。

③ 双击左侧的渐变颜色样本按钮,打开"配色样本",选择白色;双击右侧的渐变颜色样本按钮,打开"配色样本",选择浅蓝色。

④ 圆填充为放射状渐变效果后,如果渐变效果不符合要求,则用"颜料桶工具"单击圆,调整渐变效果,如图 13-18 所示。

图 13-17　制作水泡

调整前　　　　　调整后

图 13-18　调整渐变效果

提示：可以进一步调整水泡的效果。

（3）在元件"库"面板中,选择"水泡"元件,"链接"命名为 my_mc。

（4）返回场景。选择"图层 1"的第 1 帧,打开"动作"面板,输入如下脚本。

```
for (var i:int=0; i<100; i++)           //在舞台上生成 100 个水泡实例
{
    var mc:MovieClip=new my_mc();
    addChild(mc);
    mc.x=Math.random() * stage.stageWidth;       //随机设置水泡实例在舞台上的位置
    mc.y=Math.random() * stage.stageHeight;
    mc.scaleX=mc.scaleY= Math.random() * 0.8+0.2;   //随机缩放水泡实例的大小
```

```
        mc.alpha=Math.random() * 0.6+0.4;   //产生 0~1 的数,随机设置 mc 的透明度
        mc.vx=Math.random() * 2-1;          //随机设置水泡实例上升过程左右摆动范围(-1,1)
        mc.vy=Math.random() * 3+3;          //随机设置水泡上升的速度,范围为(3,6)
        mc.name="mc"+i;                     //设置 mc 的新名称 m0、m1、m2…
    }
addEventListener(Event.ENTER_FRAME,myFun);
function myFun(E:Event):void
{
    for (var i:int=0; i<100; i++)
    {   //用 getChildByName()方法得到名称为"mc"+i 的水泡实例
        var mc:MovieClip=getChildByName("mc"+i) as MovieClip;
        mc.x+=mc.vx;                         //设置水泡左右摆动
        mc.y-=mc.vy;                         //设置水泡向上移动
        if(mc.y<0)                           //判断水泡上升到舞台上方时
        {
            mc.y=stage.stageHeight;          //设置水泡返回舞台底部
        }
        if (mc.x<0||mc.x>stage.stageWidth)   //判断水泡是否超出舞台宽度
        {
            mc.x=Math.random() * stage.stageWidth; //随机设置水泡 x 坐标
        }
    }
}
```

(5) 测试影片。可以看到水泡不断地上升,如图 13-19 所示。

【例 13-17】 跟随鼠标移动多个对象。

动画情景:50 个从大到小排列的五角星,随着鼠标移动。

(1) 新建 ActionScript 3.0 文档。

(2) 新建"影片剪辑"类型元件,命名为"五角星"。在其中绘制一个内部是红色,外侧是黄色的径向渐变五角星,并对齐舞台中心"+",如图 13-20 所示。

图 13-19 水泡效果

图 13-20 绘制径向渐变的五角星

(3) 在元件"库"面板中,选择"五角星"元件,"链接"命名为 Stares。

(4) 返回场景。选择"图层 1"的第 1 帧,打开"动作"面板,输入如下脚本。

```
var Star:Array=new Array();                    //定义数组对象 Star
for (var i=0; i<50; i++)
{
    var myStar:Stares=new Stares();            //实例化类对象
    myStar.x=Math.random() * stage.stageWidth;
    myStar.y=Math.random() * stage.stageHeight;
    myStar.scaleX=myStar.scaleX * (1-i * 0.02);
    myStar.scaleY=myStar.scaleY * (1-i * 0.02);
    myStar.rotation=10 * i;
    myStar.alpha=1-0.02 * i;
    Star.push(myStar);                         //将 myStar 实例对象存放到数组中
}
for(var j=49;j>=0;j--)
{
    addChild(Star[j]);                         //将存放在数组中的实例放到舞台上
}
stage.addEventListener(Event.ENTER_FRAME,myFun);
function myFun(E:Event):void
{
    Star[0].x=mouseX;                          //用鼠标拖动实例 Star[0]
    Star[0].y=mouseY;
    for (var k=1;k<50;k++)
    {   //Star[k]随着 Star[k-1]移动
        Star[k].x=(Star[k-1].x+Star[k].x)/2;
        Star[k].y=(Star[k-1].y+Star[k].y)/2;
    }
}
```

（5）测试影片，如图 13-21 所示。

【例 13-18】 数据流特效。

动画情景：由数字 0～9 构成的数据流,不断地从上方降落到下方并消失。

（1）新建 ActionScript 3.0 文档,舞台背景设置为黑色。

图 13-21　鼠标拖动多个对象

（2）新建"影片剪辑"类型元件,命名为"数字"。在"图层 1"的第 1 帧,创建"动态文本"类型文本框,文本框对齐舞台中心,大小为能够显示一个数字。选择文本框,打开"属性"面板,设置字体 Impact、20 磅、绿色。单击"嵌入"按钮,打开"字符嵌入"对话框,在"字符范围"列表框中,选择"数字[0..9](11 字型)",单击"确定"按钮,关闭对话框。文本框实例命名为 myText。

在第 2 帧插入帧。

（3）在元件"数字"编辑窗口,创建新图层"图层 2"。选择第 1 帧,打开"动作"面板,输入如下脚本。

```
var t=Math.floor(Math.random() * 9+1);    //产生 1~9 的数
myText.text=String(t);                     //将数字字符串在 mytext 文本框中显示
```

（4）在元件"库"面板中，选择"数字"元件，"链接"命名为 num。

（5）新建"影片剪辑"类型元件，命名为"数字流"。选择"图层 1"的第 1 帧，打开"动作"面板，输入如下脚本。

```
var number:Array=new Array();                    //定义数组对象 number
for(var i=0;i<10;i++)
{
    var myNum:num=new num();
    myNum.x=0;
    myNum.y=0;
    myNum.alpha=1-0.1 * i;
    addChild(myNum);
    number.push(myNum);
}
number[0].x=Math.random() * stage.stageWidth;
number[0].y=0;
for(var j=1;j<10;j++)
{
    number[j].x=number[0].x;
    number[j].y=number[j-1].y+number[j-1].height;
}
```

（6）在元件"库"面板中，选择"数据流"元件，"链接"命名为 nums。

（7）返回场景。选择"图层 1"的第 1 帧，打开"动作"面板，输入如下脚本。

```
var numbers:Array=new Array();
for(var i=0;i<20;i++)
{
    var myNums:nums=new nums();
    myNums.x=myNums.width * i;
    myNums.y=myNums.height;
    myNums.speedY=Math.random() * 5+2;
    addChild(myNums);
    numbers.push(myNums);
}
stage.addEventListener(Event.ENTER_FRAME,myFun);
function myFun(E:Event):void
{
    for(var i=0;i<numbers.length;i++)
    {
        numbers[i].y+= numbers[i].speedY;
        if (numbers[i].y>stage.stageHeight)
        {
            numbers[i].y=0;
        }
    }
}
```

（8）测试影片。播放影片效果，如图 13-22 所示。

图 13-22　影片播放效果

13.5.2　碰撞检测方法

在 ActionScript 3.0 中用 hitTestObject()方法（函数）来检测两个显示对象或实例是否重叠或相交。用 hitTestPoint()方法（函数）检测显示对象或实例是否与舞台中坐标 x 和 y 参数指定的点重叠或相交。如果相交或重叠，就执行相应的动作，这对于制作互动的动画和游戏非常有用。例如，击中目标、找到目标、点蜡烛和放炮等。

hitTestObject()方法（函数）的格式：

```
mc.hitTestObject(obj)
```

功能：计算显示对象 mc 的边框，以确定它是否与显示对象 obj 的边框重叠或相交。如果显示对象的边框相交，则为 true；否则为 false。

hitTestPoint()方法（函数）的格式：

```
mc.hitTestPoint(x,y,flag)
```

功能：计算显示对象 mc，以确定它是否与舞台中指定的点(x,y)重叠或相交。

参数 flag 用于检查对象(true)的实际像素，还是检查边框(false)的实际像素。如果显示对象与指定的点重叠或相交，则为 true；否则为 false。

提示：方法 hitTestObject()和 hitTestPoint()在 flash.display→DisplayObject→"方法"中。

【例 13-19】　球的碰撞。

动画情景：一个小球在上下两横条之间上下弹跳。

（1）新建 ActionScript 3.0 文档。

（2）新建"影片剪辑"类型元件，命名为"横条"。在第 1 帧绘制笔触为 10px、长度短于舞台宽度（这里取 400px）的线条，对齐舞台中心，并在第 2、3、4 帧分别插入关键帧。选择第 2 帧，将线条向上略微弯曲；选择第 4 帧，将线条向下略微弯曲，如图 13-23 所示。

图 13-23　分别上下弯曲第 2、4 帧中的线条

（3）在"横条"元件编辑窗口，创建新图层"图层 2"，选择第 1 帧，打开"动作"面板，输入如下脚本。

```
stop();
```

（4）新建"影片剪辑"类型元件，命名为"球"。在其中绘制一个球，中心对齐到舞台中心。

（5）返回场景。将"图层1"更名为"横条上"，将"横条"元件拖动到第1帧舞台的上方水平居中，实例命名为 up_mc。

（6）创建新图层，命名为"横条下"，将"横条"元件拖动到第1帧舞台的下方水平居中，并将实例垂直翻转，实例命名为 down_mc。

（7）创建新图层，命名为"球"，将"球"元件拖动到第1帧舞台两条横条实例之间，相对舞台居中，实例命名为 ball_mc。

（8）创建新图层，命名为"脚本"。选择第1帧，打开"动作"面板，输入如下脚本。

```
var dy:Number = 10;
addEventListener(Event.ENTER_FRAME,ballFun);
function ballFun(E:Event):void
{
    if(ball_mc.hitTestObject(down_mc))
    {
        down_mc.play();
        dy=-dy;
    }
    else
    {
        ball_mc.y+=dy;
    }
    if(ball_mc.hitTestObject(up_mc))
    {
        up_mc.play();
        dy=-dy;
    }
    else
    {
        ball_mc.y+=dy;
    }
}
```

（9）测试影片。最终场景，如图13-24所示。

【例13-20】 撞球游戏。

动画情景：用鼠标单击灰球拖动碰撞红球时，红球在方框内移动；当红球碰到方框的上下左右边框时，反射弹回，再单击灰球停止拖动。

（1）新建 ActionScript 3.0 文档。

（2）新建两个"影片剪辑"类型元件，分别命名为"灰球"和"红球"。其中分别绘制白色径向渐变到黑色的球和红色径向渐变到黑色的球，球的直径约50px，对齐舞台中心。

图13-24　最终场景

（3）新建"影片剪辑"类型元件,命名为"横条"。在第 1 帧绘制笔触为 5px、长度短于舞台宽度(这里取 450px)的线条,并在第 2、3、4 帧分别插入关键帧。选择第 2 帧,将线条向上略微弯曲;选择第 4 帧,将线条向下略微弯曲,如图 13-23 所示。

（4）在"横条"元件编辑窗口,创建新图层"图层 2",选择第 1 帧,打开"动作"面板,输入如下脚本。

```
stop();
```

（5）返回场景,将"图层 1"更名为"横条上"。拖动"横条"元件到第 1 帧舞台上方水平居中,实例命名为 up_mc。

（6）创建新图层,命名为"横条下"。拖动"横条"元件到第 1 帧舞台下方水平居中,并垂直翻转,实例命名为 down_mc。

（7）创建新图层,命名为"横条左"。拖动"横条"元件到第 1 帧舞台,长度调整为300px,逆时针旋转 90°,在舞台左侧垂直居中,实例命名为 left_mc。

（8）创建新图层,命名为"横条右"。拖动"横条"元件到第 1 帧舞台,长度调整为300px,顺时针旋转 90°,在舞台右侧垂直居中,实例命名为 right_mc。

提示：4 线条构成四边形边框,四边框的边距为 50px。

（9）创建新图层,命名为"灰球",将"灰球"元件拖动到第 1 帧舞台线框内,实例命名为 gray_ball。

（10）创建新图层,命名为"红球",将"红球"元件拖动到第 1 帧舞台线框内,不与灰色球叠加,实例命名为 red_ball,如图 13-25 所示。

图 13-25 场景及舞台中的实例布局

（11）创建新图层,命名为"脚本"。选择第 1 帧,打开"动作"面板,输入如下脚本。

```
var mouseState:Boolean=true;    //设置拖动灰球,为 true 时,拖动灰球
var x01:Number=gray_ball.x;     //设置 ball_gray 的初始位置
var y01:Number=gray_ball.y;
var dx1:Number=0;               //gray_ball 的 x 坐标增量
var dy1:Number=0;               //gray_ball 的 y 坐标增量
```

```
var dx2:Number=0;              //red_ball 的 x 坐标增量,指定 gray_ball 的横向移动速度
var dy2:Number=0;              //red_ball 的 y 坐标增量,指定 gray_ball 的纵向移动速度
gray_ball.addEventListener(MouseEvent.MOUSE_DOWN,mouseDown_1);
gray_ball.addEventListener(Event.ENTER_FRAME,enterFrame_1);
function mouseDown_1(E:MouseEvent):void
{   //按下鼠标左键时,调用的函数
    if(mouseState)
    {   //mouseState 为 true,鼠标可拖动灰球
        gray_ball.startDrag(true);
        mouseState=false;
    }
    else
    {
        gray_ball.stopDrag();
        mouseState=true;
    }
}
function enterFrame_1(E:Event):void
{//反复计算灰色球的位置变化
    dx1=gray_ball.x-x01;       //灰球的 x 坐标值赋给 dx1
    dy1=gray_ball.y-y01;       //灰球的 y 坐标值赋给 dy1
    x01=gray_ball.x;           //灰球的 x 坐标值赋给 x01
    y01=gray_ball.y;           //灰球的 y 坐标值赋给 y01
}
red_ball.addEventListener(Event.ENTER_FRAME,enterFrame_2);
function enterFrame_2(E:Event):void
{
    red_ball.x+= dx2;
    red_ball.y+= dy2;
    if (red_ball.hitTestObject(left_mc))
    {   //用 hitTestObject()方法检测红球是否与左边框触碰,是反弹
        dx2=Math.abs(dx2);
        left_mc.play();
    }
    if (red_ball.hitTestObject(right_mc))
    {   //用 hitTestObject()方法检测红球是否与右边框触碰,是反弹
        dx2= -Math.abs(dx2);
        right_mc.play();
    }
    if (red_ball.hitTestObject(up_mc))
    {   //用 hitTestObject()方法检测红球是否与上边框触碰,是反弹
        dy2=Math.abs(dy2);
        up_mc.play();
    }
    if (red_ball.hitTestObject(down_mc))
```

```
{   //用 hitTestObject()方法检测红球是否与下边框触碰,是反弹
    dy2= -Math.abs(dy2);
    down_mc.play();
}
if (gray_ball.hitTestObject(red_ball))
{   //用 hitTestObject()方法检测两球是否接触
    dx2=dx1;                       //将灰球的 dx1 值赋给红球的 dx2
    dy2=dy1;                       //将灰球的 dy1 值赋给红球的 dy2
}                                  //灰球的 dx1 和 dy1 的值为红球的移动速度
if(red_ball.x<50||red_ball.x>500||red_ball.y<50||red_ball.y>350)
{   //设置红球到达边框时,回到框内
    red_ball.x=Math.random() * (stage.stageWidth-100)+50;
    red_ball.y=Math.random() * (stage.stageHeight-100)+50;
}
}
```

(12) 测试影片。单击鼠标拖动灰球去碰撞红球,红球开始运动,运动到上下左右边框时反弹,碰到灰球停止。再次单击鼠标停止灰色球跟随鼠标。

13.6 设置滤镜

ActionScript 3.0 在 flash.filters 包中提供了滤镜类。使用滤镜对显示对象设置模糊、斜角、发光和投影等效果。

常用的滤镜类有以下 6 种。

(1) 斜角滤镜(BevelFilter 类)。

(2) 模糊滤镜(BlurFilter 类)。

(3) 投影滤镜(DropShadowFilter 类)。

(4) 发光滤镜(GlowFilter 类)。

(5) 渐变斜角滤镜(GradientBevelFilter 类)。

(6) 渐变发光滤镜(GradientGlowFilter 类)。

显示对象应用滤镜的格式为:

```
displayObjectName.filters=[filterName];
```

displayObjectName:显示对象名称,如影片剪辑实例名称。

filters:滤镜属性,是一个数组类型量。

filterName:滤镜对象(实例)名称,由滤镜属性组成的数组类型。

提示:滤镜类的属性在 flash.filters→滤镜类(如投影滤镜(DropShadowFilter))→"属性"中。

【**例 13-21**】 设置图片的投影滤镜和发光滤镜。

动画情景:显示原始图片、添加投影滤镜的图片和添加发光滤镜的图片。

(1) 新建 ActionScript 3.0 文档,背景选择浅蓝色。

（2）新建"影片剪辑"类型元件，命名为"图片"，在其中导入图片（素材\图片\PNG\
男孩_02.png）。

（3）在元件"库"面板中，选择"图片"元件，"链接"命名为 my_mc。

（4）返回场景。选择"图层 1"第 1 帧，打开"动作"面板，输入如下脚本。

```
//显示原始图片
var mc:my_mc=new my_mc();                              //创建实例 mc
addChild(mc);                                          //显示图片
mc.x = mc.width / 2;                                   //实例宽的一半
mc.y = stage.stageHeight / 2;                          //舞台高的一半
//添加投影滤镜
var myFilter1:DropShadowFilter=new DropShadowFilter();   //创建投影滤镜实例
//为投影滤镜实例 myFilter1 设置滤镜属性
myFilter1.color = 0x000000;                            //阴影的颜色
myFilter1.angle = 45;                                  //阴影的角度
myFilter1.alpha = 0.8;                                 //阴影颜色的透明度
myFilter1.blurX = 8;                                   //水平模糊量
myFilter1.blurY = 8;                                   //垂直模糊量
myFilter1.distance = 15;                               //阴影的偏移距离(像素)
myFilter1.strength = 0.65;                             //阴影强度
myFilter1.inner = false;                               //是否为内侧阴影
myFilter1.knockout = false;                            //是否有挖空效果
myFilter1.quality = BitmapFilterQuality.HIGH;          //应用滤镜的次数(品质)
var myRect1:my_mc=new my_mc();                         //创建实例 myRect1
myRect1.x = stage.stageWidth / 2;                      //舞台宽的一半
myRect1.y = stage.stageHeight / 2;                     //舞台高的一半
addChild(myRect1);                                     //显示实例 myRect1
myRect1.filters = [myFilter1];                         //应用投影滤镜
//添加发光滤镜
var myFilter2:GlowFilter=new GlowFilter();             //创建发光滤镜实例 myFilter2
//为发光滤镜实例 myFilter2 设置滤镜属性
myFilter2.color = 0xFF0000;                            //光晕颜色
myFilter2.blurX = 10;                                  //水平模糊量
myFilter2.blurY = 10;                                  //垂直模糊量
myFilter2.strength = 0.65;                             //发光强度
myFilter2.inner = false;                               //是否为内侧发光
myFilter2.knockout = false;                            //是否有挖空效果
myFilter2.quality = BitmapFilterQuality.HIGH;          //应用滤镜的次数(品质)
var myRect2:my_mc=new my_mc();                         //创建实例 myRect2
myRect2.x = stage.stageWidth - myRect2.width / 2;      //舞台宽-实例宽的一半
myRect2.y = stage.stageHeight / 2;                     //舞台高的一半
addChild(myRect2);                                     //显示实例 myRect2
myRect2.filters = [myFilter2];                         //应用发光滤镜
```

（5）测试影片。播放效果，如图 13-26 所示。

投影滤镜和发光滤镜参数说明如下。

图 13-26　滤镜效果

（1）投影滤镜（DropShadowFilter 类）。

distance：阴影的偏移距离，以像素为单位。默认值为 4。

angle：阴影的倾斜角度，用 0°～360°的浮点数表示。默认值为 4.5。

color：阴影颜色，采用十六进制格式 0xRRGGBB。默认值为 0x000000（黑色）。

alpha：阴影颜色的 Alpha 透明度值（0～1）。默认值为 1。

blurX：水平模糊偏移量（0～255）。默认值为 4。

blurY：垂直模糊偏移量（0～255）。默认值为 4。

strength：印记或跨页的强度（0～255）。默认值为 1。该值越高，压印的颜色越深，而且阴影与背景之间的对比度也越强。

quality：滤镜的品质。使用 BitmapFilterQuality 常数：BitmapFilterQuality.LOW、BitmapFilterQuality.MEDIUM 和 BitmapFilterQuality.HIGH。

inner：阴影的方式。true 表示内侧阴影，false 表示指定外侧阴影。

knockout：挖空效果。true 表示将对象的填色变为透明。

hideObject：隐藏对象本身。true 表示不显示对象本身，只显示阴影。

（2）发光滤镜（GlowFilter 类）。

color：光晕颜色，采用十六进制格式 0xRRGGBB。默认值为 0xFF0000（红色）。

alpha：颜色的 Alpha 透明度值（0～1）。默认值为 1。

blurX：水平模糊偏移量（0～255）。默认值为 6。

blurY：垂直模糊偏移量（0～255）。默认值为 6。

strength：印记或跨页的强度（0～255）。默认值为 2。该值越高，压印的颜色越深，而且发光与背景之间的对比度也越强。

quality：滤镜的品质。使用 BitmapFilterQuality 常数：BitmapFilterQuality.LOW、BitmapFilterQuality.MEDIUM、BitmapFilterQuality.HIGH。

inner：发光的方式。true 表示内侧发光，false 表示外侧发光（对象外缘周围的发光）。

knockout：挖空效果。true 表示将对象的填充变为透明。

思考题

1. Animate 中的常用事件有几大类？

2. 如何在 Animate 中定义变量？变量的作用是什么？

3. 什么是 Animate 中的关键字？

4. Animate 中的点运算符"."有何作用？

5. 编写脚本时为什么要用注释？Animate 中有几种注释方法？

6. Animate 中的 new 运算符有何作用？

7. 在 ActionScript 3.0 中如何给按钮或影片剪辑实例注册事件侦听？

8. 常用的按钮或影片剪辑事件或键盘事件有哪些？

9. 在 ActionScript 3.0 中如何动态复制影片剪辑实例添加到舞台？

10. 制作跟随鼠标移动效果有哪几种方法？

11. 碰撞检测方法常用的有几个？格式和功能如何？

12. Animate 中脚本控制语句有哪些？具体格式各是什么？

操作题

1. 制作大量雪花飘落效果的动画。

2. 制作斜着下雨的动画。

3. 制作一串会跟随鼠标移动的文字。

4. 用两个键（如左、右光标移动键）移动两个球。当两个球相撞时，给出提示信息。

第14章 动画的优化与发布

内容提要

网络的多样性以及诸多因素都会影响 Animate 动画影片播放效果。在正式发布动画作品之前，需要测试 Animate 动画影片，确保在不同的网络中都能准确、顺畅地播放动画。本章介绍了与动画测试、发布和导出相关的知识。

学习建议

了解优化动画作品和发布动画的基础知识，掌握测试或调试动画、优化动画作品输出与发布动画作品的基本方法。了解将作品发布为在其他软件中使用 Animate 文件的方法。

14.1 测试 Animate 动画作品

在制作动画中，需要测试动画作品的播放效果，还需要了解作品在网络中传输的性能。具体操作如下。

（1）打开制作好的动画文档，执行菜单"控制"→"测试"命令，或按 Ctrl＋Enter 组合键，将自动生成 SWF 文件，并打开 Flash Player 播放影片，如图 14-1 所示。

图 14-1 影片测试窗口

提示：测试影片，将在影片文档所在的文件夹中创建 SWF 格式的影片文件。

执行菜单"控制"→"测试影片"中的命令，可以选择测试影片的环境。

如果动画中有脚本代码，执行菜单"调试"→"调试"命令，或按 Ctrl＋Shift＋Enter 组合键将工作界面切换到"调试"窗口。

（2）经过测试后，单击测试窗口的标题栏"关闭"按钮，返回编辑窗口。

14.2 优化 Animate 动画作品

为了减小影片文件的大小，加快网络上的播放速度，在发布影片之前，还需要对动画文件进行优化。优化动画主要包括以下几个方面。

14.2.1 优化动画

优化动画时，应注意以下几点。

（1）因为位图比矢量图的体积大得多，很容易使 Animate 动画变得臃肿，所以调用素材时尽量多使用矢量图，而少用或不用位图。

（2）因为制作相同的动画效果，逐帧动画的体积要比补间动画大很多，所以在制作动画时应尽量多使用补间动画，少使用逐帧动画。

（3）对于动画中多次出现的元素，应尽量将其转换为元件，这样可以使多个相同内容的对象只保存一次，从而有效地减少作品的数据量。

14.2.2 优化动画中的元素

优化动画元素时，应注意以下几点。

（1）动画中的各元素最好进行系统的分层管理。

（2）导入音频文件时，最好使用体积较小的声音格式，MP3 格式的声音。

（3）尽量减少导入外部素材，特别是位图，以使其减小作品大小。

（4）尽量使用矢量线条代替矢量色块，并且减小矢量图形的形状复杂程度。

14.2.3 优化动画中的文本

优化文本时，应注意以下几点。

（1）应使用尽量少的字体和样式，以便减小作品的数据量，并统一风格。

（2）文字尽量不要分离为形状使用。

14.2.4 优化动画中的色彩

优化动画中的色彩时，应从以下几个方面考虑优化处理。

（1）无论对色块或线条进行填充时，尽量少用渐变色填充或位图填充。

（2）使用纯色填充能达到效果的，就不要用其他填充方式进行填充。

（3）尽量少使用滤镜，使用滤镜也会增加动画的数据量。

14.2.5 优化动画中形状的曲线

将导入的位图分离后,执行菜单"修改"→"形状"→"优化"命令,打开"优化曲线"对话框,设置"优化强度",最大程度地减少用于描述矢量图形轮廓的线条数目,减小影片的数据量,如图 14-2 所示。

图 14-2　优化形状曲线

14.3　发布 Animate 作品

为了 Animate 作品的推广和传播,还需要将制作的 Animate 动画文件进行发布。

14.3.1 导出 Animate 作品

完成动画制作并测试后,可以导出动画。在 Animate 中既可以导出整个影片的内容,也可以导出图像。

1. 导出图像

(1) 选择一个帧或场景中要导出的图像。

(2) 执行菜单"文件"→"导出"→"导出图像"/"导出图像(旧版)"命令,打开"导出图像"对话框,如图 14-3 所示。

(3) 在对话框中,选择保存图像的文件夹,在"文件名"文本框中输入文件名称,在"保存类型"下拉列表框中选择图像的保存类型。

(4) 单击"保存"按钮,保存为图像文件。

2. 导出影片

(1) 打开 Animate 文档。

(2) 执行菜单"文件"→"导出"→"导出影片"命令,打开"导出影片"对话框,如图 14-4 所示。

(3) 在对话框中,选择保存影片的文件夹,"文件名"文本框中输入文件名称,在"保存类型"下拉列表框中选择影片的保存类型。

图 14-3　"导出图像"对话框

图 14-4　"导出影片"对话框

　　提示：导出影片为时，Animate 可以输出多种格式的动画或图形文件。如果导出为静止图像格式，将输出图片序列，为文档中的每 1 帧都创建 1 个带有编号的图像文件。

　　（4）单击"保存"按钮，保存为影片文件。

14.3.2　设置发布格式

　　利用 Animate 的"发布设置"命令，可以对动画发布格式等进行设置，还能将动画发布为其他的图形文件和视频文件格式。

　　执行菜单"文件"→"发布设置"命令，打开"发布设置"对话框，选择发布文件的格式。选择要发布的格式，还可以设置输出文件的位置及相关的信息，如图 14-5 所示。

　　（1）目标：用于选择发布的 Animate 动画影片的版本。选择低版本可以兼容较老版

图 14-5 "发布设置"对话框

本的 Flash Player 软件。

（2）脚本：用于设置 Animate 文档中的 ActionScript 版本。

提示：指定 ActionScript 版本后，单击右侧"ActionScript 设置"按钮，将打开相应脚本的"高级 ActionScript 3.0 设置"对话框。

1. 发布"Flash（.swf）"格式

（1）输出名称：选择输出文件的位置及文件名。

（2）JPEG 品质：将动画中的位图保存为一定压缩率的 JPEG 文件。如果所导出的动画中不含位图，则该项设置无效。

（3）音频流：单击打开"声音设置"对话框，在其中可设定导出的流式音频的压缩格式、比特率和品质等。

（4）音频事件：设定导出的事件音频的压缩格式、比特率和品质等。

（5）高级。

① 压缩影片：用于选择压缩影片文件的压缩模式。

② 包括隐藏图层：用于设置文档中隐藏图层的显示方式。

③ 生成大小报告：创建一个文本文件，记录最终导出动画文件的大小。

④ 省略 trace 语句：用于设置 trace 语句输出的功能。

⑤ 允许调试：允许对动画进行调试。

⑥ 防止导入：防止发布的动画文件被他人下载到 Animate 程序中进行编辑。

密码：选中"防止导入"复选框后，可以输入密码。

⑦ 启用详细的遥测数据：允许检索和使用由 Scout 提供的直观分配的概要分析数据。

密码：选中"启用详细的遥测数据"复选框后，可以输入密码。

⑧ 脚本时间限制：用于设置执行脚本时，可占用的最长时间。Flash Player 将取消超过此时间的任何脚本的执行。

⑨ 本地播放安全性。

只访问本地文件：播放发布的 SWF 影片时，可以与本地文件和系统资源进行交互。

只访问网络：播放发布的 SWF 影片文件时，可以与网络上的信息进行交互。

⑩ 硬件加速：SWF 文件使用硬件加速的方式。

2. 发布"HTML 包装器"格式

用于设置 HTML 格式文件的相关信息，如图 14-6 所示。

图 14-6　发布 HTML 格式

（1）输出名称：选择输出文件的位置及文件名。

（2）模板：用于选择已安装的模板，默认选择是"仅 Flash"。单击右边的"信息"按钮，将打开"HTML 模板信息"对话框，显示该模板的有关信息。

（3）大小：设置动画的宽度和高度值。

① 匹配影片：将发布的尺寸设置为动画的实际尺寸大小。

② 像素：设置影片的实际宽度和高度，选择该项后可在"宽度"和"高度"文本框中输入具体的像素值。

③ 百分比：设置动画相对于浏览器窗口的尺寸大小。

（4）播放：对发布的影片进行设置。

① 开始时暂停：使动画开始处于暂停状态，只有当用户单击动画中的"播放"按钮或右击从快捷菜单中选择"播放"命令后，动画才开始播放。

② 循环：使动画反复进行播放。

③ 显示菜单：单击鼠标右键时，弹出的快捷菜单中的命令有效。

④ 设备字体：用反锯齿系统字体取代用户系统中未安装的字体。

（5）品质：设置动画的品质。包括：低、自动减低、自动升高、中、高和最好6个选项。

（6）窗口模式：窗口模式修改内容边框或虚拟窗口与 HTML 页中内容的关系。有以下几种不同模式可以选择。

① 窗口：内容的背景不透明并使用 HTML 背景色。HTML 代码无法呈现在 Animate 内容的上方或下方。

② 不透明无窗口：将 Animate 内容的背景设置为不透明，以遮蔽该内容下面的所有内容。使 HTML 内容显示在该内容的上方或上面。

③ 透明无窗口：将 Animate 内容的背景设置为透明，以使 HTML 内容显示在该内容的上方和下方。

④ 直接：在 HTML 页面中，无法将其他非 SWF 图形放置在 SWF 文件的上面。

（7）缩放和对齐：有4个选项。

① 缩放：用于设置修改内容边框或虚拟窗口与 HTML 页面中内容的关系。

② HTML 对齐：设置动画窗口在浏览器窗口中的位置，有左、右、顶、底部及默认等几个选项。

③ Flash 水平对齐：有左对齐、居中、右对齐3个选项。

④ Flash 垂直对齐：有顶部、居中、底部3个选项。

3. 发布"Win 放映文件"和"Mac 放映文件"格式

（1）Win 放映文件：将 Animate 文档发布为 Windows 的应用程序。发布的应用程序包含 Animate 影片播放器，可以在没有安装 Flash Player 的 Windows 系统上播放影片。

（2）Mac 放映文件：将 Animate 文档发布为 Macintosh 的应用程序。

14.3.3 ActionScript 设置

执行菜单"文件"→"ActionScript 设置"命令，将打开"高级 ActionScript 3.0 设置"对话框。在对话框中，提供了"源路径"选项卡、"库路径"选项卡和"配置常数"选项卡，以及文档类相关的选项，如图 14-7 所示。

（1）"源路径"选项卡：设置类文件（ * .as）所在文件夹路径。在列表中，"."是默认的路径为当前目录。

（2）"库路径"选项卡：设置 SWC 和 ANE 文件或文件夹路径，如图 14-8 所示。

在列表中，打开文件夹或文件的属性树，双击"链接类型"，打开"库路径项目选项"对话框，可以选择"链接类型"，如图 14-9 所示。

其中，"合并到代码"是将代码资源合并到 SWF 文件；"外部"是播放 SWF 文件时，在

图 14-7 "高级 ActionScript 3.0 设置"对话框

图 14-8 "库路径"选项卡

指定的位置加载。

"运行时共享库设置"选项中,"默认链接"设置为"运行时共享库(RSL)"时,需要提供共享库或从服务器下载;设置为"合并到代码",将"运行时共享库"合并到影片。

(3)"配置常数"选项卡:定义配置常数,指定是否编译某些 ActionScript 代码行。

提示:初学者不要随意改动和设置这 3 个选项卡中的内容。

在"库路径"选项卡的"运行时共享库设置"选项中,将"默认链接"设置为"合并到代

图 14-9　在"库路径"选项卡中，设置"链接类型"

码"，可以将"运行时共享库"合并到影片。播放影片时，不需要提供共享库。

提示：共享库合并到影片，将增加影片文件的大小。

14.3.4　发布作品

发布动画的方法，有如下几种。

(1) 按 Alt＋Shift＋F12 组合键，将按照"发布设置"中设置的格式发布作品。

(2) 执行"文件"→"发布"命令，按照发布设置发布。

(3) 在"发布设置"对话框中，设置完成后，单击"发布"按钮，完成作品的发布。

14.3.5　转换为 HTML5 Canvas

如果想要将 Animate 中制作的旧版动画转换为 HTML5 动画，可以通过以下几种方式进行转换。

1. 复制图层的方式

打开要转换的动画文件，在"时间轴"面板中，用鼠标右键单击选中的图层名称，在弹出的快捷菜单中选择"拷贝图层"命令，将选中的图层进行复制。

新建一个 HTML5 Canvas 文档，在"时间轴"面板中，用鼠标右键单击任意一个图层名称，在弹出的快捷菜单中选择"粘贴图层"命令，将复制的图层进行粘贴。

2. 使用菜单命令转换

打开要转的动画文件，选择"文件"→"转换为"→HTML5 Canvas 命令，即可将ActionScript 3.0 文档转为 HTML5 文档。

14.3.6　针对 HTML5 的发布

HTML5 是构建 Web 内容的一种语言描述方式，是网页创建内容新标准。在Animate 中，选择 HTML5 Canvas 文档类型，进入 HTML5 发布环境，输出发布即可。

选择菜单命令"文件"→"发布设置",打开"发布设置"对话框。在对话框中进行设置后,单击"发布"按钮,即可发布文件。

思考题

1. 发布 Animate 作品之前,为什么要对 Animate 作品进行优化?
2. 优化 Animate 作品主要从哪几个方面入手?

操作题

制作一个动画影片,练习测试影片、设置发布格式、预览发布、发布影片等操作。

第 15 章　综合实例

内容提要

本章举例说明了制作 Animate 网站和制作 MTV 的方法。通过两个综合实例，读者将进一步掌握 Animate 的综合开发方法，并在实践中找到更多乐趣。

学习建议

按照教材介绍步骤和方法制作网站和 MTV 过程中，希望读者充分利用学过的基础知识和掌握的基本技能，不要考虑是否与教材做的一样，具体动画片段的设计要充分发挥自己的创造力。

15.1　个人网站制作

网站由"封面"和"主页面"两个场景组成。主页面包含 6 个子页面，在主页面单击导航按钮可以进入相应的子页面。封面如图 15-1 所示，主页面如图 15-2 所示。

图 15-1　封面　　　　　　　　　　　　图 15-2　主页面

提示：6 个子页面中没有具体内容，只是用来说明制作 Animate 网站的方法和网站的架构，根据需要可以在页面中添加具体内容。

15.1.1　制作场景"封面"

新建 ActionScript 3.0 文档，舞台设置为 550×350px。执行菜单"窗口"→"场景"命令，打开"场景"面板，将"场景 1"更名为"封面"。

提示：为了说明方便，舞台设置的较小。读者可以根据显示器的大小，设置舞台大小。设置舞台大小，要考虑浏览器的标题栏、菜单栏、地址栏、任务栏、左右边框、垂直滚动条占据的大小。

1. 制作元件

（1）制作元件"生如夏花"。

新建"影片剪辑"类型元件"生如夏花"。在"图层_1"的第1帧，用"文本工具"输入文本"生如夏花"，设置字体隶书、大小50磅，将文本框宽调整为一个字宽度，对齐到舞台中心。用"选择工具"选择文本框，在"属性"面板，打开"滤镜"选项组添加"投影"滤镜，并设置滤镜"投影"参数，如图15-3所示。

图15-3　设置文本滤镜"投影"

提示：在元件中，也可以制作文本动画。垂直文本不支持中文，用更改文本框宽度得到垂直文本。

（2）制作"时钟"元件。

① 新建"影片剪辑"类型元件"向日葵"。在元件中导入向日葵图片（素材\图片\JPG\向日葵_01.jpg）到第1帧，缩小50％，对齐到舞台中心。分离向日葵图片后，用"魔术棒"工具和"橡皮擦工具"去除图片背景色。

② 新建"影片剪辑"类型元件"指针"。将"向日葵"元件拖动到"图层_1"的第1帧，设置大小10×90px、位置(0，−30)作为指针，如图15-4所示。

③ 新建"影片剪辑"类型元件"时钟"。将"图层_1"更名为"表盘"，将"向日葵"元件拖动到第1帧，对齐到舞台中心。

④ 在"时钟"元件编辑窗口，在"表盘"图层上方插入新图层"刻度"。在第1帧用"椭圆工具"绘制无边线的红色到绿色的径向渐变圆，调整大小为20×20px，并转换为"刻度"元件。将"刻度"实例的中心移动到下方（距离为表盘刻度到表盘中心），如图15-5所示。

⑤ 将"刻度"实例拖动到表盘上方，并将实例中心对齐表盘中心。选择实例后，打开"变形"面板，"旋转"设置为30°，单击"重制选区和变形"按钮，复制旋转成12个实例，如图15-6所示。

⑥ 在"时钟"元件编辑窗口，在"刻度"图层上方新建3个图层，从上到下分别命名为

"秒针""分针""时针"。将"指针"元件分别拖动到 3 个图层的第 1 帧,实例分别名命为 s、m 和 h。"秒针"实例高为 110px,"分针"实例高为 90px,"时针"实例高为 60px,将 3 个实例坐标均设置为(0,0),如图 15-7 所示。

图 15-4 "指针"元件

图 15-5 制作刻度

图 15-6 制作表盘中的刻度

图 15-7 "时钟"元件

提示:设置"秒针""分针"和"时针"的实例名、位置和大小时,可以利用隐藏图层和锁定图层的方法。

(3)制作"按钮"元件。

新建"按钮"类型元件"按钮"。在按钮元件的"点击"帧插入空白关键帧,并在其中绘制舞台大小的矩形(550×350px)。

2. 制作封面

(1)打开场景"封面",将"图层_1"更名为"背景"。在第 1 帧导入图片(素材\图片\JPG\向日葵_02.jpg),将图片缩小为舞台大小,并对齐舞台。锁定图层。

(2)创建新图层"生如夏花",将"生如夏花"元件拖动到第 1 帧舞台的左侧。

(3)创建新图层"时钟",将"时钟"元件拖放到第 1 帧舞台,并对齐舞台中心。打开"属性"面板,将"时钟"实例命名为 clock。

(4)创建新图层"按钮",将"按钮"元件拖放到第 1 帧,对齐舞台。选择"按钮"实例,打开"属性"面板,将按钮实例命名为 my_btn。

(5)将音乐文件(素材\音乐\铁达尼克.mp3)导入到元件"库"。

（6）创建新图层"音乐"。选择第 1 帧，打开"属性"面板。在"声音"选项组中，"名称"选择"铁达尼克.mp3"；"效果"选择"自定义"（或单击"编辑声音封套"按钮），打开"编辑封套"对话框，降低音量，"同步"选择"开始"，"重复"设置为 999。

场景"主页面"，如图 15-8 所示。

图 15-8　场景"主页面"

（7）创建新图层"脚本"。选择第 1 帧，打开"动作"面板，输入如下脚本代码。

```
stop();
stage.addEventListener(Event.ENTER_FRAME,clockAnimate);
my_btn.addEventListener(MouseEvent.CLICK,gotoNextPage);
function clockAnimate(e:Event):void
{
    var now: Date=new Date();
    clock.h.rotation=now.getHours() * 30+now.getMinutes()/2;
    clock.m.rotation=now.getMinutes() * 6+now.getSeconds()/10;
    clock.s.rotation=now.getSeconds() * 6+now.getMilliseconds() * 0.006;
}
function gotoNextPage(e:MouseEvent):void
{
    stage.removeEventListener(Event.ENTER_FRAME,clockAnimate);
    myButton.removeEventListener(MouseEvent.CLICK,gotoNextPage);
    SoundMixer.stopAll();                      //转入主页面时,停止所有正在播放的声音
    gotoAndStop(1,"主页面");
}
```

15.1.2　制作场景"主页面"

主页面由主菜单（7 个按钮组成）、显示页面、友情链接等组成。

1. 制作元件

（1）制作按钮元件。

① 新建"按钮"类型元件"个人简历"。在"图层_1"的"弹起"帧,用"矩形工具"绘制 70×25px 的无笔触绿色(♯00FF00)矩形,对齐舞台中心。在"点击"插入帧,分别在"指针经过"帧和"按下"帧插入关键帧,将"指针经过"帧中的矩形分别向下、向右移动 2px(按两次光标移动键)。

② 插入新图层"图层 2"。在"弹起"帧,用"文本工具"输入文本"个人简历",对齐舞台中心,设置文本字体和大小(这里选择黑色、微软雅黑、15 磅),如图 15-9 所示。

③ 在元件"库"面板右击"个人简历"按钮元件,在弹出的快捷菜单中执行"直接复制"命令,创建按钮元件"成长相册"。同样的方法,创建按钮元件"成长日记""学习简历""个人爱好""网站介绍""返回封面""友情链接"。

图 15-9 "个人简历"按钮

④ 分别打开新建的按钮元件。将按钮中的文本分别修改为"成长相册""成长日记""学习简历""个人爱好""网站介绍""返回封面""友情链接"。

(2)制作主菜单元件。

新建"影片剪辑"类型元件"主菜单"。分别将按钮元件"个人简介""成长相册""成长日记""学习简历""个人爱好""网站介绍""返回封面"拖动到第 1 帧。将 7 个按钮水平中齐,垂直居中分布,7 个按钮的排列高度约 240px。

将按钮实例分别命名为 grjl_btn、czxc_btn、czrj_btn、xxjl_btn、grah_btn、wzjs_btn 和 fhfm_btn,如图 15-10 所示。

图 15-10 "主菜单"元件

(3)制作显示页面。

在子页面单击按钮时,利用显示页面显示相关的内容。显示页面由显示页面背景和六个显示内容组成。

① 新建"影片剪辑"类型元件"页面背景"。其中绘制矩形,中间浅灰色(♯CCCCCC)大小为 418×135px,上边的深绿色(♯006600)条大小为 418×6px,下边的深绿色条大小为 418×10px。矩形左上角对齐舞台中心,如图 15-11 所示。

图 15-11　　"页面背景"元件

② 新建"影片剪辑"类型元件"个人简历页面"。在宽为 300px 的文本框内输入文本，左上角对齐舞台中心，如图 15-12 所示。

图 15-12　　"个人简历页面"元件

③ 在元件"库"面板中，利用直接复制的方法制作 5 个元件："成长相册页面""成长日记页面""学习简历页面""个人爱好页面""网站介绍页面"。

④ 新建"影片剪辑"类型元件"显示页面"，"图层_1"更名为"页面背景"。在第 1 帧拖放元件"页面背景"，左上角对齐舞台中心，实例命名为"pageBack"。

⑤ 在元件"显示页面"编辑窗口，插入 6 个图层。从上到下分别命名为"个人简历""成长相册""成长日记""学习简历""个人爱好""网站介绍"。

选择图层"网站介绍"的第 1 帧，将元件"网站介绍页面"拖动到舞台，并对齐实例"页面背景"，实例命名为 wzjs_page，锁定图层，如图 15-13 所示。

图 15-13　　"网站介绍页面"元件

⑥ 在"显示页面"元件编辑窗口,将元件"个人简历页面""成长相册页面""成长日记页面""学习简历页面"和"个人爱好页面"分别拖动到相应图层的第1帧,"页面背景"实例的右侧,并垂直中齐。这里坐标设置为(450,20)。分别将实例命名为 grjl_page、czxc_page、czrj_page、xxjl_page、grah_page,如图 15-14 所示。

图 15-14 "显示页面"元件编辑窗口

⑦ 在"显示页面"元件编辑窗口,插入新图层"脚本"。选择第1帧,打开"动作"面板,输入脚本:

```
stop();
```

2. 制作主页面

单击"封面"按钮返回到场景。执行菜单"窗口"→"场景"命令,打开"场景"面板。在面板插入新场景"主页面",并打开场景"主页面"。

(1)"图层_1"更名为"背景",将元件"库"面板中的位图"向日葵_02.jpg"拖动到第1帧,图片缩小为舞台大小,并对齐舞台。锁定图层。

(2)创建新图层"主菜单",将"主菜单"元件拖动到第1帧舞台的左侧,位置为(20,50)。实例命名为 button_mc。

(3)创建新图层"友情链接",将"友情链接"按钮元件拖动到第1帧舞台的右下角,位置为(490,320)。实例命名为 url_btn。

(4)创建新图层"页面",将"显示页面"元件拖放到第1帧舞台,位置为(110,100)。实例命名为 page_mc。

(5)创建新图层"文本",在第1帧的舞台下方,创建左右两个文本框。左侧为"静态文本"类型文本框,输入文本"输入友情链接网址:http://";右侧为"输入文本"类型文本框,文本框实例命名为 url_txt,"字符"选项组中,设置字体和大小,单击"嵌入"按钮嵌入"输入文本"框字体,选中"在文本周围显示边框",如图 15-15 所示。

提示:"输入文本"类型文本框是用于输入网址。为了看清楚输入网址范围,在"属性"面板的"字符"选项组中选中"在文本周围显示边框"。

在网址输入框中要显示输入的网址和中文提示信息,显示字符范围为中文、大小写

图 15-15　设置文本框属性

字母、标点符号和数字。在"嵌入字体"对话框中,可以选择大写、小写、数字、标点符号、简体中文－1级,如图 15-16 所示。

图 15-16　"字体嵌入"对话框

为了看清楚舞台布局,隐藏了"背景"图层。

(6)创建新图层"音乐",选择第 1 帧,打开"属性"面板,在"声音"选项组中,"名称"选择"铁达尼克.mp3";"效果"选择"自定义"(或单击"编辑声音封套"按钮),打开"编辑封套"对话框,降低音量,"同步"选择"开始","重复"设置为 999。

(7)创建新图层"脚本",选择第 1 帧,打开"动作"面板,输入如下脚本。

```
stop();
button_mc.fhfm_btn.addEventListener(MouseEvent.CLICK,backFirstPage);
function backFirstPage(e:MouseEvent):void
{   //离开"主页面"场景前移除所有注册的事件
    button_mc.grjl_btn.removeEventListener(MouseEvent.CLICK,grjl_fun);
    button_mc.czxc_bnt.removeEventListener(MouseEvent.CLICK,czxc_fun);
```

```
    button_mc.czrj_btn.removeEventListener(MouseEvent.CLICK,czrj_fun);
    button_mc.xxjl_btn.removeEventListener(MouseEvent.CLICK,xxjl_fun);
    button_mc.grah_btn.removeEventListener(MouseEvent.CLICK,grah_fun);
    button_mc.wzjs_btn.removeEventListener(MouseEvent.CLICK,wzjs_fun);
    SoundMixer.stopAll();                       //转入封面时,停止所有正在播放的声音
    gotoAndStop(1,"封面");
}
button_mc.grjl_btn.addEventListener(MouseEvent.CLICK,grjl_fun);
button_mc.czxc_bnt.addEventListener(MouseEvent.CLICK,czxc_fun);
button_mc.czrj_btn.addEventListener(MouseEvent.CLICK,czrj_fun);
button_mc.xxjl_btn.addEventListener(MouseEvent.CLICK,xxjl_fun);
button_mc.grah_btn.addEventListener(MouseEvent.CLICK,grah_fun);
button_mc.wzjs_btn.addEventListener(MouseEvent.CLICK,wzjs_fun);
function grjl_fun(e: MouseEvent): void
{   //当前页面外的其他页面移动到舞台右侧外
    this.page_mc.grjl_page.x = 60;              //将当前页移动到舞台
    this.page_mc.czxc_page.x = stage.stageWidth;   //将页面移动到舞台右侧外
    this.page_mc.czrj_page.x = stage.stageWidth;
    this.page_mc.xxjl_page.x = stage.stageWidth;
    this.page_mc.grah_page.x = stage.stageWidth;
    this.page_mc.wzjs_page.x = stage.stageWidth;
}
function czxc_fun(e: MouseEvent): void
{
    this.page_mc.grjl_page.x = stage.stageWidth;
    this.page_mc.czxc_page.x = 60;
    this.page_mc.czrj_page.x = stage.stageWidth;
    this.page_mc.xxjl_page.x = stage.stageWidth;
    this.page_mc.grah_page.x = stage.stageWidth;
    this.page_mc.wzjs_page.x = stage.stageWidth;
}
function czrj_fun(e: MouseEvent): void
{
    this.page_mc.grjl_page.x = stage.stageWidth;
    this.page_mc.czxc_page.x = stage.stageWidth;
    this.page_mc.czrj_page.x = 60;
    this.page_mc.xxjl_page.x = stage.stageWidth;
    this.page_mc.grah_page.x = stage.stageWidth;
    this.page_mc.wzjs_page.x = stage.stageWidth;
}
function xxjl_fun(e: MouseEvent): void
{
    this.page_mc.grjl_page.x = stage.stageWidth;
    this.page_mc.czxc_page.x = stage.stageWidth;
    this.page_mc.czrj_page.x = stage.stageWidth;
```

```
    this.page_mc.xxjl_page.x = 60;
    this.page_mc.grah_page.x = stage.stageWidth;
    this.page_mc.wzjs_page.x = stage.stageWidth;
}
function grah_fun(e: MouseEvent): void
{
    this.page_mc.grjl_page.x = stage.stageWidth;
    this.page_mc.czxc_page.x = stage.stageWidth;
    this.page_mc.czrj_page.x = stage.stageWidth;
    this.page_mc.xxjl_page.x = stage.stageWidth;
    this.page_mc.grah_page.x = 60;
    this.page_mc.wzjs_page.x = stage.stageWidth;
}
function wzjs_fun(e: MouseEvent): void
{
    this.page_mc.grjl_page.x = stage.stageWidth;
    this.page_mc.czrj_page.x = stage.stageWidth;
    this.page_mc.xxjl_page.x = stage.stageWidth;
    this.page_mc.czxc_page.x = stage.stageWidth;
    this.page_mc.grah_page.x = stage.stageWidth;
    this.page_mc.wzjs_page.x = 60;
}
url_btn.addEventListener(MouseEvent.CLICK, linkUrl);
function linkUrl(e: MouseEvent): void
{
    if (this.url_txt.text == null || this.url_txt.text == "")
    {
        this.url_txt.text = "没有输入网址,请输入!";
    }
        else if (this.url_txt.text.charAt(1) == "w" || this.url_txt.text.charAt
(1) == "W")
    {
        navigateToURL(new URLRequest("http://" + this.url_txt.text));
    }
    else
    {
        this. url_txt.text = "输入网址不正确,再输入!";
    }
}
```

15.1.3 修饰页面

1. 场景"封面"

（1）新建"图形"类型元件"亮度"，在其中绘制一个圆角矩形，圆角半径为 5 点，笔触宽度为 5px,宽高为 550×350px,填充色与笔触颜色根据需要选择。这里选择填充色为蓝色,笔触边线颜色为绿色。

（2）打开场景"主页面",在"背景"图层上方创建新图层"亮度"。将"亮度"元件拖动到第 1 帧,并对齐舞台。

（3）在"亮度"图层的第 1 帧,选择"亮度"实例,在"属性"面板的"颜色效果"选项组中设置 Alpha 值为 30%。

2. 场景"主页面"

（1）打开场景"主页面",在"背景"图层上方创建新图层"亮度"。将"亮度"元件拖动到第 1 帧,并对齐舞台。

（2）在"亮度"图层的第 1 帧,选择"亮度"实例,在"属性"面板的"颜色效果"选项组中设置 Alpha 值为 30%。

（3）在"亮度"图层上方创建新图层"标题"。在第 1 帧输入文本"风华正茂个人网站",文本框对齐舞台顶端、水平中齐,并添加"投影"滤镜。

提示：为了能够访问填写的网址,在"发布设置"对话框的"Flash(.swf)"选项"高级"列表中,将"本地播放安全性"设置为"只访问网络"。

15.2 《雪绒花》MTV 制作

该 MTV 以雪景和满天飞舞的雪花展现自然景色之美。MTV 由封面和播放歌曲画面构成,如图 15-17 和图 15-18 所示。

图 15-17 封面画面

图 15-18 播放画面

15.2.1 制作场景"封面"

新建 ActionScript 3.0 文档,舞台大小为 650×340px,背景色为灰色（#999999）。将"场景 1"更名为"封面"。

提示：执行菜单命令"窗口"→"场景",打开"场景"面板。

1. 制作背景音乐元件

（1）将歌曲（素材\音乐\edelweiss.mp3）导入元件"库"。

（2）新建"影片剪辑"类型元件"背景音乐"。选择"图层_1"的第 1 帧,打开"属性"面板。在"声音"选项组的"名称"列表中选择 edelweiss.mp3。在"效果"列表中选择"自定义"(或单击"编辑声音封套"按钮),打开"编辑封套"对话框。在对话框中,将"起点游标"拖动到开始有声音的位置,"终点游标"拖动到 150 帧左右的位置(前奏结束位置),单击鼠标添加 3 个控制句柄。设计声音逐渐变大,逐渐变小,并减小音量,如图 15-19 所示。

图 15-19 "编辑封套"对话框

(3) 单击"确定"按钮,关闭对话框。将"声音"选项组的"同步"列表中选择"数据流","重复"设置为较大的数(这里设置为 999)。

(4) 在"图层_1"的第 150 帧插入帧。

提示:这里将歌曲(edelweiss)的前奏部分作为封面的背景音乐。利用"编辑封套"对话框可以查看前奏部分,并确定作为背景音乐需要的帧数。

2. 制作封面

(1) 打开"封面"场景。将"图层_1"更名为"背景",在第 1 帧导入雪景图片(素材\图片\JPG\雪景_01.jpg),并对齐舞台,锁定图层。

(2) 插入新图层"雪人",在第 1 帧导入雪人图片(素材\图片\PNG\雪人_03.png),调整大小,放置在适合的位置。

(3) 插入新图层"歌名",在第 1 帧输入文本"Edelweiss 雪绒花",并修饰文本。

(4) 插入新图层"背景音乐",将"背景音乐"元件拖动到第 1 帧,如图 15-20 所示。

图 15-20 场景"封面"

15.2.2 制作场景"播放"

执行菜单"窗口"→"场景"命令,打开"场景"面板。在"场景"面板选择"封面"场景,单击"直接复制场景"按钮复制场景,并将复制的场景更名为"播放"。打开"播放"场景,保留"背景"和"雪人"图层,删除其他图层。

1. 制作飘落雪花元件

(1)新建"图形"类型元件"雪花"。在"图层_1"的第 1 帧,用"线条工具"绘制白色的"半"字形,如图 15-21(a)所示。用"任意变形工具"选择绘制的图形,并将旋转中心移动到下端水平中心,如图 15-21(b)所示。执行菜单"窗口"→"变形"命令,打开"变形"面板,"旋转"设置为 60°,单击"重置选区和变形"按钮,制作雪花,如图 15-21(c)所示。

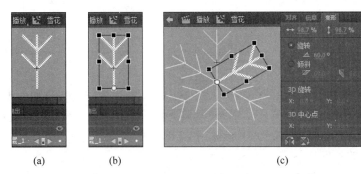

(a)　　　　　(b)　　　　　　　　　(c)

图 15-21　制作雪花

选择制作的雪花图形,打开"属性"面板。在"位置和大小"选项组中,X 坐标和 Y 坐标均设置为−10,"宽"和"高"均为 20。

(2)在元件"库"面板中,将"雪花"元件的"连接"命名为 snow。

(3)新建"影片剪辑"类型元件"下雪"。选择"图层_1"的第 1 帧,打开"动作"面板,输入如下脚本(与例 13-16 中水泡效果的脚本类似,只不过雪花是下降的)。

```
for (var i:int=0; i<100; i++)            //产生 100 个雪花实例,随机放到舞台上
{
    var mc:MovieClip=new snow();
    addChild(mc);
    mc.x=Math.random() * stage.stageWidth;
    mc.y=Math.random() * stage.stageHeight;
    mc.scaleX=mc.scaleY=Math.random() * 0.8+0.2;
    mc.alpha=Math.random() * 0.6+0.4;
    mc.vx=Math.random() * 2-1;
    mc.vy=Math.random() * 3+3;
    mc.name="mc"+i;
}
import flash.events.Event;
addEventListener(Event.ENTER_FRAME,snowFun);
function snowFun(evt:Event):void{
    for (var i:int=0; i<100; i++)
    {
        var mc:MovieClip=getChildByName("mc"+i) as MovieClip;
        mc.x+=mc.vx;
```

```
    mc.y+=mc.vy;              //注意此句与第13章水泡效果的类似语句比较,找出区别
    if (mc.y>stage.stageHeight)
    {
        mc.y=0;
    }
    if (mc.x<0||mc.x>stage.stageWidth)
    {
        mc.x=Math.random() * stage.stageWidth;
    }
    }
}
```

2. 制作歌词同步元件

（1）新建"影片剪辑"类型元件"歌词同步"。将"图层_1"更名为"歌曲",并选择第1帧,在"属性"面板的"声音"选项组中,"名称"选择 edelweiss.mp3,"同步"选择"数据流"。

提示：前面已经将歌曲"edelweiss.mp3"导入到元件"库"。

（2）计算歌曲的长度。

提示：在第1帧添加歌曲后,在歌曲结束的位置插入帧,才能播放完整的歌曲。这里需要计算歌曲的长度(所需的帧数)。

有两种方法可以计算歌曲的长度。

① 直接计算歌曲的长度。选择歌曲所在的帧(这里选择第1帧),打开"属性"面板可以查看相关信息,如图 15-22 所示。

添加的歌曲播放时间为 130.6s,Animate 默认的播放动画"帧频"为 24fps,即每秒播放 24 帧。可以计算添加的歌曲所需帧数为 $130.6 \times 24 = 3134.4$,取整数值为 3135 帧。

② 利用"编辑封套"对话框,查看歌曲的长度。选择添加歌曲的第1帧,在"属性"面板,在"声音"选项组单击"编辑声音封套"按钮,打开"编辑封套"对话框。在对话框中单击"帧"按钮,将单位设置为帧。单击"缩小"按钮缩小显示模式,向右拖动下面的水平滚动条到显示歌曲结束位置。因为选择的单位是帧,所以歌曲结束的数值就是歌曲所需的帧数,如图 15-23 所示。

图 15-22　歌曲的信息

这里一个刻度的单位是 100,可以读出歌曲的长度为少于 3100 帧。

（3）歌曲的设置。在"歌曲"图层,逐步插入帧,直到图层的帧数为"3100 帧"(或时间轴 130s 处)。这样"歌曲"图层中的帧数与歌曲的长度保持一致。

提示：从"编辑封套"对话框中读取的帧数并不是精确数值。插入帧时,可以根据图层中查看到信息(有声音的帧有波形)插入歌曲的结束帧。这里在第 2950 帧插入结束帧。

（4）标识歌词的帧。为了实现歌词与歌曲同步,首先要确定每句歌词显示的帧,然后根据确定的帧添加歌词。

图 15-23　查看歌曲的长度

在"播放"场景，插入新图层"标记"。将"播放头"移动到第 1 帧，按回车键，开始播放歌曲。当听到开始唱第 1 句歌词时，再按回车键，停止播放歌曲。此时播放头停止的帧就是第 1 句歌词显示的帧。在"标记"图层的此帧处插入关键帧，并选择该帧打开"属性"面板，在"标签"选项组中"名称"输入"第 1 句"，"类型"选择"注释"，如图 15-24 所示。

图 15-24　在关键帧添加注释做标记

提示：根据按回车键的情况具体确定关键帧的位置。

按回车键，继续播放歌曲。同样的方法，在"标记"图层为每一句歌词做标记。

（5）制作歌词元件。新建"图形"类型元件"歌词 1"，在第 1 帧，用"文本工具"输入第 1 句歌词（素材\音乐\edelweiss 歌词.txt），并修饰文本，相对舞台居中。这里设置 Arial、20 磅的黑色文本。

用同样的方法制作其余歌词的元件。

提示：可以在元件"库"面板，利用"直接复制"元件"歌词 1"，创建其他歌词元件，再修改文本。

在元件"库"面板，创建文件夹"歌词"，将所有歌词元件拖动到"歌词"文件夹。

（6）歌词的制作和设置同步。

① 打开"歌词同步"元件。插入新图层"歌词"。在标记"第1句"的相同帧，插入关键帧，并将"歌词1"元件拖放到该帧，对齐舞台中心。

② 在"歌词"图层，选择与标记"第2句"的相同帧，插入关键帧。此时，在该帧的舞台显示的是第一句歌词。选择此歌词实例，在"属性"面板，单击"交换"按钮，打开"交换元件"对话框。在对话框中，选择"歌词2"，单击"确定"按钮，如图15-25所示。

图15-25 "交换元件"对话框

③ 最后一句歌词，在第2925帧结束。在"歌词"图层的第2925帧插入空白关键帧。

④ 在"歌词"图层的第2950帧插入空白关键帧。选择该帧，打开"动作"面板，输入如下脚本。

```
stop();
```

3. 制作播放歌曲页面

（1）打开"播放"场景。

（2）在"雪人"图层，添加雪人。

（3）插入新图层"下雪"。将"下雪"元件拖动到第1帧，对齐舞台左上角(0,0)。

（4）插入新图层"歌词"。将"歌词同步"元件拖动到第1帧舞台下方水平居中。

（5）插入新图层"脚本"。选择第1帧，打开"动作"面板，输入如下脚本。

```
stop();
```

（6）执行菜单"控制"→"测试场景"命令，测试"播放"场景。"播放"场景如图15-26所示。

图15-26 "播放"场景

15.2.3　设置控制播放的按钮

1. 在封面添加播放按钮

（1）制作播放按钮。

新建"按钮"类型元件"播放按钮"。在按钮元件的"点击"帧插入空白关键帧，并在其中绘制舞台大小的矩形（650×340px），制作隐形按钮。

（2）打开"封面"场景。

（3）插入新图层"按钮"，将"播放按钮"元件拖动到第1帧，对齐舞台，将"播放按钮"实例命名为btn。

（4）插入新图层"脚本"。选择第1帧，打开"动作"面板，输入如下脚本代码。

```
import flash.events.MouseEvent;
stop();                                      //停止动画播放
btn.addEventListener(MouseEvent.CLICK,Fun);
function Fun(E:Event):void
{
    SoundMixer.stopAll();                    //停止播放正在播放的所有声音
    gotoAndPlay(1,"播放");                   //跳转到"播放"场景第1帧并播放动画
}
```

（5）测试影片。最终"封面"场景如图15-27所示。

图 15-27　"封面"场景

2. 在播放页面添加音量控制按钮

（1）制作增大音量按钮。

① 创建"按钮"类型元件"增加"。

② 在"图层_1"的"弹起"帧，绘制无填充色的蓝色三角形。相对舞台中心左对齐，垂直居中，如图15-28所示。

在"指针经过"帧插入关键帧,并填充水蓝色(♯00FFFF),在"点击"帧插入帧。

③ 插入新图层"图层2"。用"文本工具"在"弹起"帧输入"＋",大小适合三角形,如图 15-29 所示。

图 15-28　绘制三角形

图 15-29　制作增大音量按钮

（2）制作减小音量按钮。

① 在元件"库"面板中,用鼠标右击"增加"元件,在弹出的快捷菜单中选择"直接复制"命令,创建新的按钮元件"减小"。

② 打开"减小"元件编辑窗口。分别将"图层_1"的"弹起"帧和"指针经过"帧中的图形水平翻转,并相对舞台中心右对齐。

③ 将"图层 2"中的"＋"修改为"－",如图 15-30 所示。

（3）制作控制音量按钮。

① 在元件"库"面板中,将声音元件 edelweiss.mp3 的"连接"命名为 mySound。

② 创建"影片剪辑"类型元件"控制音量"。将"图层_1"更名为"按钮"。分别将"增加"和"减小"按钮元件拖动到第 1 帧,并左右相连接。"增加"实例命名为 R_btn,"减小"实例命名为 L_btn,如图 15-31 所示。

图 15-30　制作减小音量按钮

图 15-31　"控制音量"元件

③ 插入新图层"脚本"。选择第 1 帧,打开"动作"面板,输入如下脚本代码。

```
import flash.media.Sound;                      //导入 Sound 类,用于创建 Sound 对象
import flash.media.SoundChannel;               //导入 SoundChannel 类,用于控制声音
import flash.media.SoundTransform;             //导入 SoundTRansform 类,用于控制声音音量
import flash.events.MouseEvent;                //导入鼠标事件类,用于支持鼠标操作
stop();
var sound:Sound = new mySound() as Sound;      //创建声音 mySound 对象 sound
var sc:SoundChannel = sound.play();            //用声音对象的 play 创建声道 sc
var st:SoundTransform=new SoundTransform();    //创建控制声音音量对象 st
```

```
var vol = 0.5;                //定义变量 vol,用于设置声音音量大小,0.5 使音量为原来的 50%
st.volume = vol;              //为 st 对象的 volume 属性赋值,设置声音音量
sc.soundTransform = st;       //将 st 对象分配给声道 sc 对象,以控制 sc 声道中声音音量
R_btn.addEventListener(MouseEvent.CLICK,R_fun);
function R_fun(E:Event)       //定义函数 R_fun(),用于增大声音音量
{
    if (vol<1.0)             //如果 vol 的值小于 1.0
    {
        vol +=  0.1;        //使变量 vol 值增加 0.1
    }
    else
    {
        vol = 1.0;          //使 vol 值最大为 1.0
    }
    st.volume = vol;         //设置 st 对象的属性 volume 的值
    sc.soundTransform = st;  //将 st 对象分配给声道 sc 对象,以控制 sc 声道中声音音量
}
L_btn.addEventListener(MouseEvent.CLICK,L_fun);
function L_fun(E:Event)   //定义函数 L_fun(),用于减小声音音量
{
    if (vol>0.0)
    {
        vol -=  0.1;
    }else{
        vol = 0.0;
    }
    st.volume = vol;
    sc.soundTransform = st;
}
```

（4）打开"播放"场景,插入新图层"音量"。将"控制音量"元件拖动到第 1 帧舞台的右下角。

（5）打开"歌词同步"元件编辑窗口。选择"歌曲"图层的第 1 帧,打开"属性"面板,将"声音"选项组"名称"选择"无"。

（6）测试影片。最终"播放"场景如图 15-32 所示。

提示：在时间轴用数据流播放的声音,无法控制音量。在时间轴插入声音,制作歌曲同步后,不再需要时间轴中播放的声音。可以在属性中设置不播放声音或删除该图层。

利用声音元件创建声音对象,并播放声音和控制声音。

在"播放"场景中,将"歌词同步"元件拖放到

图 15-32 "播放"场景

舞台后,只能看到实例的旋转中心"○",看不到歌词。为了定位歌词,选择实例(旋转中心"○")后,打开"属性"面板,将"实例行为"(实例类型)"影片剪辑",修改为"图形",并在"循环"选项组中的"第一帧"输入904("歌词同步"元件中,最长歌词(第五句)所在的帧)后,在舞台上调整歌词位置,如图15-33所示。设置完歌词的位置,再将"实例行为"(实例类型)修改为"影片剪辑"。

图15-33 调整歌词的位置

15.2.4 制作动感画面

利用前面学过的知识,根据歌曲的节奏、歌词内容,创建若干个影片剪辑元件,创作动画。

思考题

1. 制作Animate作品时,分多个场景有什么好处?
2. 本章介绍的两个实例,能不能用一个场景制作?

操作题

1. 制作一个网站导航条。
2. 自己选择一首歌曲,制作MTV。

参 考 文 献

［1］ 金升灿,杨家毅,张运香.Flash CS6 动画制作.北京:清华大学出版社,2017.

［2］ 金升灿,杨家毅,张运香.Flash 动画制作.北京:清华大学出版社,2012.

［3］ RUSSELL C. Adobe Animate CC 2018 经典教程.罗骥,译.北京:人民邮电出版社,2019.

［4］ ROGER B. ActionScript 3.0 宝典.陶小梅,王超,曹蓉蓉,译.2 版.北京:清华大学出版社,2012.

［5］ 何红玉,夏文栋.ActionScript 3.0 编程基础与范例教程.北京:清华大学出版社,2013.

图书资源支持

感谢您一直以来对清华版图书的支持和爱护。为了配合本书的使用,本书提供配套的资源,有需求的读者请扫描下方的"书圈"微信公众号二维码,在图书专区下载,也可以拨打电话或发送电子邮件咨询。

如果您在使用本书的过程中遇到了什么问题,或者有相关图书出版计划,也请您发邮件告诉我们,以便我们更好地为您服务。

我们的联系方式:

地　　址:北京市海淀区双清路学研大厦 A 座 714

邮　　编:100084

电　　话:010-83470236　　010-83470237

客服邮箱:2301891038@qq.com

QQ:2301891038(请写明您的单位和姓名)

资源下载:关注公众号"书圈"下载配套资源。

资源下载、样书申请

书圈

图书案例

清华计算机学堂

观看课程直播